시대에듀

답만 외우는 **천공기운전기능사** 필기

Always with you

사람이 길에서 우연하게 만나거나 함께 살아가는 것만이 인연은 아니라고 생각합니다.
책을 펴내는 출판사와 그 책을 읽는 독자의 만남도 소중한 인연입니다.
시대에듀는 항상 독자의 마음을 헤아리기 위해 노력하고 있습니다.
늘 독자와 함께하겠습니다.

 끝까지 책임진다! 시대에듀!
QR코드를 통해 도서 출간 이후 발견된 오류나 개정법령, 변경된 시험 정보, 최신기출문제, 도서 업데이트 자료 등이 있는지 확인해 보세요! **시대에듀 합격 스마트 앱**을 통해서도 알려 드리고 있으니 구글 플레이나 앱 스토어에서 다운받아 사용하세요.
또한, 파본 도서인 경우에는 구입하신 곳에서 교환해 드립니다.

편집진행 윤진영 · 천명근 | **표지디자인** 권은경 · 길전홍선 | **본문디자인** 정경일 · 조준영

PREFACE

최근 건설기계 분야에서는 경제 발전에 따른 건설 촉진 등에 의하여 전문화된 인력을 필요로 하고 있으며, 특히 대규모 정부정책사업(고속철도, 신공항건설 등)의 활성화와 민간부문의 주택 건설 증가, 경제 발전에 따른 건설 촉진 등으로 꾸준한 발전이 기대된다. 이에 따라 건설기계 기능인력에 대한 수요도 증가할 전망이다.

천공기는 지반이나 암반에 수평 또는 수직으로 구멍을 뚫거나 말뚝을 시공하는 기계로 락드릴과 항타 및 항발기 등이 건설현장에서 많이 사용되며, 기계 운전을 위해 특수한 기술이 필요하다. 따라서 천공기운전사는 전문인력으로서 건설업체, 건설기계 대여업체, 건설기계 제조업체, 부품 판매업체 및 정비업체 등으로 진출할 수 있다. 이에 천공기운전사로서 건설 분야 진출을 꿈꾸는 수험생들이 한국산업인력공단에서 실시하는 천공기운전기능사 자격시험에 효과적으로 대비할 수 있도록 다음과 같은 특징을 가진 도서를 출간하게 되었다.

본 도서의 특징

1. 자주 출제되는 기출문제의 키워드를 분석하여 정리한 빨간키를 통해 시험에 완벽하게 대비할 수 있다.
2. 정답이 한눈에 보이는 기출복원문제 7회분과 해설 없이 풀어보는 모의고사 7회분으로 구성하여 필기시험을 준비하는 데 부족함이 없도록 하였다.
3. 명쾌한 풀이와 관련 이론까지 꼼꼼하게 정리한 상세한 해설을 통해 문제의 핵심을 파악할 수 있다.

이 책이 천공기운전기능사 자격시험을 준비하는 수험생들에게 합격의 안내자로서 많은 도움이 되기를 바라면서 수험생 모두에게 합격의 영광이 함께하기를 기원하는 바이다.

편저자 올림

자격증 · 공무원 · 금융/보험 · 면허증 · 언어/외국어 · 검정고시/독학사 · 기업체/취업
이 시대의 모든 합격! 시대에듀에서 합격하세요!
www.youtube.com → 시대에듀 → 구독

시험 안내

개요
천공기는 무한궤도 또는 타이어에 의해 스스로 이동하여 지반이나 암반에 수평 또는 수직으로 구멍을 뚫거나 말뚝을 시공할 수 있는 장치를 가진 기계이다. 락드릴과 항타 및 항발기 등이 건설현장에서 많이 사용되고 있다.

수행 직무
건축공사나 토목공사 또는 항만공사 등의 건설공사현장에서 지반이나 암반에 구멍을 뚫는 작업 혹은 말뚝을 박거나 뽑는 작업을 수행한다.

진로 및 전망
주로 건설업체, 건설기계 대여업체, 건설기계 제조업체, 부품 판매업체 및 정비업체 등으로 진출할 수 있다. 최근 대규모 정부정책사업(고속철도, 신공항 및 신항만 건설 등)의 활성화와 민간부문의 주택 건설 증가, 경제 발전에 따른 건설 촉진 등에 의하여 꾸준히 발전할 전망이다.

시험일정

구분	필기원서접수 (인터넷)	필기시험	필기합격 (예정자)발표	실기원서접수	실기시험	최종 합격자 발표일
제1회	1월 초순	1월 하순	2월 초순	2월 초순	3월 중순	4월 중순
제2회	3월 중순	4월 초순	4월 중순	4월 하순	5월 하순	6월 하순
제4회	8월 하순	9월 중순	10월 중순	10월 중순	11월 하순	12월 중순

※ 상기 시험일정은 시행처의 사정에 따라 변경될 수 있으니, www.q-net.or.kr에서 확인하시기 바랍니다.

시험요강

❶ 시행처 : 한국산업인력공단

❷ 시험과목

　㉠ 필기 : 천공기 조종, 점검 및 안전관리

　㉡ 실기 : 천공기 운전 실무

❸ 검정방법

　㉠ 필기 : 객관식 4지 택일형 60문항(1시간)

　㉡ 실기 : 작업형(락드릴, 항타·항발기 중 택일, 10분 정도)

❹ 합격기준(필기·실기) : 100점 만점에 60점 이상

검정현황

연도	필기			실기		
	응시	합격	합격률(%)	응시	합격	합격률(%)
2024	1,284	996	77.6%	1,277	633	49.6%
2023	1,891	1,425	75.4%	1,652	822	49.8%
2022	1,609	1,273	79.1%	1,347	754	56%
2021	1,526	1,013	66.4%	1,128	668	59.2%
2020	1,329	822	61.9%	1,041	613	58.9%
2019	1,654	964	58.3%	1,200	686	57.2%
2018	1,543	912	59.1%	1,191	677	56.8%
2017	1,352	662	49%	1,140	725	63.6%
2016	1,241	676	54.5%	1,172	774	66%
2015	1,478	543	36.7%	1,005	619	61.6%
2014	2,004	750	37.4%	1,155	858	74.3%

시험 안내

출제기준(필기)

필기 과목명	주요항목	세부항목	세세항목
천공기 조종, 점검 및 안전관리	기관 및 전기장치	기관장치	• 기관 본체 • 연료장치 • 냉각장치 • 윤활장치 • 흡 · 배기장치
		전기장치	• 기초전기전자 • 축전지 • 시동 및 예열장치 • 충전장치 • 등화 및 계기장치 • 냉 · 난방장치
	차체 및 유압장치	차체장치	• 동력전달장치 • 제동장치 • 조향장치 • 주행장치 • 기타장치
		유압장치	• 유압펌프 • 유압밸브 • 유압실린더와 유압모터 • 유압기호 및 회로 • 유압유 및 기타 부속장치 등
	건설기계관리법규	건설기계 등록 · 검사	• 건설기계 등록 • 건설기계 검사
		건설기계 면허 · 벌칙 · 사업	• 건설기계조종사면허 및 사업 • 건설기계관리법의 벌칙
	안전관리	안전관리	• 산업안전보건기준 및 재해 • 안전장치 및 보호구 • 안전보건표지 • 기계 · 기기 및 공구에 관한 사항 • 기타 안전 관련 사항
		장비 · 작업현장 안전	• 건설기계 안전기준에 관한 규칙 • 작업 안전사항 • 긴급상황 조치 • 환경오염 방지

필기 과목명	주요항목	세부항목	세세항목
천공기 조종, 점검 및 안전관리	락드릴 운전 준비 · 점검	운전 점검	• 락드릴 점검 • 시운전
		작업준비	• 작업공정 파악 • 작업환경 파악
	락드릴 작업	천공 패턴	• 천공 패턴 및 발파공법
		천공 위치	• 천공 자재 장착 • 천공장치 조정
		천공 실행	• 천공장치 구조와 기능 • 천공장치 작동 방법
	시추 작업 전후 점검 및 준비	작업 점검	• 시추기 작업 점검
		작업 준비	• 작업공정 파악 • 작업환경 파악
	시추 작업	설치	• 시추기 설치 • 케이싱 설치
		시추 작업	• 표토처리 작업 • 암반 시추 작업
	항타 · 항발기 설치	설치	• 설치 준비 • 설치 작업
	항타 · 항발기 작업	항타 · 항발기 작업준비	• 작업공정 파악 • 작업환경 파악
		천공 위치	• 천공장치 조정 • 리더, 아웃트리거
		천공 실행	• 항타 · 항발기 구조와 기능 • 파일 삽입, 항타, 인발

목 차

빨리보는 간단한 키워드

PART 01 | 기출복원문제

제1회	기출복원문제	003
제2회	기출복원문제	017
제3회	기출복원문제	030
제4회	기출복원문제	043
제5회	기출복원문제	057
제6회	기출복원문제	071
제7회	기출복원문제	085

PART 02 | 모의고사

제1회	모의고사	103
제2회	모의고사	115
제3회	모의고사	127
제4회	모의고사	139
제5회	모의고사	151
제6회	모의고사	163
제7회	모의고사	175

정답 및 해설 ······ 187

답만 외우는 천공기운전기능사

빨간키

빨리보는 간단한 키워드

당신의 시험에 **빨간불**이 들어왔다면!
최다빈출키워드만 모아놓은 합격비법 핵심 요약집 **빨간키**와 함께하세요!
그대의 합격을 기원합니다.

CHAPTER 01 | 기관 및 전기장치

[01] 기관 본체

▌ 엔진 : 열에너지를 기계적 에너지로 변환시켜 주는 장치

▌ 4행정 기관

흡기, 압축, 동력(폭발), 배기라는 4가지 피스톤 행정을 1사이클로 하여 크랭크축이 2회전할 때 1회의 사이클이 완료되는 기관

▌ 4행정 사이클 디젤기관의 작동(2회전 4행정)
- 흡입행정 : 피스톤이 상사점으로부터 하강하면서 실린더 내로 공기만을 흡입(흡입밸브 열림, 배기밸브 닫힘)
- 압축행정 : 흡기밸브가 닫히고 피스톤이 상승하면서 공기를 압축(흡입밸브, 배기밸브 모두 닫힘)
- 동력행정 : 압축행정 말 고온이 된 공기 중에 연료를 분사하면 압축열에 의하여 자연착화(흡입밸브, 배기밸브 모두 닫힘)
- 배기행정 : 연소 가스의 팽창이 끝나면 배기밸브가 열리고, 피스톤의 상승과 더불어 배기행정(흡입밸브 닫힘, 배기밸브 열림)

▌ 블로 다운(Blow Down)

폭발행정 끝부분에서 실린더 내의 압력에 의해 배기가스가 배기밸브를 통해 배출되는 현상

▌ 디젤기관

공기만을 실린더 내로 흡입하여 고압축비로 압축한 다음, 압축열에 연료를 분사하는 작동원리의 압축착화기관

디젤기관과 가솔린기관의 장단점

구분	장점	단점
디젤기관	• 연료비가 저렴하고, 열효율이 높으며, 운전 경비가 적게 든다. • 이상연소가 일어나지 않고 고장이 적다. • 토크 변동이 적고 운전이 용이하다. • 대기오염 성분이 적다. • 인화점이 높아서 화재의 위험성이 적다.	• 마력당 중량이 크다. • 소음 및 진동이 크다. • 연료분사장치 등이 고급 재료이고 정밀 가공해야 한다. • 배기 중의 SO_2, 유리 탄소가 포함되고 매연으로 인하여 대기 중 스모그 현상이 크다. • 시동 전동기 출력이 커야 한다.
가솔린기관	• 배기량당 출력의 차이가 없고 제작이 쉽다. • 제작비가 적게 든다. • 가속성이 좋고 승차감이 좋다.	• 전기 점화장치의 고장이 많다. • 기화기식은 회로가 복잡하고 조정이 곤란하다. • 연료 소비율이 높아서 연료비가 많이 든다. • 배기 중에 CO, HC, NO_x 등 유해 성분이 많이 포함되어 있다. • 연료의 인화점이 낮아서 화재의 위험성이 크다.

커먼레일 디젤기관의 입출력 요소

입력요소	출력요소
• 연료압력 센서(RPS) • 에어 플로 센서(AFS) • 냉각수온 센서(WTS) • 가속페달 센서 1,2(APS 1,2) • 연료온도 센서(FTS) • 크랭크포지션 센서(CKP) • TDC 센서 • 부스터 압력 센서	• 인젝터(Injector) • 레일 압력 조절밸브(IMV) • 예열장치 • EGR 제어장치 • 냉각장치 • 보조 히터장치 • 스로틀 플랩 장치

전자제어유닛(ECU)

전자제어 디젤 분사장치에서 연료를 제어하기 위해 센서로부터 각종 정보(가속페달의 위치, 기관속도, 분사시기, 흡기, 냉각수, 연료 온도 등)를 입력받아 전기적 출력신호로 변환하는 장치

디젤엔진의 연소실

• 단실식 : 직접분사실식
• 복실식 : 와류실식, 공기실식, 예연소실식

디젤기관 연소실 분사압력

• 직접분사실식 : $150 \sim 300 kgf/cm^2$
• 예연소실식 : $100 \sim 120 kgf/cm^2$
• 와류실식, 공기실식 : $100 \sim 140 kgf/cm^2$

직접분사실식의 장단점

장점	단점
• 연료 소비량이 다른 형식보다 적다. • 연소실의 표면적이 작아 냉각 손실이 적다. • 연소실이 간단하고 열효율이 높다. • 실린더 헤드의 구조가 간단하여 열변형이 적다. • 와류 손실이 없다. • 시동이 쉬우며 예열플러그가 필요 없다.	• 분사압력이 높아 분사펌프와 노즐의 수명이 짧다. • 사용연료의 변화에 매우 민감하다. • 노크 발생이 쉽다. • 기관의 회전속도 및 부하의 변화에 민감하다. • 다공형 노즐을 사용하므로 값이 비싸다. • 분사 상태가 조금만 달라져도 기관의 성능이 크게 변화한다.

디젤기관의 진동 원인
- 분사량·분사시기 및 분사압력 등의 불균형
- 다기통 기관에서 어느 한 개의 분사노즐이 막힌 경우
- 연료공급 계통에 공기가 침입한 경우
- 각 피스톤의 중량 차가 클 경우
- 실린더 상호 간의 안지름 차이가 심한 경우

실린더 헤드 개스킷의 구비조건
- 기밀유지가 좋을 것
- 내열성과 내압성이 있을 것
- 유연성과 적당한 강도가 있을 것

피스톤의 구비조건
- 고온·고압에 견딜 것
- 열전도가 잘될 것
- 열팽창률이 작을 것
- 피스톤 중량이 가벼울 것

피스톤과 실린더 벽 사이의 간극이 클 때 미치는 영향
- 블로 바이에 의해 압축 압력이 낮아진다.
- 피스톤 링의 기능 저하로 인하여 오일이 연소실에 유입되어 오일 소비가 많아진다.
- 피스톤 슬랩 현상이 발생하며 기관 출력이 저하된다.

■ 피스톤 링의 3대 작용
- 기밀유지(밀봉) 작용 : 압축 링의 주작용
- 오일제어(실린더 벽의 오일 긁어내기) 작용 : 오일 링의 주작용
- 열전도(냉각) 작용

■ 실린더 벽 마멸 시 발생 현상
오일 소모량 증가, 압축 및 폭발 압력 감소

■ 피스톤 슬랩(Slap) 현상
피스톤의 운동 방향이 바뀔 때 실린더 벽에 충격을 주는 현상

■ 동력전달 계통의 순서
피스톤 → 커넥팅 로드 → 크랭크축 → 클러치

■ 밸브 간극 : 밸브 스템 엔드와 로커 암(태핏) 사이의 간극

[02] 연료장치

■ 분사노즐
디젤기관만이 가지고 있는 부품으로 펌프로부터 보내진 고압의 연료를 미세한 안개 모양으로 연소실에 분사하는 부품

■ 분사노즐의 요구조건
- 고온·고압의 가혹한 조건에서 장기간 사용할 수 있을 것
- 분무를 연소실의 구석구석까지 뿌려지게 할 것
- 연료를 미세한 안개 모양으로 분사하여 쉽게 착화하게 할 것

■ 디젤엔진의 연료 순환 순서
연료탱크 → 연료공급펌프 → 연료필터 → 분사펌프 → 분사노즐

▌ 독립식 연료 분사펌프에 설치되는 부품
- 조속기 : 속도 조절, 분사량 조절
- 타이머 : 분사시기 조절

▌ 노즐 테스터 검사항목
각 노즐의 분사압력, 분사개시 압력, 후적 유무, 분사 상태, 분사 각도, 무화 상태

▌ 연료분사의 3대 요소 : 관통력, 분포, 무화 상태

▌ 연료압력이 너무 높거나 낮은 원인

너무 높은 원인	너무 낮은 원인
• 연료압력 레귤레이터 내의 밸브가 고착됨 • 연료 리턴 호스나 파이프가 막히거나 휨	• 연료필터가 막힘 • 연료펌프의 공급 압력이 누설됨 • 연료압력 레귤레이터에 있는 밸브의 밀착이 불량해 귀환구 쪽으로 연료가 누설됨

▌ 연료탱크를 가득 채워 두는 이유
- 탱크 속의 연료 증발로 발생한 공기 중의 수분이 응축되어 물이 생기는 것을 방지하기 위해
- 기포 생성을 방지하기 위해

▌ 디젤엔진에서 연료 계통의 공기빼기 순서
공급펌프 → 연료여과기 → 분사펌프

▌ 디젤연료의 공기빼기 작업을 반드시 해야 하는 이유 : 기관 회전이 불량해지므로

▌ 프라이밍 펌프
연료공급 계통의 공기빼기 작업 및 공급펌프를 수동으로 작동시켜 연료탱크 내의 연료를 분사펌프까지 공급하는 공급펌프

▮ 디젤연료의 구비조건
- 적당한 점도를 지니며, 온도 변화에 의한 점도 변화가 적을 것
- 내폭성 및 내한성이 클 것
- 고형 미립물이나 협잡물을 함유하지 않을 것
- 인화점 및 발화점이 높을 것
- 연소 후 카본 생성이 적을 것
- 발열량이 클 것

▮ 디젤기관의 윤활유 : 디젤연료(분사펌프, 캠축 제외)

[03] 냉각장치

▮ 엔진 과열의 원인
- 냉각핀의 손상 및 오염
- 냉각수의 부족
- 냉각수 순환 계통의 막힘
- 이상연소(노킹 등)
- 팬 벨트의 이완 또는 절손
- 물펌프의 작동 불량
- 라디에이터, 압력식 캡의 불량

▮ 기관 과열 시 피해
- 금속이 빨리 산화하고, 냉각수의 순환이 불량해진다.
- 각 작동 부분이 소결되고 각 부품의 변형원인이 된다.
- 윤활 불충분으로 인하여 각 부품이 손상된다.
- 조기점화 및 노킹이 발생된다.
- 엔진의 출력이 저하된다.

▮ 운전 중 기관이 과열되면 가장 먼저 점검해야 하는 것 : 냉각수의 양

▮ 동절기에 냉각수가 빙결되면 발생하는 현상
  냉각수 체적이 늘어나 실린더 블록 등에 균열이 생긴다.

■ 기관 출력이 저하될 때의 원인
- 부적당한 기관 조정과 기어 트레인 타이밍
- 불충분한 연료 및 공기
- 기관의 운전상태 불량
- 주위 공기 온도가 너무 높음

■ 기관별 노킹 방지 대책의 비교

구분	착화점	착화지연	압축비	흡입온도	흡입압력	회전수	와류
가솔린	높게	길게	낮게	낮게	낮게	높게	많이
디젤	낮게	짧게	높게	높게	높게	낮게	많이

■ 워터 재킷 : 기관에 온도를 일정하게 유지하기 위해 설치된 물 통로
  ※ 실린더 헤드 물 재킷부는 기관의 온도를 측정하기 위해 냉각수의 수온을 측정하는 곳으로 가장 적절한 곳이다.

■ 냉각 방식
- 공랭식 : 자연 통풍식, 강제 통풍식
- 수랭식 : 자연 순환식, 강제 순환식(압력 순환식, 밀봉 압력식)

■ 전동팬
모터로 냉각팬을 구동하는 형식이며 라디에이터에 부착된 서모 스위치는 냉각수의 온도를 감지하여 어느 온도에 도달하면 팬을 작동(냉각팬 ON)시키고, 그 이하로 내려가면 팬의 작동을 정지(냉각팬 OFF)시킨다.

■ 냉각팬 벨트 장력이 헐겁거나 끊어질 때
냉각팬이 회전되지 않아 냉각 상태가 중지되어 엔진 과열 및 발전기 충전불량 상태가 된다.

■ 냉각 순환 시 냉각수의 온도를 나타내는 곳 : 기관 온도계

■ 라디에이터의 구비조건
- 공기의 흐름 및 냉각수의 흐름 저항이 적을 것
- 단위면적당 방열량이 클 것
- 가볍고 작으며 강도가 클 것

- **압력식 캡**
  - 비등점(끓는점)을 올려 냉각 효과를 증대시키는 기능을 한다.
  - 냉각장치 내부압력이 규정보다 높을 때는 공기 밸브가 열리고, 부압이 되면 진공 밸브가 열린다.
  - 진공 밸브는 과랭으로 인한 수축현상을 방지해 준다.

- **압력식 캡 진공 밸브의 개방 시기**
  밀봉 압력식 냉각 방식에서 보조탱크 내의 냉각수가 라디에이터로 빨려 들어갈 때

- **부동액의 종류** : 메탄올, 에틸렌글리콜, 글리세린 등

- **부동액의 구비조건**
  - 물과 쉽게 혼합될 것
  - 침전물의 발생이 없을 것
  - 부식성이 없을 것
  - 비등점이 물보다 높을 것

[04] 윤활장치

- **윤활유의 역할**
  냉각작용, 응력분산작용, 방청작용, 마멸 방지 및 윤활작용, 밀봉작용, 청정분산작용

- **윤활유의 점도**
  - SAE 번호로 분류한다.
  - SAE 번호가 클수록 점도가 높고 농후하며, 번호가 작을수록 점도가 낮다.
  - 여름은 높은 점도, 겨울은 낮은 점도의 윤활유를 사용한다.

- **점도지수(VI)**
  - 윤활유, 작동유나 그리스류의 온도가 점도에 미치는 영향 정도를 표시하는 지수이다.
  - 점도지수가 높을수록 온도 상승에 대한 점도 변화가 작다.

■ 유압이 높아지거나 낮아지는 원인

높아지는 원인	낮아지는 원인
• 유압 조절 밸브가 고착되었다. • 유압 조절 밸브 스프링의 장력이 매우 크다. • 기관의 온도가 낮아 오일의 점도가 높아졌다. • 점도가 기준보다 높은 윤활유를 사용하여 윤활유 공급이 원활하지 못하다. • 회로가 막혔다. • 각 저널과 베어링의 간극이 적다.	• 유압 조절 밸브의 밀착이 불량하다. • 오일펌프가 마모되었다. • 오일펌프의 흡입구가 막혔다. • 윤활유의 점도가 낮다. • 오일팬 내에 오일이 부족하다. • 윤활통로 내에 공기가 유입되거나 베이퍼 로크 현상이 발생했다. • 윤활통로가 파손되었다. • 윤활 간극이 크다.

■ 유압 조절 밸브의 기능

밸브를 풀어주면 압력이 낮아지고, 조여주면 압력이 높아진다.

■ 기관의 윤활유 소비가 많은 원인
- 피스톤 및 실린더의 마멸과 손상
- 밸브 가이드 및 밸브 스템의 마멸
- 연소와 외부로부터의 누설

■ 윤활 방식의 분류
- 2행정 사이클의 윤활 방식 : 혼기 혼합식, 분리 윤활식
- 4행정 사이클의 윤활 방식 : 비산식, 압송식, 비산 압송식
- 여과방식 : 전류식, 분류식, 션트식

■ 오일의 여과 방식
- 전류식 : 모두 여과기로 공급
- 분류식 : 일부는 여과하여 오일팬으로, 일부는 그대로 윤활부에 공급
- 션트식 : 일부는 여과하여 윤활부로, 일부는 오일 그대로 윤활부에 공급

■ 오일 여과기 : 오일 속에 포함된 미세한 불순물을 제거하는 기구

■ 오일 여과기의 엘리먼트의 관리방법

습식이므로 교환하거나 세척유를 사용해 청소하여 사용한다.

[05] 흡·배기장치

▌ 흡·배기밸브의 구비조건
- 고온에서 견딜 것
- 밸브 헤드 부분의 열전도율이 클 것
- 고온에서의 장력과 충격에 대한 저항력이 클 것
- 고온가스에 부식되지 않을 것
- 가열이 반복되어도 물리적 성질이 변화하지 않을 것
- 관성력이 커지는 것을 방지하기 위하여 무게가 가볍고 내구성이 클 것
- 흡·배기가스 통과에 대한 저항이 적은 통로를 만들 것

▌ 과급기(터보 차저)
디젤엔진의 배기량이 일정한 상태에서 연소실에 강압적으로 많은 공기를 공급하여 흡입효율을 높이고 출력과 토크를 증대시키기 위한 장치

▌ 디젤기관에서 연료 라인에 공기가 혼입되었을 때 발생 현상
부조가 발생하거나 시동이 정지된다.

▌ 배기가스 색깔과 연소 상태의 관계
- 무색(무색 또는 담청색) : 정상연소
- 백색 : 기관오일 연소
- 흑색 : 혼합비 농후
- 엷은 황색 또는 자색 : 혼합비 희박
- 황색에서 흑색 : 노킹 발생
- 검은 연기 : 장비의 노후 및 연료의 질 불량
- 회백색 : 피스톤 링 마모

▌ 공기청정기(Air Cleaner)
연소에 필요한 공기를 실린더로 흡입할 때, 먼지 등의 불순물을 여과하여 피스톤 등의 마모를 방지하는 역할을 하는 장치

▌ 공기청정기의 청소방법
- 습식 공기청정기 : 세척유로 세척한다.
- 건식 공기청정기 : 압축공기로 털어 낸다.

[06] 기초전기전자

■ 전류의 3대 작용과 응용장치
- 자기작용 : 전동기, 발전기, 솔레노이드 기구 등
- 발열작용 : 전구, 예열플러그
- 화학작용 : 축전지의 충·방전 작용

[07] 축전지

■ 건설기계기관에서 축전지의 기능 : 기동장치의 전기적 부하를 담당한다.

■ 축전지의 연결방법
- 직렬연결 : 전압은 연결한 개수만큼 증가하고, 용량은 변하지 않는다.
- 병렬연결 : 용량은 연결한 개수만큼 증가하고, 전압은 변하지 않는다.

■ 축전지의 양극 단자와 음극 단자의 구별법

구분	양극	음극
문자	POS	NEG
부호	(+)	(−)
직경(굵기)	비교적 크다.	비교적 작다.
색깔	빨간색	검은색
부식물의 양	비교적 많다.	비교적 적다.

■ 납산 축전지의 특징
- 축전지의 용량은 극판의 크기, 극판의 수, 전해액(황산)의 양에 의해 결정된다.
- 1개 셀의 양극(+)과 음극(−)의 단자 전압은 2V이며, 12V를 사용하는 자동차의 배터리는 6개의 셀을 직렬로 접속하여 형성되어 있다.
- 양극판은 과산화납, 음극판은 해면상납을 사용하며 전해액은 묽은 황산을 이용한다.
- 충전 시 : 양극판의 황산납은 과산화납으로, 음극판의 황산납은 해면상납으로 변한다.
- 방전 시 : 양극판과 음극판은 황산납으로 바뀐다.

▌ 축전지의 취급
- 축전지의 방전이 거듭될수록 전압이 낮아지고 전해액의 비중은 작아진다.
- 전해액이 자연 감소된 축전지에는 증류수를 보충한다.
- 전해액을 만들 때는 황산을 증류수에 부어야 한다. 증류수를 황산에 부어주면 폭발할 수 있다.
- 전해액의 온도와 비중은 반비례한다.

▌ 전해액 비중에 의한 충전 상태
- 100% 충전 : 1.280 이상
- 75% 충전 : 1.210~1.259
- 50% 충전 : 1.150~1.209
- 25% 충전 : 1.100~1.149
- 0% 상태 : 1.050~1.099

▌ 정전류 충전
- 표준전류 : 축전지 용량의 10%
- 최소전류 : 축전지 용량의 5%
- 최대전류 : 축전지 용량의 20%

▌ 자기 방전
충전된 축전지를 사용하지 않아도 조금씩 자연 방전하여 용량이 감소하는 현상

▌ 자기 방전의 원인
- 전해액에 포함된 불순물이 국부전지를 구성하기 때문에
- 탈락한 극판 작용물질이 축전지 내부에 퇴적되기 때문에
- 음극판의 작용물질이 황산과의 화학작용으로 황산납이 되기 때문에

▌ 축전지 설치 순서
먼저 (−)선을 연결하고 나중에 접지선을 연결한다.

▌ 축전지의 케이스와 커버를 청소할 때 사용하는 용액 : 소다와 물

▌ 비중계 : 배터리의 충전 상태를 측정할 수 있는 게이지

[08] 시동 및 예열장치

▎ 디젤엔진의 시동 곤란 요인
- 엔진의 회전속도가 느리다.
- 연료공급이 불량하다.
- 기동전압이 낮다.
- 분사시기가 불량하다.
- 연료의 착화점이 높다.

▎ 건설기계에 주로 사용되는 기동전동기 : 직류 직권전동기

▎ 기관의 시동을 보조하는 장치
실린더의 감압장치(디컴프, De-comp), 히트 레인지, 공기예열장치

▎ 기동전동기의 회전이 느린 원인
- 배터리 전압이 낮다.
- 축전지 케이블의 접속이 불량하다.
- 정류자와 브러시의 접촉이 불량하다.
- 정류자 및 브러시의 마멸이 과다하다.
- 계자 코일이 단락되었다.
- 브러시 스프링의 장력이 약하다.
- 전기자 코일이 접지되었다.

▎ 기동전동기의 시험방법
전압 강하시험(무부하시험, 부하시험), 회전력(토크) 시험, 저항시험 등

▎ 예열장치
디젤기관에 흡입된 공기 온도를 상승시켜 시동을 원활하게 하는 장치로 동절기에 주로 사용한다.

▎ 예열장치의 종류
일반적으로 직접분사식에 사용하는 흡기가열식과 복실식(예연소실식, 와류실식, 공기실식) 연소실에 사용하는 예열플러그식이 있다.

[09] 충전장치

▍ 건설기계장비에 많이 사용하는 충전장치 : 3상 교류발전기

▍ 교류발전기와 직류발전기의 비교

구분		교류발전기 (AC Generator, Alternator)	직류발전기 (DC Generator)
구조		스테이터, 로터, 슬립링, 브러시, 다이오드(정류기)	전기자, 계자철심, 계자코일, 정류자, 브러시
조정기		전압조정기	전압조정기, 전류조정기, 컷아웃 릴레이
기능	전류발생	고정자(스테이터)	전기자(아마추어)
	정류작용(AC → DC)	실리콘 다이오드	정류자, 브러시
	역류방지	실리콘 다이오드	컷아웃 릴레이
	여자형성	로터	계자코일, 계자철심
	여자방식	타여자식(외부전원)	자여자식(잔류자기)

▍ 교류발전기의 특징
- 실리콘 다이오드가 있어 컷아웃 릴레이와 전류조정기가 필요 없다.
- 소형·경량이고 출력이 크다.
- 기계적 내구성이 우수하므로 고속 회전에 견딘다.
- 저속에서도 충전 성능이 우수하다.

▍ 기전력 발생 요소
- 기관 회전속도 : 로터 코일이 빠른 속도로 회전하면 많은 기전력을 얻을 수 있다.
- 자력의 세기 : 로터 코일을 통해 흐르는 전류(여자전류)가 큰 경우 기전력이 크다.
- 자극의 수 : 자극의 수가 많을수록 크다.
- 자계 내에 있는 도체의 길이 : 권선 수가 많은 경우, 도선(코일)의 길이가 긴 경우는 자력이 크다.

[10] 등화 및 계기장치

측광의 단위

구분	정의	기호	단위
조도	피조면의 밝기	E	lx(럭스)
광도	빛의 세기	I	cd(칸델라)
광속	광원에 의해 초(sec)당 방출되는 가시광의 전체량	f	lm(루멘)

건설기계장비에 설치되는 좌우 전조등 회로의 연결방법 : 병렬연결

전조등의 교환
- 실드빔식 : 전조등의 필라멘트가 끊어지면 렌즈나 반사경에 이상이 없어도 전조등 전부를 교환하여야 한다.
- 세미 실드빔식 : 전구와 반사경을 분리하여 교환할 수 있다.

전조등 회로에서 퓨즈의 접촉이 불량할 때 일어나는 현상
전류의 흐름이 나빠지고 퓨즈가 끊어질 수 있다.

퓨즈의 재질
납과 주석의 합금이고, 퓨즈 대용으로 철사 사용 시 화재의 위험이 있다.

오일 경고등이 점등되었을 때 조치
오일 계통에 이상이 생긴 것이므로 즉시 시동을 끄고 오일 계통을 점검한다.

운전 중 배터리 충전 표시등이 점등되었을 때 조치
충전 계통을 점검한다.

플래셔 유닛
방향등으로의 전원을 주기적으로 끊어주어 방향등이 점멸하게 하는 장치

[11] 냉방장치

▌ 냉방장치의 구성

압축기, 응축기, 건조기, 팽창밸브, 증발기, 송풍기 등

▌ 응축기

기화된 냉매를 액화하는 장치

CHAPTER 02 | 차체 및 유압장치

[01] 동력전달장치

▌ 메인 클러치(플라이휠 클러치)의 구성
클러치 디스크, 압력판, 스프링, 릴리스 레버, 릴리스 베어링 등

▌ 클러치 디스크
플라이휠과 압력판 사이에 설치되어 있으며, 변속기 압력축을 통해 변속기에 동력을 전달한다.

▌ 압력판
기관의 플라이휠과 항상 같이 회전하는 부품으로 클러치판을 밀어서 플라이휠에 압착시키는 역할을 한다.

▌ 플라이휠
기관의 맥동적인 회전을 관성력을 이용하여 원활한 회전으로 바꾸어주는 역할을 한다.

▌ 클러치의 구비조건
- 회전관성이 적을 것
- 동력차단은 신속하고 확실할 것
- 회전 부분의 평형이 좋을 것
- 동력전달은 충격 없이 확실하게 전달될 것
- 방열이 잘되고 과열되지 않을 것
- 구조가 간단하고 취급이 용이할 것

▌ 클러치 설계 시의 토크 용량 : 기관의 최고 토크의 1.5~2.5배

▌ 쿠션 스프링의 기능 : 클러치판(Clutch Plate)의 변형을 방지

▌ 토션 스프링의 기능 : 클러치 작용 시의 충격을 흡수

▌ 변속기의 기능
- 엔진과 구동축 사이에서 회전력을 변환시켜 전달한다.
- 엔진의 회전속도를 변환시켜 전달한다.
- 정차 시 엔진의 공전운전을 가능하게 한다.
- 후진을 가능하게 한다.

▌ 변속기의 구비조건
- 소형·경량이며 수리하기가 쉬울 것
- 변속 조작이 쉽고 신속·정확·정숙하게 이루어질 것
- 단계 없이 연속적으로 변속될 것
- 전달효율이 좋을 것

▌ 유체 클러치의 특징
- 터빈은 변속기 입력축에 설치되어 있다.
- 오일의 맴돌이 흐름(와류)을 방지하기 위하여 가이드 링을 설치한다.
- 펌프는 기관의 크랭크축에 설치되어 있다.

▌ 토크컨버터의 특징
- 펌프 임펠러는 크랭크축에 연결되고, 터빈 러너는 변속기의 입력축에 연결됨
- 토크컨버터의 동력전달 매체 : 유체(오일)
- 토크컨버터와 유체 클러치의 차이점 : 스테이터의 유무
- ※ 스테이터의 기능 : 토크컨버터에서 오일의 흐름 방향을 바꾸는 역할을 함

▌ 유성기어 장치의 구조
선기어, 유성기어, 링기어, 유성 캐리어

▌ 드라이브 라인의 장치
- 슬립 라인 : 추진축 길이의 변동을 흡수하는 장치
- 유니버설 조인트(Universal Joint, 자재 이음) : 추진축의 각도 변화를 가능하게 하는 이음

▌ 종감속 기어
구동 피니언과 링기어로 구성되어 있고, 변속기 및 추진축에서 전달되는 회전력을 직각 또는 직각에 가까운 각도로 바꾸어 앞차축 또는 뒤차축에 전달함과 동시에 최종적으로 감속하는 역할을 한다.

차동기어장치의 기능
- 선회할 때 좌우 구동바퀴의 회전속도를 다르게 한다.
- 선회할 때 바깥쪽 바퀴의 회전속도를 증대시킨다.
- 보통 차동기어장치는 노면의 저항을 작게 받는 구동바퀴의 회전속도가 빠르게 될 수 있다.

[02] 제동장치

유압식 브레이크의 기본원리 : 파스칼의 원리

제동장치의 구비조건
- 작동이 확실하고 잘 되어야 한다.
- 신뢰성과 내구성이 뛰어나야 한다.
- 점검 및 조정이 용이해야 한다.

브레이크 드럼의 구비조건
- 충분한 내마모성과 내마멸성을 갖춰야 한다.
- 정적·동적 평형이 잡혀 있어야 한다.
- 냉각이 잘되어 과열하지 않아야 한다.
- 가볍고 강도와 강성이 커야 한다.

베이퍼 로크(베이퍼 록) 발생 원인
- 긴 내리막길에서 과도한 브레이크 사용
- 비등점이 낮은 브레이크 오일 사용
- 드럼과 라이닝 마찰열의 냉각능력 저하
- 마스터 실린더, 브레이크슈 리턴 스프링의 절손에 의한 잔압 저하

부품 세척유의 종류 : 석유, 경유, 솔벤트

[03] 조향장치

▎ 동력 조향장치의 장단점

장점	단점
• 작은 조작력으로 큰 조향 조작을 할 수 있다. • 조작력에 관계없이 조향 기어비를 선정할 수 있다. • 굴곡이 있는 노면에서의 충격을 도중에 흡수하므로 조향휠에 전달되는 것을 방지할 수 있다. • 전륜 펑크 시 조향휠이 갑자기 꺾이지 않아 위험도가 낮다.	• 기계식에 비하여 구조가 복잡하다. • 경제적으로 불리하다.

▎ 앞바퀴 정렬(얼라인먼트)의 기능
- 조향 핸들을 작은 힘으로 쉽게 조작할 수 있게 한다.
- 조향 핸들 조작을 확실하게 하고 안전성을 준다.
- 조향 핸들에 복원성을 준다.
- 타이어 마모를 최소로 한다.

▎ 앞바퀴 정렬요소
- 캠버 : 앞바퀴를 앞에서 보면 수직선에 대해 중심선이 경사되어 있는 것으로, 바퀴의 중심선과 노면에 대한 수직선이 이루는 각도(°)를 캠버각이라 함
- 토인 : 바퀴를 위에서 보았을 때 좌우 바퀴의 중심 간 거리가 뒷부분보다 앞부분이 좁게 된 상태
- 캐스터 : 바퀴를 옆에서 보면 차축에 설치한 킹핀이 수직선과 각도를 이루고 설치된 상태
- 킹핀 경사각 : 바퀴를 앞에서 보았을 때 킹핀의 중심선과 수직선이 이루는 각도

▎ 캠버의 필요성
- 수직 하중에 의한 앞차축의 휨을 방지한다.
- 조향 핸들의 조향 조작력을 가볍게 한다.
- 하중을 받았을 때 바퀴의 아래쪽이 바깥쪽으로 벌어지는 것을 방지한다.

▎ 조향 핸들의 유격이 커지는 원인
- 피트먼 암의 헐거움
- 타이로드 엔드 볼 조인트 마모
- 조향 바퀴 베어링 마모

조향 핸들의 조작이 무거운 원인
- 유압 계통 내에 공기가 유입되었다.
- 타이어의 공기압력이 너무 낮다.
- 유압이 낮거나 오일이 부족하다.
- 오일펌프의 회전이 느리다.
- 오일펌프의 벨트 또는 오일 호스가 파손되었다.

[04] 주행장치

타이어의 구조
- 트레드(Tread) : 직접 노면과 접촉되어 마모에 견디는 두꺼운 고무층으로, 적은 슬립으로 견인력을 증대시키는 부분이다. 충격, 외상으로부터 내부의 카커스(Carcass)를 보호하고 타이어의 수명을 연장해 주는 역할을 한다.
- 브레이커(Breaker) : 트레드와 카커스 사이의 코드 층이다.
- 카커스(Carcass) : 타이어에서 고무로 피복된 코드를 여러 겹으로 겹쳐 강도가 큰 코드 층으로 타이어 골격을 이루는 부분이다. 타이어의 하중을 지지하고 충격을 흡수하여 타이어의 공기압을 유지하는 역할을 한다.
- 비드(Bead) : 림과 접촉하게 되는 타이어의 내면 부분이다.

트레드 패턴
- 타이어의 접지부에 있는 여러 가지 모양(패턴)의 주 홈, 보조 홈 및 기타 홈을 가리킨다.
- 타이어의 제동력, 구동력 및 견인력을 높인다.
- 조종 안정성을 향상시키고 타이어에 방열 효과 및 배수 효과를 준다.

타이어 호칭 표시방법
- 저압 타이어 : 호칭이 "6.00-13-4PR"이면, 타이어 폭이 6.00inch, 타이어 안지름이 13inch, 플라이 수가 4이다.
- 고압 타이어 : 호칭이 "32×8-10PR"이면, 타이어 바깥지름이 32inch, 타이어 폭이 8inch, 플라이 수가 10이다.
- 레이디얼 타이어 : 호칭이 "175/70 SR 14"이면, 타이어 폭이 175mm, 편평비가 70 시리즈, 타이어 안지름 14inch이다.

[05] 무한궤도장치

▌ 트랙(무한궤도, Track)
- 구성품 : 슈, 부싱, 핀, 링크 등
- 구조 : 트랙 프레임 앞쪽에는 프런트 아이들러, 위쪽에는 상부 롤러, 아래쪽에는 하부 롤러가 설치된다.

▌ 프런트 아이들러(전부유동륜, Idle Roller)의 기능

트랙의 진로를 조정하면서 주행방향으로 트랙을 유도한다.

▌ 트랙 아이들러가 프레임 위를 전후로 움직이는 구조인 이유
- 트랙 장력(긴도)을 조정하기 위해
- 주행 중 지면으로부터 받는 충격을 완화하기 위해

▌ 트랙 아이들러 완충장치인 리코일 스프링의 설치목적
- 트랙 전면의 충격 흡수
- 트랙 장력과 긴장도 유지
- 차체 파손 방지와 원활한 운전
- 서징 현상 방지

▌ 리코일 스프링의 종류

코일 스프링식, 질소가스 스프링식, 다이어프램 스프링식

▌ 상부 롤러(캐리어 롤러, Carrier Roller)
- 스프로킷과 아이들러 사이에 트랙이 처지는 것을 방지한다.
- 트랙을 지지하고, 트랙의 회전을 바르게 유지한다.
- 싱글 플랜지형을 주로 사용한다.

▌ 하부 롤러(트랙 롤러, Track Roller)
- 트랙이 받는 중량을 지면에 균일하게 분포시킨다.
- 싱글 플랜지형과 더블 플랜지형을 많이 사용한다.

롤러 가드

암석, 자갈 등이 하부 롤러에 직접 충돌하는 것을 방지하여 롤러를 보호하는 장치

트랙 슈의 종류

단일 돌기 슈, 이중 돌기 슈, 삼중 돌기 슈, 암반용 슈, 평활 슈, 습지용 슈, 고무 슈, 건지형 슈, 스노 슈 등

- 단일 돌기 슈 : 돌기가 1개인 것으로 견인력이 크며, 중하중용이다.
- 이중 돌기 슈 : 돌기가 2개인 것으로 중하중에 의한 슈의 굽음을 방지하고, 선회성능이 우수하다.
- 암반용 슈 : 가로 방향의 미끄럼을 방지하기 위하여 양쪽에 리브를 설치한 것이다.
- 평활 슈 : 도로를 주행할 때 포장 노면의 파손을 방지하기 위해 주로 사용한다.

트랙의 그리스 주유 부위

상부 롤러, 아이들러, 하부 롤러

트랙이 벗겨지는 원인

- 트랙이 너무 이완되었을 때(트랙의 장력이 너무 느슨할 때, 트랙의 유격이 너무 클 때)
- 전부유동륜과 스프로킷의 상부 롤러가 마모되었을 때
- 전부유동륜과 스프로킷의 중심이 맞지 않을 때(트랙 정렬이 불량할 때)
- 고속주행 중 급커브를 돌았을 때(급선회 시)
- 리코일 스프링의 장력이 부족할 때
- 경사지에서 작업할 때

트랙 장력을 조정해야 하는 이유

- 트랙의 이탈방지
- 트랙 구성품의 수명 연장
- 스프로킷의 마모방지

[06] 유압장치 일반

▌ 주요 공식

- 압력 = $\dfrac{\text{가해진 힘}}{\text{단면적}}$
- 오일의 무게(kgf) = 오일양(L) × 비중

▌ 압력의 단위

기압(atm), 파스칼(Pa), 메가파스칼(MPa), 바(bar), 프사이(psi), kgf/cm^2, mmHg 등

▌ 유량 : 단위 시간에 이동하는 유체의 체적

▌ 유압장치 : 오일의 유체에너지를 이용하여 기계적인 일을 하는 장치

▌ 유압장치의 작동원리

밀폐된 용기에 채워진 유체의 일부에 압력을 가하면 유체 내의 모든 곳에 같은 크기로 전달된다는 파스칼의 원리를 응용한 것이다.

▌ 유압장치의 기본 구성요소

- 유압 발생 장치 : 유압펌프, 오일탱크 및 배관, 부속장치(오일 냉각기, 필터, 압력계)
- 유압 제어 장치 : 유압원으로부터 공급받은 오일을 일의 크기, 방향, 속도를 조정하여 작동체로 보내주는 장치(방향 전환 밸브, 압력 제어 밸브, 유량 조절 밸브)
- 유압 구동 장치 : 유체에너지를 기계적 에너지로 변환시키는 장치(유압모터, 요동모터, 유압실린더 등)

▌ 유압장치의 장단점

장점	단점
• 작은 동력원으로 큰 힘을 낼 수 있다. • 과부하 방지가 용이하다. • 운동방향을 쉽게 변경할 수 있다. • 에너지 축적이 가능하다. • 정확한 위치제어가 가능하다. • 힘의 전달 및 증폭과 연속적 제어가 쉽다. • 무단변속이 가능하고 작동이 원활하다. • 원격제어가 가능하고, 속도제어가 쉽다. • 윤활성, 내마멸성, 방청성이 좋다.	• 고장원인의 발견이 어렵고 구조가 복잡하다. • 유압유의 온도에 따라서 점도가 달라져 기계의 속도가 변하므로 정밀한 속도 제어가 곤란하다. • 회로 구성이 어렵고 누설되는 경우가 있다. • 유압유에 가연성이 있어 화재에 취약하다. • 폐유에 의해 주변 환경이 오염될 수 있다. • 에너지의 손실이 크고, 관로를 연결하는 곳에서 유압유가 누출될 우려가 있다. • 고압 사용으로 인한 위험성이 높고 이물질에 민감하다.

[07] 유압펌프

▌ 원동기와 펌프
- 원동기 : 열에너지를 기계적 에너지로 전환하는 장치
- 펌프 : 원동기의 기계적 에너지를 유체에너지로 전환하는 장치

▌ 유압펌프의 용량 : 주어진 압력과 그때의 토출량으로 표시
  ※ 유량의 단위 : GPM(분당 토출량)

▌ 용적식 펌프의 종류
- 왕복식 : 피스톤펌프, 플런저펌프
- 회전식 : 기어펌프, 베인펌프, 나사펌프 등

▌ 피스톤(플런저)펌프의 특징
- 효율이 가장 높다.
- 발생 압력이 고압이다.
- 토출량의 범위가 넓다.
- 구조가 복잡하다.
- 회전수가 같을 때 펌프의 토출량이 변할 수 있어 가변용량이 가능하다.
- 축이 회전 또는 왕복운동을 한다.

▌ 기어펌프의 특징
- 정용량 펌프이다.
- 다른 펌프에 비해 구조가 간단하다.
- 유압 작동유의 오염에 비교적 강한 편이다.
- 외접식과 내접식이 있다.
- 피스톤펌프보다 효율이 떨어진다.
- 베인펌프보다 소음이 크다.

▌ 베인펌프의 특징
- 수명이 중간 정도이다.
- 맥동과 소음이 적다.
- 간단하고 성능이 좋다.
- 소형·경량이다.

▌ 폐입 현상

외접식 기어펌프에서 토출된 유량 일부가 입구 쪽으로 귀환하여 토출량 감소, 축동력 증가 및 케이싱 마모 등을 유발하는 현상

[08] 유압밸브

▌ 유압회로에 사용되는 제어 밸브
- 압력 제어 밸브 : 일의 크기 제어
- 유량 제어 밸브 : 일의 속도 제어
- 방향 제어 밸브 : 일의 방향 제어

▌ 압력 제어 밸브의 종류

릴리프 밸브	유압회로의 최고압력을 제어하며, 회로의 압력을 일정하게 유지시키는 밸브로서 펌프와 제어밸브 사이에 설치
감압(리듀싱) 밸브	유압회로에서 입구압력을 감압하여 유압실린더 출구 설정 압력으로 유지하는 밸브
언로드(무부하) 밸브	유압장치에서 고압·소용량, 저압·대용량 펌프를 조합하여 운전할 때, 작동압이 규정압력 이상으로 상승 시 동력 절감을 하기 위해 사용하는 밸브
시퀀스 밸브	유압회로의 압력에 의해 유압 액추에이터의 작동 순서를 제어하는 밸브
카운터밸런스 밸브	실린더가 중력으로 인하여 제어속도 이상으로 낙하하는 것을 방지하는 밸브

▌ 채터링 현상

릴리프 밸브에서 볼(Ball)이 밸브의 시트(Seat)를 때려 소음을 발생시키는 현상으로 릴리프 밸브 스프링의 장력이 약화될 때 발생할 수 있다.

▌ 유압 라인에서 압력에 영향을 주는 요소
- 유체의 흐름량
- 유체의 점도
- 관로 직경의 크기

▌ 유량 제어 밸브의 종류

스로틀 밸브(교축 밸브), 속도 제어 밸브, 급속배기 밸브, 압력보상형 유량 제어 밸브, 온도보상형 유량 제어 밸브, 분류 밸브, 니들 밸브

■ 니들 밸브 : 내경이 작은 파이프에서 미세한 유량을 조정하는 밸브

■ 방향 제어 밸브의 종류

체크 밸브, 셔틀 밸브, 디셀러레이션 밸브, 매뉴얼 밸브(로터리형)
- 체크 밸브 : 유압 회로에서 역류를 방지하고 회로 내의 잔류압력을 유지하는 밸브
- 디셀러레이션 밸브 : 액추에이터의 속도를 서서히 감속시키는 경우나 서서히 증속시키는 경우에 사용하는 밸브

[09] 유압실린더와 유압모터

■ 유압 액추에이터

유압유의 압력에너지(힘)를 기계적 에너지(일)로 변환시키는 장치로 유압실린더와 유압모터가 있다. 실린더는 직선운동을, 모터는 회전운동을 한다.

■ 유압 액추에이터(작업장치) 교환 시 반드시 해야 하는 작업

공기빼기 작업, 누유 점검, 공회전 작업

■ 유압실린더의 종류

실린더의 한쪽으로만 유압을 유입·유출하는 단동식과 양측으로 유압을 유입·유출하는 복동식이 있다.
- 단동 실린더 : 표준형(단로드 실린더), 특수형(램형, 텔레스코프, 단동 양로드)
- 복동 실린더 : 싱글 로드형, 더블 로드형, 쿠션 내장형, 복동 텔레스코프형, 차동형
- 다단 실린더 : 텔레스코프형, 디지털형

■ 유압실린더의 기본 구성부품

실린더, 실린더 튜브, 피스톤, 피스톤 로드, 실린더 패킹 등

■ 쿠션 기구

유압실린더에서 피스톤 행정이 끝날 때 발생하는 충격을 흡수하기 위해 설치하는 장치

■ 실린더 자연 하강 현상(Cylinder Drift)의 발생 원인
- 작동압력이 낮음
- 실린더 내부의 마모
- 컨트롤 밸브의 스풀 마모
- 릴리프 밸브의 불량

■ 실린더 벽의 마모·마멸이 가장 큰 부분
피스톤 상사점 부근의 피스톤 링과 접촉하는 부분

■ 유압모터의 종류 : 기어형, 베인형, 피스톤형 등

■ 유압모터의 장단점

장점	단점
• 제어가 용이하다. • 소형 장치로 큰 출력을 낼 수 있다. • 무단변속이 가능하다. • 작동이 신속, 정확하다. • 전동모터에 비해 급속정지가 쉽다.	• 작동유에 먼지나 공기가 침입하지 않도록 특히 보수에 주의해야 한다. • 작동유가 누출되면 작업성능에 지장이 있다. • 작동유의 점도 변화에 따라 사용에 제약이 있다.

■ 유압모터의 용량
입구 압력(kgf/cm^2)당 토크로 나타내며, 용량에 따라 작동부 압력과 토크가 달라진다.

[10] 유압기호 및 회로

■ 유압장치의 회로도에 사용되는 기호의 표시방법
- 기호에는 흐름의 방향을 표시한다.
- 각 기기의 기호는 정상 상태 또는 중립 상태를 표시한다.
- 유압장치 기호에도 회전표시를 할 수 있다.
- 기호에는 각 기기의 구조나 작용압력을 표시하지 않는다.

■ 대표 유압기호

정용량형 유압펌프		유압 동력원	
가변용량형 유압펌프		공기·유압 변환기	
가변용량형 유압모터		전자·유압 파일럿	

■ 유압의 기본 회로

오픈(개방) 회로, 클로즈(밀폐) 회로, 병렬 회로, 직렬 회로, 탠덤 회로 등

■ 유량 제어 밸브의 속도제어 회로

- 미터인 회로 : 유량 제어 밸브를 실린더의 입구 측에 설치한 회로이다.
- 미터아웃 회로 : 유량 제어 밸브를 실린더의 출구 측에 설치한 회로이다.
- 블리드오프 회로 : 유량 제어 밸브를 실린더와 병렬로 설치하여 실린더의 입구 측에 불필요한 압유를 배출시켜 작동 효율을 증진시키는 회로이다.

■ 언로드 회로

일하던 도중에 유압펌프 유량이 필요하지 않게 되었을 때 오일을 저압으로 탱크에 귀환시키는 회로

[11] 유압유 및 기타 부속장치 등

■ 유압 작동유의 주요 기능과 구비조건

주요 기능	구비조건
• 윤활 작용 • 냉각 작용 • 부식 방지 • 동력 전달 • 필요한 요소 사이를 밀봉	• 동력을 확실하게 전달하기 위한 비압축성일 것 • 내열성, 점도지수, 체적 탄성계수 등이 클 것 • 산화 안정성이 있을 것 • 유동점, 밀도, 독성, 휘발성, 열팽창 계수 등이 적을 것 • 열전도율, 장치와의 결합성, 윤활성 등이 좋을 것 • 발화점·인화점이 높고 온도 변화에 따른 점도 변화가 적을 것 • 방청, 방식성이 있을 것 • 비중이 낮고 기포의 생성이 적을 것 • 강인한 유막을 형성할 것 • 물, 먼지 등의 불순물과 분리가 잘 될 것

■ 유압유의 점도

- 유압유 성질 중 가장 중요하다.
- 점성의 점도를 나타내는 척도이다.
- 온도가 올라가면 점도는 낮아지고, 온도가 내려가면 점도는 높아진다.
- 오일의 온도에 따른 점도 변화는 점도지수로 표시한다.
  ※ 점도지수가 높을수록 온도 변화에 따른 점도 변화가 작다.
- 유압유에 점도가 다른 오일을 혼합하면 열화 현상이 촉진된다.

■ 유압유의 점도별 발생 현상

점도가 너무 낮을 경우	점도가 너무 높을 경우
• 내부 오일 누설의 증대 • 압력 유지의 곤란 • 유압펌프, 모터 등의 용적효율 저하 • 기기마모의 증대 • 압력 발생 저하로 정확한 작동 불가	• 동력손실 증가로 기계효율의 저하 • 소음이나 공동현상 발생 • 유동저항의 증가로 인한 압력손실의 증대 • 내부마찰의 증대에 의한 온도의 상승 • 유압기기 작동의 불활발

유압유가 과열되는 원인과 유압 계통에 미치는 영향

과열되는 원인	유압 계통에 미치는 영향
• 효율 불량 • 노화 • 냉각기의 성능 불량 • 유압유 부족 • 점도 불량 • 안전밸브의 작동압력이 너무 낮음	• 점도 저하에 의한 오일 누설의 증가 • 펌프 효율 저하 • 밸브류 기능 저하 • 유압유 열화 촉진 • 작동 불량 현상 발생 • 유압기기의 열변형이 쉬워짐 • 기계적인 마모 발생 가능

현장에서 오일의 열화를 찾아내는 방법
- 색채(변화 여부), 냄새(자극적인 악취 발생 여부), 점도 등 유압유의 외관 확인
- 유압유 내 수분 및 침전물의 유무를 확인
- 유압유를 흔들었을 때 거품이 발생하는지 확인

유압오일에 거품(기포)이 생기는 이유
- 오일탱크와 펌프 사이에서 공기가 유입될 때
- 오일이 부족할 때
- 펌프축 주위의 토출 측 실(Seal)이 손상되었을 때
- 유압 계통에 공기가 흡입되었을 때

유압회로 내에 기포가 발생하면 일어나는 현상
- 열화 촉진, 소음 증가
- 오일탱크의 오버플로
- 공동 현상, 실린더 숨돌리기 현상

캐비테이션(공동 현상)
유압장치 내에 국부적인 높은 압력과 소음·진동이 발생하는 현상으로, 필터의 여과 입도 수(Mesh)가 너무 높을 때도 발생한다. 공동 현상의 발생으로 펌프의 성능(토출량, 양정, 효율)이 감소되고 임펠러(수차의 날개)가 손상되며 관이 부식될 수 있다.

유압실린더의 숨돌리기 현상
공기가 실린더에 혼입되어 피스톤의 작동이 불량해져서 작동시간의 지연을 초래하는 현상으로 오일 공급 부족과 서징이 발생한다.

▌ 서지(Surge) 현상

유압회로 내의 밸브를 갑자기 닫았을 때, 오일의 속도에너지가 압력에너지로 변하면서 일시적으로 큰 압력증가가 생기는 현상

※ 서지압(Surge Pressure) : 과도적으로 발생하는 이상 압력의 최댓값

▌ 유압 작동유에 수분이 미치는 영향

- 작동유의 윤활성·방청성을 저하시킨다.
- 작동유의 산화와 열화를 촉진시킨다.
- 오일과 유압기기의 수명을 감소시킨다.

▌ 윤활유 첨가제의 종류

극압 및 내마모 첨가제, 부식 및 녹 방지제, 유화제, 소포제, 유동점 강하제, 청정분산제, 산화방지제, 점도지수 향상제 등

▌ 어큐뮬레이터(Accumulator)

유압에너지를 가압 상태로 저장하여 유압을 보상해 주는 용기로 유압회로 내의 진동·충격·맥동을 흡수한다. 어큐뮬레이터 내에는 고압의 브레이크 유체와 질소가스가 들어있으므로 취급에 주의하여야 한다.

▌ O-링(가장 많이 사용하는 패킹)의 구비조건

- 오일 누설을 방지할 것
- 운동체의 마모를 적게 할 것
- 체결력(죄는 힘)이 클 것
- 누설을 방지하는 기구에서 탄성이 양호하고, 압축변형이 작을 것
- 사용 온도 범위가 넓을 것
- 내노화성이 좋을 것
- 상대 금속을 부식시키지 않을 것

▌ 더스트 실(Dust Seal)

유압장치에서 피스톤 로드에 있는 먼지 또는 오염 물질 등이 실린더 내로 혼입되는 것을 방지하는 장치

▌오일탱크의 기능
- 계통 내 필요한 유량 확보
- 차폐장치에 의한 기포 발생 방지 및 소멸
- 탱크 외벽의 방열 기능으로 적정온도 유지
- 작동유의 열 발산 및 부족한 기름 보충
- 복귀유의 먼지나 녹, 찌꺼기 침전 역할

▌오일탱크 구성품
주유구, 유면계, 펌프 흡입관, 공기청정기, 분리판, 드레인 콕, 측판, 드레인관, 리턴관, 필터(엘리먼트), 스트레이너 등

▌필터와 스트레이너
- 필터 : 배관 도중이나 복귀 회로, 바이패스 회로 등에 설치하여 미세한 불순물을 여과한다.
- 스트레이너 : 비교적 큰 불순물을 제거하기 위하여 사용하며, 유압펌프의 흡입 측에 장치하여 오일탱크로부터 펌프나 회로에 불순물이 혼입되는 것을 방지한다.

▌설치 위치에 따른 여과기의 분류
- 탱크용(펌프 흡입 쪽) : 스트레이너, 흡입여과기
- 관로용
  - 펌프 토출 쪽 : 라인 여과기
  - 되돌아오는 쪽 : 리턴 여과기
  - 순환라인 : 순환 여과기

▌드레인 플러그의 기능 : 오일탱크 내의 오일을 전부 배출시킨다.

▌플러싱
유압 계통의 오일장치 내에 슬러지 등이 생겼을 때 용해하여 장치 내를 깨끗이 하는 작업

CHAPTER 03 | 건설기계관리법규

[01] 건설기계 등록

▌ 건설기계 등록의 신청 시 제출서류(건설기계관리법 시행령 제3조)

건설기계를 등록하려는 건설기계의 소유자는 건설기계등록신청서(전자문서로 된 신청서를 포함)에 다음의 서류(전자문서를 포함)를 첨부하여 건설기계소유자의 주소지 또는 건설기계의 사용본거지를 관할하는 특별시장·광역시장·도지사 또는 특별자치도지사(이하 시·도지사)에게 제출하여야 한다.

① 다음의 구분에 따른 해당 건설기계의 출처를 증명하는 서류
  ㉠ 국내에서 제작한 건설기계 : 건설기계제작증
  ㉡ 수입한 건설기계 : 수입면장 등 수입사실을 증명하는 서류
  ㉢ 행정기관으로부터 매수한 건설기계 : 매수증서
② 건설기계의 소유자임을 증명하는 서류(①의 서류가 건설기계의 소유자임을 증명할 수 있는 경우에는 해당 서류로 갈음할 수 있음)
③ 건설기계제원표
④ 자동차손해배상 보장법에 따른 보험 또는 공제의 가입을 증명하는 서류

▌ 건설기계 등록의 신청(건설기계관리법 시행령 제3조)

건설기계 등록신청은 건설기계를 취득한 날(판매를 목적으로 수입된 건설기계의 경우에는 판매한 날)부터 2월 이내에 하여야 한다. 다만, 전시·사변 기타 이에 준하는 국가비상사태하에 있어서는 5일 이내에 신청하여야 한다.

■ 등록의 말소 등(건설기계관리법 제6조)

시·도지사는 등록된 건설기계가 다음의 어느 하나에 해당하는 경우에는 그 소유자의 신청이나 시·도지사의 직권으로 등록을 말소할 수 있다. 다만, ①, ⑤, ⑧(건설기계의 강제처리 등에 따라 폐기한 경우로 한정) 또는 ⑫에 해당하는 경우에는 직권으로 등록을 말소하여야 한다.

① 거짓이나 그 밖의 부정한 방법으로 등록을 한 경우
② 건설기계가 천재지변 또는 이에 준하는 사고 등으로 사용할 수 없게 되거나 멸실된 경우
③ 건설기계의 차대(車臺)가 등록 시의 차대와 다른 경우
④ 건설기계가 건설기계안전기준에 적합하지 아니하게 된 경우
⑤ 정기검사 명령, 수시검사 명령 또는 정비 명령에 따르지 아니한 경우
⑥ 건설기계를 수출하는 경우
⑦ 건설기계를 도난당한 경우
⑧ 건설기계를 폐기한 경우
⑨ 건설기계해체재활용업을 등록한 자에게 폐기를 요청한 경우
⑩ 구조적 제작 결함 등으로 건설기계를 제작자 또는 판매자에게 반품한 경우
⑪ 건설기계를 교육·연구 목적으로 사용하는 경우
⑫ 대통령령으로 정하는 내구연한을 초과한 건설기계(정밀진단을 받아 연장된 경우는 그 연장기간을 초과한 건설기계)
⑬ 건설기계를 횡령 또는 편취당한 경우

■ 건설기계의 사후관리(건설기계관리법 시행규칙 제55조)

건설기계형식에 관한 승인을 얻거나 그 형식을 신고한 자는 건설기계를 판매한 날부터 12개월(당사자 간에 12개월을 초과하여 별도 계약하는 경우에는 그 해당 기간) 동안 무상으로 건설기계의 정비 및 정비에 필요한 부품을 공급하여야 한다. 다만, 취급설명서에 따라 관리하지 아니함으로 인하여 발생한 고장 또는 하자와 정기적으로 교체하여야 하는 부품 또는 소모성 부품에 대하여는 유상으로 정비하거나 정비에 필요한 부품을 공급할 수 있다.

[02] 건설기계검사

▌ 건설기계검사의 종류(건설기계관리법 제13조)
① **신규 등록검사** : 건설기계를 신규로 등록할 때 실시하는 검사
② **정기검사** : 건설공사용 건설기계로서 3년의 범위에서 국토교통부령으로 정하는 검사유효기간이 끝난 후에 계속하여 운행하려는 경우에 실시하는 검사와 대기환경보전법 및 소음·진동관리법에 따른 운행차의 정기검사
③ **구조변경검사** : 건설기계의 주요 구조를 변경하거나 개조한 경우 실시하는 검사
④ **수시검사** : 성능이 불량하거나 사고가 자주 발생하는 건설기계의 안전성 등을 점검하기 위하여 수시로 실시하는 검사와 건설기계 소유자의 신청을 받아 실시하는 검사

▌ 정기검사 유효기간(건설기계관리법 시행규칙 별표 7)

기종	연식	검사유효기간
지게차(1ton 이상), 타이어식 로더, 모터그레이더, 특수건설기계 중 타이어식 노면 파쇄기, 타이어식 노면 측정장비, 타이어식 수목 이식기	20년 이하	2년
	20년 초과	1년
덤프트럭, 콘크리트 믹서트럭, 트럭적재식 콘크리트펌프, 특수건설기계 중 타이어식 도로보수트럭, 타이어식 트럭 지게차	20년 이하	1년
	20년 초과	6개월
기중기, 타이어식 굴착기, 아스팔트살포기, 천공기, 항타 및 항발기, 특수건설기계 중 터널용 고소작업차	–	1년
타워크레인	–	6개월
그 밖의 특수건설기계	20년 이하	3년
	20년 초과	1년
그 밖의 건설기계	20년 이하	3년
	20년 초과	1년

▌ 수시검사 명령(건설기계관리법 시행규칙 제30조의2)

시·도지사는 수시검사를 명령하려는 때에는 수시검사 명령의 이행을 위한 검사의 신청 기간을 31일 이내로 정하여 건설기계소유자에게 별도 서식의 건설기계 수시검사명령서를 서면으로 통지해야 한다. 다만, 건설기계소유자의 주소 등을 통상적인 방법으로 확인할 수 없거나 통지가 불가능한 경우에는 해당 시·도의 공보 및 인터넷 홈페이지에 공고해야 한다.

■ 건설기계 주요 장치 및 변경·개조의 범위(건설기계관리법 시행규칙 제42조)
① 원동기 및 전동기의 형식변경
② 동력전달장치의 형식변경
③ 제동장치의 형식변경
④ 주행장치의 형식변경
⑤ 유압장치의 형식변경
⑥ 조종장치의 형식변경
⑦ 조향장치의 형식변경
⑧ 작업장치의 형식변경(가공작업을 수반하지 아니하고 작업장치를 선택 부착하는 경우에는 작업장치의 형식변경으로 보지 않음)
⑨ 건설기계의 길이·너비·높이 등의 변경
⑩ 수상작업용 건설기계의 선체의 형식변경
⑪ 타워크레인 설치기초 및 전기장치의 형식변경

■ 검사 또는 명령이행 기간의 연장(건설기계관리법 시행규칙 제31조의2)
건설기계의 소유자는 천재지변, 건설기계의 도난, 사고 발생, 압류, 31일 이상에 걸친 정비 또는 그 밖의 부득이한 사유로 검사의 신청 기간 또는 정기검사 명령, 수시검사 명령 또는 정비 명령의 이행을 위한 검사의 신청기간(이하 정기검사 등 신청기간) 내에 검사를 신청할 수 없는 경우에는 정기검사 등 신청기간 만료일까지 별도 서식의 검사·명령이행 기간 연장신청서에 연장사유를 증명할 수 있는 서류를 첨부하여 시·도지사(검사대행자가 지정된 경우에는 검사대행자)에게 제출해야 한다.

[03] 건설기계조종사면허 및 사업

■ **건설기계조종사면허의 취소·정지(건설기계관리법 제28조)**

시장·군수 또는 구청장은 건설기계조종사가 다음의 어느 하나에 해당하는 경우에는 국토교통부령으로 정하는 바에 따라 건설기계조종사면허를 취소하거나 1년 이내의 기간을 정하여 건설기계조종사면허의 효력을 정지시킬 수 있다. 다만, ①, ②, ⑧ 또는 ⑨에 해당하는 경우에는 건설기계조종사면허를 취소하여야 한다.

① 거짓이나 그 밖의 부정한 방법으로 건설기계조종사면허를 받은 경우
② 건설기계조종사면허의 효력정지기간 중 건설기계를 조종한 경우
③ 다음 중 어느 하나에 해당하게 된 경우
　㉠ 건설기계 조종상의 위험과 장해를 일으킬 수 있는 정신질환자 또는 뇌전증환자로서 국토교통부령으로 정하는 사람
　㉡ 앞을 보지 못하는 사람, 듣지 못하는 사람, 그 밖에 국토교통부령으로 정하는 장애인
　㉢ 건설기계 조종상의 위험과 장해를 일으킬 수 있는 마약·대마·향정신성의약품 또는 알코올중독자로서 국토교통부령으로 정하는 사람
④ 건설기계의 조종 중 고의 또는 과실로 중대한 사고를 일으킨 경우
⑤ 국가기술자격법에 따른 해당 분야의 기술자격이 취소되거나 정지된 경우
⑥ 건설기계조종사면허증을 다른 사람에게 빌려준 경우
⑦ 술에 취하거나 마약 등 약물을 투여한 상태 또는 과로·질병의 영향이나 그 밖의 사유로 정상적으로 조종하지 못할 우려가 있는 상태에서 건설기계를 조종한 경우
⑧ 정기적성검사를 받지 아니하고 1년이 지난 경우
⑨ 정기적성검사 또는 수시적성검사에서 불합격한 경우

■ **국토교통부령으로 정하는 소형건설기계(건설기계관리법 시행규칙 제73조)**

① 5ton 미만의 불도저
② 5ton 미만의 로더
③ 5ton 미만의 천공기(트럭적재식은 제외)
④ 3ton 미만의 지게차
⑤ 3ton 미만의 굴착기
⑥ 3ton 미만의 타워크레인
⑦ 공기압축기
⑧ 콘크리트펌프(이동식에 한정)
⑨ 쇄석기
⑩ 준설선

■ 적성검사의 기준(건설기계관리법 시행규칙 제76조)
① 두 눈을 동시에 뜨고 잰 시력(교정시력을 포함)이 0.7 이상이고 두 눈의 시력이 각각 0.3 이상일 것
② 55dB(보청기를 사용하는 사람은 40dB)의 소리를 들을 수 있고, 언어분별력이 80% 이상일 것
③ 시각은 150° 이상일 것
④ 다음 사유에 해당되지 아니할 것
    ㉠ 건설기계 조종상의 위험과 장해를 일으킬 수 있는 정신질환자 또는 뇌전증환자로서 국토교통부령으로 정하는 사람
    ㉡ 앞을 보지 못하는 사람, 듣지 못하는 사람, 그 밖에 국토교통부령으로 정하는 장애인
    ㉢ 건설기계 조종상의 위험과 장해를 일으킬 수 있는 마약·대마·향정신성의약품 또는 알코올 중독자로서 국토교통부령으로 정하는 사람

■ 건설기계조종사면허의 결격사유(건설기계관리법 제27조)
① 18세 미만인 사람
② 건설기계 조종상의 위험과 장해를 일으킬 수 있는 정신질환자 또는 뇌전증환자로서 국토교통부령으로 정하는 사람
③ 앞을 보지 못하는 사람, 듣지 못하는 사람, 그 밖에 국토교통부령으로 정하는 장애인
④ 건설기계 조종상의 위험과 장해를 일으킬 수 있는 마약·대마·향정신성의약품 또는 알코올중독자로서 국토교통부령으로 정하는 사람
⑤ 건설기계조종사면허가 취소된 날부터 1년(거짓이나 그 밖의 부정한 방법으로 건설기계조종사면허를 받은 경우 또는 건설기계조종사면허의 효력정지기간 중 건설기계를 조종한 경우에는 2년)이 지나지 아니하였거나 건설기계조종사면허의 효력정지처분 기간 중에 있는 사람

■ 미등록 건설기계의 임시운행 사유(건설기계관리법 시행규칙 제6조)
① 등록신청을 하기 위하여 건설기계를 등록지로 운행하는 경우
② 신규등록검사 및 확인검사를 받기 위하여 건설기계를 검사장소로 운행하는 경우
③ 수출을 하기 위하여 건설기계를 선적지로 운행하는 경우
④ 수출을 하기 위하여 등록말소한 건설기계를 점검·정비의 목적으로 운행하는 경우
⑤ 신개발 건설기계를 시험·연구의 목적으로 운행하는 경우
⑥ 판매 또는 전시를 위하여 건설기계를 일시적으로 운행하는 경우
※ 임시운행기간은 15일 이내로 한다. 다만, 신개발 건설기계를 시험·연구의 목적으로 운행하는 경우에는 3년 이내로 한다.

■ 건설기계사업의 종류(건설기계관리법 제2조)
① 건설기계대여업 : 건설기계의 대여를 업(業)으로 하는 것
② 건설기계정비업 : 건설기계를 분해·조립 또는 수리하고 그 부분품을 가공제작·교체하는 등 건설기계를 원활하게 사용하기 위한 모든 행위를 업으로 하는 것
③ 건설기계매매업 : 중고(中古) 건설기계의 매매 또는 그 매매의 알선과 그에 따른 등록사항에 관한 변경신고의 대행을 업으로 하는 것
④ 건설기계해체재활용업 : 폐기 요청된 건설기계의 인수(引受), 재사용 가능한 부품의 회수, 폐기 및 그 등록말소 신청의 대행을 업으로 하는 것

■ 건설기계정비업의 사업범위(건설기계관리법 시행령 별표 2)

정비항목		종합건설기계정비업					부분건설기계정비업	전문건설기계 정비업		
		전기종	굴착기	지게차	기중기	덤프 및 믹서		원동기	유압	타워크레인
원동기	실린더 헤드의 탈착 정비	○	○	○	○	○		○		
	실린더·피스톤의 분해·정비	○	○	○	○	○		○		
	크랭크샤프트·캠샤프트의 분해·정비	○	○	○	○	○		○		
	연료(연료공급 및 분사)펌프의 분해·정비	○	○	○	○	○		○		
	위의 사항을 제외한 원동기 부분의 정비	○	○	○	○	○	○	○		
유압장치의 탈부착 및 분해·정비		○	○	○	○	○	○		○	
변속기	탈부착	○	○	○	○	○	○			
	변속기의 분해·정비	○	○	○	○	○				
전후 차축 및 제동장치 정비(타이어식)		○	○	○	○	○				
차체 부분	프레임 조정	○	○	○	○	○				
	롤러·링크·트랙 슈의 재생	○	○		○					
	위의 사항을 제외한 차체 부분의 정비	○	○	○	○	○	○			
이동정비	응급조치	○	○	○	○	○	○	○	○	○
	원동기의 탈부착	○	○	○	○	○		○		○
	유압장치의 탈부착	○	○	○	○	○	○		○	○
	원동기·유압장치 외의 부분의 탈부착	○	○	○	○	○	○			○

[04] 건설기계관리법의 벌칙

■ 건설기계조종사면허의 취소·정지처분 기준 중(건설기계관리법 시행규칙 별표 22)

위반행위	처분기준
건설기계의 조종 중 고의 또는 과실로 중대한 사고를 일으킨 경우	
① 인명피해	
㉠ 고의로 인명피해(사망·중상·경상 등)를 입힌 경우	취소

㉡ 과실로 산업안전보건법에 따른 중대재해가 발생한 경우
    • 사망자가 1명 이상 발생한 재해
    • 3개월 이상의 요양이 필요한 부상자가 동시에 2명 이상 발생한 재해
    • 부상자 또는 직업성 질병자가 동시에 10명 이상 발생한 재해
	취소

㉢ 그 밖의 인명피해를 입힌 경우
    • 사망 1명마다
    • 중상 1명마다
    • 경상 1명마다
	면허효력정지 45일
	면허효력정지 15일
	면허효력정지 5일

② 재산피해(피해금액 50만원마다)	면허효력정지 1일 (90일을 넘지 못함)

■ 2년 이하의 징역 또는 2천만원 이하 벌금의 벌칙 기준(건설기계관리법 제40조)
  ① 등록되지 아니한 건설기계를 사용하거나 운행한 자
  ② 등록이 말소된 건설기계를 사용하거나 운행한 자
  ③ 시·도지사의 지정을 받지 아니하고 등록번호표를 제작하거나 등록번호를 새긴 자
  ④ 검사대행자 또는 그 소속 직원에게 재물이나 그 밖의 이익을 제공하거나 제공 의사를 표시하고 부정한 검사를 받은 자
  ⑤ 건설기계의 주요 구조나 원동기, 동력전달장치, 제동장치 등 주요 장치를 변경 또는 개조한 자
  ⑥ 무단 해체한 건설기계를 사용·운행하거나 타인에게 유상·무상으로 양도한 자
  ⑦ 시정명령을 이행하지 아니한 자
  ⑧ 등록을 하지 아니하고 건설기계사업을 하거나 거짓으로 등록을 한 자
  ⑨ 등록이 취소되거나 사업의 전부 또는 일부가 정지된 건설기계사업자로서 계속하여 건설기계사업을 한 자

■ 1년 이하의 징역 또는 1천만원 이하 벌금의 벌칙 기준(건설기계관리법 제41조)
  ① 거짓이나 그 밖의 부정한 방법으로 등록을 한 자
  ② 등록번호를 지워 없애거나 그 식별을 곤란하게 한 자
  ③ 구조변경검사 또는 수시검사를 받지 아니한 자
  ④ 정비명령을 이행하지 아니한 자
  ⑤ 사용·운행 중지 명령을 위반하여 사용·운행한 자

⑥ 사업정지명령을 위반하여 사업정지기간 중에 검사를 한 자
⑦ 형식승인, 형식변경승인 또는 확인검사를 받지 아니하고 건설기계의 제작 등을 한 자
⑧ 사후관리에 관한 명령을 이행하지 아니한 자
⑨ 내구연한을 초과한 건설기계 또는 건설기계 장치 및 부품을 운행하거나 사용한 자
⑩ 내구연한을 초과한 건설기계 또는 건설기계 장치 및 부품의 운행 또는 사용을 알고도 말리지 아니하거나 운행 또는 사용을 지시한 고용주
⑪ 부품인증을 받지 아니한 건설기계 장치 및 부품을 사용한 자
⑫ 부품인증을 받지 아니한 건설기계 장치 및 부품을 건설기계에 사용하는 것을 알고도 말리지 아니하거나 사용을 지시한 고용주
⑬ 매매용 건설기계를 운행하거나 사용한 자
⑭ 폐기인수 사실을 증명하는 서류의 발급을 거부하거나 거짓으로 발급한 자
⑮ 폐기요청을 받은 건설기계를 폐기하지 아니하거나 등록번호표를 폐기하지 아니한 자
⑯ 건설기계조종사면허를 받지 아니하고 건설기계를 조종한 자
⑰ 건설기계조종사면허를 거짓이나 그 밖의 부정한 방법으로 받은 자
⑱ 소형 건설기계의 조종에 관한 교육과정의 이수에 관한 증빙서류를 거짓으로 발급한 자
⑲ 술에 취하거나 마약 등 약물을 투여한 상태에서 건설기계를 조종한 자와 그러한 자가 건설기계를 조종하는 것을 알고도 말리지 아니하거나 건설기계를 조종하도록 지시한 고용주
⑳ 건설기계조종사면허가 취소되거나 건설기계조종사면허의 효력정지처분을 받은 후에도 건설기계를 계속하여 조종한 자
㉑ 건설기계를 도로나 타인의 토지에 버려둔 자

CHAPTER 04 | 안전관리

[01] 산업안전보건기준 및 재해

■ **산업재해의 정의(산업안전보건법 제2조)**

노무를 제공하는 사람이 업무에 관계되는 건설물·설비·원재료·가스·증기·분진 등에 의하거나 작업 또는 그 밖의 업무로 인하여 사망 또는 부상하거나 질병에 걸리는 것

■ **중대재해의 범위(산업안전보건법 시행규칙 제3조)**

① 사망자가 1명 이상 발생한 재해
② 3개월 이상의 요양이 필요한 부상자가 동시에 2명 이상 발생한 재해
③ 부상자 또는 직업성질병자가 동시에 10명 이상 발생한 재해

■ **재해예방 4원칙**

손실우연의 원칙, 예방 가능의 원칙, 원인 계기의 원칙, 대책 선정의 원칙

■ **사고의 원인**

직접원인	물적 원인	불안전한 상태 (1차 원인)	• 물 자체의 결함
			  - 안전방호장치 결함
			  - 복장, 보호구의 결함
			  - 물의 배치 및 작업장소 결함
			• 작업환경의 결함
			• 생산공정의 결함
			• 경계표시, 설비의 결함

	인적 원인	불안전한 행동 (1차 원인)	• 위험장소 접근 • 안전장치의 기능 제거 • 복장, 보호구, 기계기구의 잘못된 사용 • 운전 중인 기계장치의 손질 • 불안전한 속도 조작 • 위험물 취급 부주의 • 불안전한 상태 방치 • 불안전한 자세·동작 • 감독 및 연락 불충분
	천재지변	불가항력	
간접원인	교육적 원인	개인적 결함(2차 원인)	
	기술적 원인		
	관리적 원인	사회적 환경, 유전적 요인	

■ 사고 원인별 발생 빈도 순서 : 불안전 행위 > 불안전 조건 > 불가항력

■ 전도 등의 방지(산업안전보건기준에 관한 규칙 제199조)

사업주는 차량계 건설기계를 사용하는 작업을 할 때에 그 기계가 넘어지거나 굴러떨어짐으로써 근로자가 위험해질 우려가 있는 경우에는 유도하는 사람을 배치하고 지반의 부동침하 방지, 갓길의 붕괴 방지 및 도로 폭의 유지 등 필요한 조치를 하여야 한다.

■ 접촉 방지(산업안전보건기준에 관한 규칙 제200조)

① 사업주는 차량계 건설기계를 사용하여 작업을 하는 경우에는 운전 중인 해당 차량계 건설기계에 접촉되어 근로자가 부딪칠 위험이 있는 장소에 근로자를 출입시켜서는 아니 된다. 다만, 유도자를 배치하고 해당 차량계 건설기계를 유도하는 경우에는 그러하지 아니하다.
② 차량계 건설기계의 운전자는 ①의 유도자가 유도하는 대로 따라야 한다.

■ 차량계 건설기계의 이송(산업안전보건기준에 관한 규칙 제201조)

사업주는 차량계 건설기계를 이송하기 위해 자주 또는 견인에 의해 화물자동차 등에 싣거나 내리는 작업을 할 때에 발판·성토 등을 사용하는 경우에는 해당 차량계 건설기계의 전도 또는 굴러떨어짐에 의한 위험을 방지하기 위해 다음의 사항을 준수해야 한다.
① 싣거나 내리는 작업은 평탄하고 견고한 장소에서 할 것
② 발판을 사용하는 경우에는 충분한 길이·폭 및 강도를 가진 것을 사용하고 적당한 경사를 유지하기 위하여 견고하게 설치할 것
③ 자루·가설대 등을 사용하는 경우에는 충분한 폭 및 강도와 적당한 경사를 확보할 것

■ 승차석 외의 탑승금지(산업안전보건기준에 관한 규칙 제202조)

사업주는 차량계 건설기계를 사용하여 작업을 하는 경우 승차석이 아닌 위치에 근로자를 탑승시켜서는 아니 된다.

[02] 안전장치 및 보호구, 안전보건표지

■ 방호장치의 해체 금지(산업안전보건기준에 관한 규칙 제93조)
① 사업주는 기계·기구 또는 설비에 설치한 방호장치를 해체하거나 사용을 정지해서는 아니 된다. 다만, 방호장치의 수리·조정 및 교체 등의 작업을 하는 경우에는 그러하지 아니하다.
② ①의 방호장치에 대하여 수리·조정 또는 교체 등의 작업을 완료한 후에는 즉시 방호장치가 정상적인 기능을 발휘할 수 있도록 하여야 한다.

■ 작업별 보호구(산업안전보건기준에 관한 규칙 제32조)
① 물체가 떨어지거나 날아올 위험 또는 근로자가 감전되거나 추락할 위험이 있는 작업 : 안전모
② 높이 또는 깊이 2m 이상의 추락할 위험이 있는 장소에서의 작업 : 안전대
③ 물체의 낙하·충격, 물체에의 끼임, 감전 또는 정전기의 대전(帶電)에 의한 위험이 있는 작업 : 안전화
④ 물체가 날아 흩어질 위험이 있는 작업 : 보안경
⑤ 용접 시 불꽃 또는 물체가 날아 흩어질 위험이 있는 작업 : 보안면
⑥ 감전의 위험이 있는 작업 : 절연용 보호구
⑦ 고열에 의한 화상 등의 위험이 있는 작업 : 방열복
⑧ 선창 등에서 분진(粉塵)이 심하게 발생하는 하역작업 : 방진마스크
⑨ 영하 18℃ 이하인 급냉동어창에서 하는 하역작업 : 방한모·방한복·방한화·방한장갑
⑩ 물건을 운반하거나 수거·배달하기 위하여 이륜자동차 또는 원동기장치자전거를 운행하는 작업 : 승차용 안전모
⑪ 물건을 운반하거나 수거·배달하기 위해 자전거 등을 운행하는 작업 : 안전모

■ 보호구의 구비조건
- 착용이 간편할 것
- 작업에 방해가 안 될 것
- 위험, 유해요소에 대한 방호성능이 충분할 것
- 재료의 품질이 양호할 것
- 구조와 끝마무리가 양호할 것
- 외양과 외관이 양호할 것

▮ 안전보건표지의 종류와 형태(산업안전보건법 시행규칙 별표 6)

금지표지	출입금지	차량통행금지	물체이동금지	보행금지
경고표지	낙하물 경고	인화성물질 경고	산화성물질 경고	몸균형 상실 경고
지시표지	보안경 착용	안전복 착용	방독마스크 착용	안전모 착용
안내표지	응급구호표지	비상구	녹십자표지	들것

[03] 기계 · 기기 및 공구에 관한 사항

▮ 주요 렌치

오픈엔드 렌치	복스 렌치보다 큰 힘을 줄 수는 없지만, 더 빠르게 볼트, 너트를 조이거나 풀 수 있으며 연료 파이프라인의 피팅(연결부)을 풀고 조일 때 사용한다.
파이프 렌치	파이프 또는 둥근 물체를 잡고 돌리는 데 사용한다.
토크 렌치	볼트 등을 조일 때 조이는 힘을 측정하기 위하여 쓰는 렌치이다. 오른손으로 렌치 끝을 잡고 돌리며 왼손은 지지점을 누르고, 눈으로 게이지 눈금을 확인하여 사용한다.
복스 렌치	볼트 머리나 너트 주위를 완전히 감싸기 때문에 사용 중 미끄러질 위험성이 적어 오픈엔드 렌치보다 많이 사용한다.

▌ 스패너 작업 시 유의사항
- 스패너의 입이 너트의 치수에 맞는 것을 사용한다.
- 너트에 스패너를 깊이 물리도록 하여 조금씩 앞으로 당기는 식으로 풀고 조인다.
- 몸의 균형을 잡고 사용한다.
- 스패너의 자루에 파이프를 이어서 사용해서는 안 된다.
- 스패너와 너트가 맞지 않을 때 쐐기를 넣어 사용해서는 안 된다.
- 스패너를 해머 대신에 써서는 안 된다.
- 장시간 보관할 때에는 방청제를 바르고 건조한 곳에 보관한다.

▌ 해머 사용 시 유의사항
- 작업에 맞는 무게의 해머를 사용하고 한두 번 가볍게 친 다음 본격적으로 두드린다.
- 처음부터 크게 휘두르지 않고도 목표에 잘 맞게 시작한 후 차차 크게 휘두른다.
- 물건에 해머를 대고 몸의 위치를 정하여 발을 힘껏 딛고 작업한다.
- 재료에 변형이나 요철이 있을 때 해머로 타격하면 한쪽으로 튕겨서 다칠 수 있으므로 주의한다.
- 손잡이에 금이 갔거나 해머 머리가 손상된 것, 쐐기가 없는 것, 낡은 것, 모양이 찌그러진 것은 쓰지 않는다.
- 좁은 곳이나 발판이 불안한 곳에서 해머 작업을 하면 안 된다.
- 장갑이나 기름 묻은 손으로 자루를 잡지 않는다.

▌ 벨트를 풀리에 걸 때 안전한 방법
스스로 정지하도록 하여 회전이 완전히 멈춘 후에 건다.

[04] 건설기계 안전기준에 관한 규칙

▌ 특별표지판을 부착해야 하는 대형건설기계의 기준(건설기계 안전기준에 관한 규칙 제2조)
① 길이가 16.7m를 초과하는 건설기계
② 너비가 2.5m를 초과하는 건설기계
③ 높이가 4.0m를 초과하는 건설기계
④ 최소회전반경이 12m를 초과하는 건설기계
⑤ 총중량이 40ton을 초과하는 건설기계(굴착기, 로더 및 지게차는 운전중량이 40ton을 초과하는 경우)
⑥ 총중량 상태에서 축하중이 10ton을 초과하는 건설기계(굴착기, 로더 및 지게차는 운전중량 상태에서 축하중이 10ton을 초과하는 경우)

▎ 토공건설기계(건설기계 안전기준에 관한 규칙 제2조)

토사 등을 직접 굴착, 적재, 운반, 운송, 살포 및 다짐 등의 작업을 하는 건설기계로서 불도저, 굴착기, 로더, 스크레이퍼, 덤프트럭, 모터그레이더, 롤러, 천공기, 항타 및 항발기를 말한다(트럭식 건설기계는 제외).

[05] 작업 안전사항

▎ 건설기계의 일상점검 정비사항
- 볼트·너트 등의 이완 탈락 상태
- 유압장치, 엔진, 롤러 등의 누유 상태
- 각 계기류, 스위치, 등화장치 작동 상태

▎ 유압장치의 일일 정비 점검사항
- 유량 점검
- 펌프, 밸브, 실린더로부터의 오일 누출 점검
- 배관, 이음 등에서의 오일 누출 점검
- 이음 부분과 탱크 급유구 등의 풀림 상태 점검
- 실린더 로드·호스의 손상 점검

▎ 작업 개시 전 근로자 교육사항

작업방법, 작업경로, 중량물 또는 위험물 취급 시 주의사항 등

▎ 건설기계의 안전수칙
- 운전석을 떠날 때는 기관을 정지시켜야 한다.
- 장비를 다른 곳으로 이동할 때에는 반드시 선회 브레이크를 걸어 놓고 장비로부터 내려와야 한다.
- 무거운 하중은 5~10cm 들어 올려 보아서 브레이크나 기계의 안전을 확인한 후 작업에 임하도록 한다.
- 버킷이나 하중을 달아 올린 채로 브레이크를 걸어 두어서는 안 된다.

[06] 긴급 상황 조치

▎유압 계통 긴급 조치
- 유압·공기 호스의 파열 등 작동 불능 상황 시 장비를 정지하고 파손된 호스를 교환한다.
- 긴급하게 유압호스를 교환할 때에는 탱크의 캡을 열어서 압력을 서서히 제거해준 후 교환해야 한다.

▎와이어로프의 교환 기준(산업안전보건기준에 관한 규칙 제63조)
① 이음매가 있는 것
② 와이어로프의 한 꼬임(스트랜드)에서 끊어진 소선(素線)의 수가 10% 이상인 것
③ 지름의 감소가 공칭지름의 7%를 초과하는 것
④ 꼬인 것
⑤ 심하게 변형되거나 부식된 것
⑥ 열과 전기충격에 의해 손상된 것
※ 로프 절단은 대형 사고를 일으키므로 반드시 정기적으로 검사하고, 불량 로프는 절대로 사용하지 말아야 한다. 외부에서 보이지 않게 내부가 단선되기도 하므로 실제 가동 2,000시간이 지나면 신품으로 교환한다.

▎와이어로프 슬링의 점검·폐기 기준

점검항목	점검 방법	폐기 기준
단선	육안	소선이 로프 1회 꼬임 동안에 총 소선 수의 10% 이상 단선 또는 로프 5회 꼬임 동안에 20% 이상 단선
마모	계측	지름의 감소가 공칭 지름의 7%를 초과
부식	육안	소선 표면에 피칭이 발생하여 곰보 모양이 된 것, 내부 부식에 의하여 소선이 느슨해진 것
모양	육안	모양 찌그러짐에 의하여 꼬임 및 현저한 편평화, 굽음, 볼록 나온 모양 등의 결함이 생긴 것
아크 또는 열 영향	육안	템퍼 색 또는 용해 손상이 인지되는 것
도포 기름의 상태	육안	
고리부, 압축 멈춤부	육안	균열, 변형, 로프의 어긋남 또는 현저한 홈 등이 발생

■ 전기장치의 사고
- 발열과 합선에 의한 화재가 발생할 우려가 있다.
- 화재의 원인이 되므로 배선을 개조하지 않는다.
- 감전사고를 막기 위하여 접지설비가 가장 중요하다.

■ 엔진 과열 및 전기장치 이상 발생 시 대응방법
장비에 비상 냉각수 4L 이상을 항상 비치하고, 겨울에는 부동액을 준비하여 비상시 사용한다.

■ 소화기
화재의 초기 단계에서 소화제의 냉각 또는 공기 차단 등의 효과를 이용해서 불을 끄는 기구

■ 소화기 관리 요령
- 언제든 사용할 수 있도록 수시로 점검한다.
- 축압식 소화기는 계기판에서 바늘이 정상인 녹색 위치에 있는지 확인한다.
- 기계 기구나 부속 등에 가려지지 않도록 하고 습기나 직사광선을 피한다.

■ 화재의 분류 및 소화 대책
- A급 화재 : 일반 화재 – 냉각 소화
- B급 화재 : 유류·가스 화재 – 질식 소화
- C급 화재 : 전기화재 – 냉각 또는 질식 소화
- D급 화재 : 금속화재 – 질식 소화(냉각 소화 금지)

■ 소화기 사용 요령
- 불이 난 곳으로 소화기를 옮긴다.
- 상단의 안전핀을 당겨서 뽑아 낸다.
- 한 손은 분사기로 불이 난 곳을 향하고 다른 손으로 손잡이를 꽉 쥐며 바람을 등지고 분사한다.

현장 화재 시 대응 및 조치

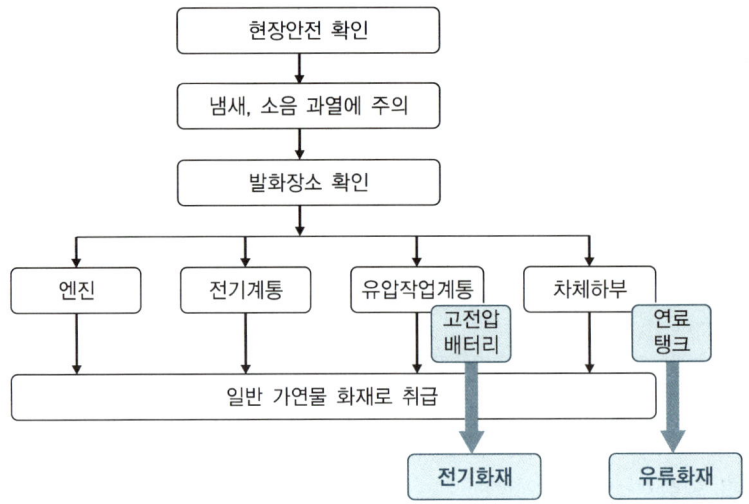

출처 : 김희승(2011), 타워크레인

CHAPTER 05 | 락드릴 운전 준비·점검

[01] 락드릴 점검

▌ 락드릴의 주차
- 장비의 엔진 정지 전, 30초간 공회전 상태를 유지한다.
- 장비를 평평하고, 안전하며 단단한 지반에 위치시킨다.
- 확장 붐은 안쪽으로 완벽하게 접고, 마스트는 단단한 지반에 수직으로 올려놓는다.
- 기름, 종이, 낙엽 등 가연물이나 위험물 근처 주기는 삼간다.
- 절벽 및 갓길 등 낙석의 위험이 있거나 지반이 약한 곳은 삼간다.

▌ 락드릴 시동·작업 전 장비 안전 점검
- 운전석 탑승 전 장비의 누유 흔적, 볼트 풀림, 부품 간 조립 상태 불량 등을 점검한다.
- 모든 커버 및 프로텍터 등이 제자리에 단단히 조립돼 있는지 확인한다.
- 엔진오일, 냉각수, 연료, 유압유, 공기압축기 오일 등의 양을 점검한다.
- 에어 필터의 막힘 및 전기 배선 파손 상태를 점검한다.
- 장비를 편안하고 안전하게 운전할 수 있도록 운전석을 조정한다.
- 사이드미러 및 각종 게이지의 작동 상태를 점검한다.
- 장비에 유지보수 또는 분해 조립 중이라는 표시가 붙어 있으면, 모든 사실이 확인되기 전에 절대 시동을 걸지 않는다.
- 공구나 부품을 운전석 내에 두면 장비가 이동 또는 작동 중에 발생하는 진동 등으로 떨어지면서 작동 레버나 스위치 등을 파손시키거나 오작동시킬 수 있으므로 두지 않는다.

▌ 락드릴 시동·작업 전 작업현장 점검
- 작업 장소의 균열, 용수(湧水), 법면 낙석, 슬라이딩 상태를 점검한다.
- 운전자 및 작업자 안전보호구(방진안경, 마스크, 귀마개, 안전모, 안전화 등)를 착용한다.
- 락드릴의 현장 작업 대상물로서 토사, 골재, 암, 건설 폐기물, 광석, 식재 등을 확인한다.
- 지상 장애물로서 전선, 통신선, 컨베이어벨트, 유류 탱크, 파이프라인, 자동차, 철재 등 각종 구조물을 작업 전에 확인한다.
- 작업 지역에 모래 및 토사가 많으면 물로 깨끗이 정리 후 작업한다.

- 엔진 주변에 있는 나뭇가지, 잎, 풀, 폐지 등 가연성 물질은 화재를 일으킬 수 있으므로 모두 제거한다. 운전석 유리창, 거울, 손잡이 및 발판 등의 이물질도 모두 세척한다.
- 차량이나 사람이 작업현장에 들어올 수 없도록 주변에 '출입금지' 푯말과 펜스를 세운다.
- 작업현장 주변의 수도, 가스관, 통신선 및 고압선의 위치를 파악한다.

■ 락드릴의 트랙 장력 측정 및 조정방법
- 직선의 판 또는 막대기를 트랙 위에 올려놓고, 트랙과의 최대 높이차(처짐량)를 점검한다. 처짐은 일반적으로 약 10~15mm를 유지하는 것이 정상이다.
- 장력이 너무 풀려있을 경우(느슨한 경우), 커버를 열고 그리스 주입구에 그리스를 충전한다.
- 장력이 너무 과도할 경우(팽팽한 경우), 체크 밸브를 반시계방향으로 풀면 장력 조정용 그리스가 밖으로 빠져나와 장력이 느슨해진다.

■ 락드릴에 사용되는 그리스(Grease)의 구성
기유(베이스 오일, 70~95%) + 증조제(3~30%) + 첨가제(0~10%) 등
- 기유 : 광유 또는 실리콘유, 지에스텔유 등의 합성유
- 증조제 : 각종 금속비누, 벤토나이트 등의 무기질 증조제 또는 우레아 불소화합물 등의 내열성 유기질 증조제
- 첨가제 : 산화방지제, 방청제, 극압제 등

■ 락드릴 드리프터 점검하기
- 드리프터의 회전, 피드, 해머의 작동 상태를 확인한다.
  - 타격 압력계 : 타격 압력을 표시
  - 피드 압력계 : 드리프터가 전진 시 압력을 표시
  - 회전 압력계 : 드리프터 섕크 어댑터(Shank Adapter)의 정회전 압력을 표시
  ※ 드리프터에서 회전 압력이 약 130bar로 상승하게 되면 앤티 재밍(Anti-jamming) 스위치가 켜졌을 때(ON) 드리프터가 자동으로 후진하게 된다.
- 드리프터 모터의 회전속도를 조절한다.
  - 시계방향 : 회전속도 증가
  - 반시계방향 : 회전속도 감소

▌ 드리프터 압력 세팅을 잘못했을 때의 현상
- 천공 홀의 직진성이 나빠진다.
- 드리프터의 공타가 유발된다.
- 비트와 로드의 마모 및 파손이 일어난다.
- 장비 및 드리프터 부품에 과도한 외력이 유발된다.

▌ 드리프터 가이드(Drifter Guide)의 구조
- 가이드 프레임(Guide Frame)은 천공 시 발생하는 힘을 고려한 강도로 설계되고 용접 구조물로 제작된다.
- 피드 롤러 체인(Feed Roller Chain)은 드리프터와 호스 드럼에 대한 체인 텐션 조정장치를 포함한다.
- 익스텐션 로드(Extension Rod)를 클램핑하기 위한 유압 클램핑 장치가 설치되어 있다.
- 익스텐션 로드 유압 슬라이딩 가이드가 설치되어 있다.
- 피드 모터의 회전력으로 체인 스프로킷(Chain Sprocket)이 피드 체인을 이송시키고, 피드 체인은 드리프터를 상하로 움직인다.

▌ 부동액(Antifreeze)
- 동결을 방지하는 역할을 한다.
- 알루미늄 라디에이터용과 동판 라디에이터용이 있으며 최근에는 알루미늄 라디에이터용이 많이 사용된다.

▌ 부동액의 혼합 비율
- 혼합 비율 기준은 그 지방의 최저 기온보다 5~10℃ 정도 낮게 정한다.
- 부동액 원액의 농도가 70%를 초과하거나 35% 미만이면 냉각장치가 손상된다.

▌ 전해액 비중 측정 기구
비중계, 배터리/부동액 시험기, 디지털 전압계, 배터리 부하 시험기 등

▌ 축전지 용량
- 축전지 용량(Ah)은 방전전류(A)에 방전시간(h)을 곱하여 구한다.
- 축전지 용량에 미치는 요소 : 극판의 크기·두께, 셀당 극판 수, 셀의 크기, 전해액의 양
- 방전량(%) : $\dfrac{\text{완전충전 시 비중} - \text{측정한 비중}}{\text{완전충전 시 비중} - \text{전방전 시 비중}} \times 100$

▌ 축전지 취급 시 안전 및 유의사항

- 전해액은 산성으로 인명 손상의 원인이 되므로 피부 또는 눈 등에 접촉되지 않도록 주의하며, 축전지(배터리)를 취급할 때는 항상 보안경을 착용한다.
- 축전지(배터리)와 연결 단자 부분에 대한 취급 작업을 할 때는 장갑을 착용하며, 연결 단자 부분을 만진 후에는 반드시 손을 깨끗이 씻는다.
- 축전지(배터리) 터미널 부에는 그리스 등을 도포하여 오염을 예방한다.
- 전압계 또는 비중계 등을 이용하여 전압을 측정하도록 한다.
- 터미널 연결 단자를 가로지른 금속 부분을 이용하여 축전지(배터리)의 상태를 점검하지 않는다.
- 부적절한 보조 케이블의 연결은 폭발의 원인이 되고 인명 손상을 초래할 수 있으므로 유의한다.
- 동결된 축전지(배터리)는 폭발할 수 있으므로 충전하지 않는다.

▌ 엔진 시동 후 점검

- 엔진오일 및 냉각수의 양 점검
- 주변 점검을 통해 누유 및 누수 점검
- 엔진의 배기음 및 배기 색깔 상태 점검
- 엔진의 이상음 또는 이상 진동 상태 점검
- 각종 경고등, 게이지의 작동 상태 점검

▌ 락드릴 주행장치

- 트랙은 언더 캐리지의 용접된 축에 오실레이션 실린더(Oscillation Cylinder)와 조립되어 있다.
- 오실레이션 볼 밸브 레버는 캐빈 안에 위치하고, 'ON' 위치에 있어야 실린더가 작동한다. 오실레이션 실린더는 −11~18℃에서 동작한다.
- 트랙에는 다단 디스크 브레이크로 구성된 유압 주행 모터가 장착되어 있다.
- 주행 레버가 열리면 브레이크가 해제된다.
- 주행 모터의 속도는 주행모드 조정 스위치로 작업 조건에 맞추어 조정할 수 있다.

▌ 붐 및 마스트의 작동방법

- 붐 확장/붐 축소 레버를 이용하여 붐을 확장하거나 축소한다.
- 마스트 슬라이드 레버를 이용하여 마스트 슬라이드를 상향하거나 하향한다.
- 마스트 스윙 레버를 이용하여 장비를 좌측·우측으로 스윙한다.
- 마스트 리프트 레버를 이용하여 장비를 상하로 작동한다.
- 붐 스윙 레버를 이용하여 붐을 좌우로 회전한다.

▌ 주행 레버의 작동방법
- 장비의 전진 및 후진은 좌측·우측 주행 레버를 동시에 앞쪽이나 뒤쪽으로 밀고 당겨서 한다.
- 장비의 좌회전 및 우회전은 장비의 한 쪽 주행 레버만 앞쪽이나 뒤쪽으로 밀고 당겨서 한다.
- 장비의 급회전[제자리회전, 스폿 턴(Spot Turn)]은 주행 레버 좌우를 반대로 작동하여 한다.
- ※ 장비의 속도는 레버를 밀거나 당기는 정도에 따라 비례적으로 조정되지만, 장비의 최대 주행 속도는 엔진 rpm 세팅 값에 영향을 받는다.

▌ 장비의 주행 자세
- 확장 붐을 완전히 접은 상태에서, 마스트 상단을 보닛(Bonnet)의 지지대 부분에 올려놓는다.
- 마스트는 울퉁불퉁한 지형 주행 시 움직이지 않도록 고정한다.
- 장비의 조종석은 오실레이션 기능을 이용하여 수평 상태를 유지한다.
- 경사지 주행 시 장비의 무게 중심은 균형이 맞아야 한다.

[02] 락드릴 작업준비

▌ 락드릴 작업준비 시 장비 확인사항
- 크롤러 드릴의 주행 진입로 정리 상태를 확인한다.
- 크롤러 드릴 장비를 점검한다.
- 연료, 엔진오일, 유압오일, 드리프터 가이드 셸(Guide Shell) 작동부의 윤활 상태를 확인한다.
- 엔진 가동, 붐, 암 상태와 드리프터(Drifter)의 피드, 회전, 타격 등의 상태를 확인한다.
- 집진기 작동 상태(에어 압력 및 생산량) 및 자동 로드 교환기 작동 상태를 확인한다.
- 소모품[비트(Bit), 로드(Rod), 슬리브(Sleeve), 섕크 로드(Shank Rod)]의 상태를 확인한다.

▌ 작업지시서(계획서)에 포함되는 내용
- 현장명 : 천공 작업이 이뤄지는 현장
- 일시 : 천공 작업이 이뤄진 일시
- 담당자 : 작업자(발파작업 또는 천공 작업)
- 천공 패턴 : 천공 작업에 대한 전반적인 내용
  예 총천공 수(Holes), 공 간격(Space), 저항선(Burden), 천공경(M/M), 천공방법 등
- 장약 패턴 : 발파를 위한 폭약의 배치 형식
  예 사용 폭약 수량, 사용 뇌관 수량, 공당 장약량, 지발당 장약량 등

- 발파 예정시간
- 발파 예정 횟수
- 발파 순서 및 발파 위치

락드릴 천공 작업의 종류

소일 네일링 (Soil Nailing)	• 굴착면에 대한 지보 등 안정성 확보를 목적으로 개발 • 인장응력, 전단응력 및 휨모멘트에 저항할 수 있는 보강재를 지반 내에 비교적 촘촘한 간격으로 삽입함으로써 원지반의 전체적인 전단 저항력과 활동 저항력을 증가시켜 사면의 안정을 확보함과 동시에 지반의 변위를 억제하는 작업공법
어스 앵커링 (Earth Anchoring)	• 흙 속에 구멍을 뚫고 그 속에 PC 강선을 매입한 후 모르타르로 굳혀서 인발 저항을 크게 한 것 • 흙 막기의 토압 지지 등에 사용
할암 (Rock-splitting)	• 착암기 또는 드릴을 이용하여 암반을 천공한 후 암반 파쇄기를 삽입 • 유압 실린더의 유압을 이용하여 장대 쐐기로 좌우 날개를 벌려 암반을 파쇄시키는 작업방법
락 볼트 (Rock Bolting)	• 벽면에 구멍을 뚫고 그 속에 볼트를 끼운 다음 너트를 단단히 죔으로써 굴착 시 발파 등으로 인하여 연약해진 암반을 견고하고 안정된 암반에 고정시켜 암반의 보강 및 낙석을 방지 • 굴착 암반면의 안정을 위하여 삽입되는 $\phi 19\sim 38mm$ 볼트로 암반을 일체화시키는 목적으로 사용

천공 작업 전 확인사항

- 반드시 안전 유무를 확인한 후 안전하다고 인정될 때 천공 작업을 실시한다.
- 천공하는 비트는 작업 조건에 따라 설계적용기준에 제시된 공경을 사용하고 천공 후에는 반드시 공 내에 남아 있는 이물질을 안전한 방법으로 제거한다.
- 비탈면의 암깎기에 있어서 비탈면 주변은 천공 공저가 비탈면의 계획선보다 깊게 천공하지 않으며, 비탈면 부위의 천공 각도는 비탈면의 경사와 같은 방향으로 한다.
- 이전에 발파된 구멍에는 다시 장약하지 않는다.
- 장약 전에는 반드시 작업장과 주변 암반의 이상 유무를 점검하고, 누전이 감지될 때는 장약을 금지한다.
- 전기뇌관을 사용하는 것이 원칙이지만, 전기적인 위험이 존재할 때는 비전기식 뇌관을 사용할 수 있다.
- 전기뇌관의 각 선의 길이는 천공 길이보다 1m 이상 긴 것으로 한다.

CHAPTER 06 | 락드릴 작업

[01] 천공 패턴

▎ 천공기(Drilling Machine)

암석이나 토사층에 구멍을 뚫는 기계로 건설공사용 암석 천공 건설기계와 기초공사용 건설기계로 구분한다.

▎ 천공기의 작업 내용

- 도로, 철도 터널과 지하 저장고, 지하도시 공간 건설 작업
- 암석을 천공하여 건설자재를 생산하는 작업
- 지질조사를 위한 지하 보링(Boring) 작업
- 우물, 가스, 석유개발을 위한 천공 작업
- 석탄, 철강석 등 굴착 광산 작업
- 연약지층 개량을 위한 락 볼트(Rock Bolt) 천공 작업
- 건물 기초공사를 위한 파일(Pile, 말뚝) 작업
- 아스콘(Asphalt Concrete) 또는 콘크리트 구조물 코어(Core) 작업 등 지하를 대상물로 하는 모든 작업

▎ 운동 방식에 의한 천공기의 분류

타격식 (Piston Type, 충격식)	• 타격에 의하여 암석을 파괴하여 천공하는 방식 • 굴착속도는 빠르나 깊이가 얕음 • 구조가 간단하고, 조작 및 취급이 비교적 쉬워서 많이 사용함 • 스토퍼(Stoper), 잭 해머(Jack Hammer), 레그 드릴(Leg Drill), 드리프터(Drifter), 크롤러 드릴(Crawler Drill) 등
회전식 (Rotary Type, 연마식)	• 비트(Bit)에 회전과 압력을 가하여 암석을 천공하는 방식으로 연암에 적합 • 보링기계(Boring Machine), 어스 오거(Earth Auger), 어스 드릴(Earth Drill), 베노토(Benoto) 굴착기, 로터리 케이싱 드라이버(Rotary Casing Driver), 리버스 서큘레이션 드릴(Reverse Circulation Drill) 등

천공 방향에 따른 천공기의 분류
- 드리프터(Drifter) : 수평 천공용 착암기
- 싱커(Sinker) : 하향 천공용, 잭 해머(Jack Hammer)라고도 함
- 스토퍼(Stoper) : 상향 천공용, 락 볼트(Rock Bolt)용의 천공 등에 이용

이동 방식에 따른 분류 : 무한궤도식, 타이어식, 트럭적재식 등

작업 방식 형태에 의한 분류
- 스핀들형(Spindle Type) : 스핀들에 장착된 드릴의 회전·압입으로 굴착
- 직입형(Rock Power Type) : 직입장치에 직접 힘을 가해 토사 또는 지반에 굴착
- 커터 헤드형(Cutter Head Type) : 커터 헤드를 회전시켜 굴착
- 실드 굴진형(Shield Type) : 원통형 등의 실드와 조합하여 터널 등을 굴착
- 오거형(Earth Auger Type) : 오거를 회전시켜 굴착
- 코어형(Core Drill Type) : 코어 형태의 구멍을 뚫는 방식

규격에 의한 분류
- 크롤러식 : 착압기의 중량(kg), 공기 소비량(m^3/min), 펌프 토출량(L/min)
- 점보식 : 프레트롤 단수와 착암기 대수(0단 × 0대)
- 실드굴진기 : 최대굴착지름(mm)
- 터널 보링머신 : 최대굴착지름(mm)
- 오거 등 : 최대천공지름(mm)

브레이커
- 로드 선단에 부착된 용구가 회전하지 않는 천공기로 암석과 콘크리트 등의 파쇄에 사용된다.
- 압축공기식, 유압식, 전동식으로 나눌 수 있다.

레그 드릴(Leg Drill)
- 경사면(법면, 法面) 천공 작업용이다.
- 작업 지지대에 올려놓고 압축공기로 로드와 비트를 타격, 회전하고 이송(Feed)은 레그 서포트(Leg Support)에 지지하여 인력으로 밀착하면서 천공한다.
- 주로 석탄 및 광산 채굴(採掘) 작업에 사용한다.

크롤러 드릴(Crawler Drill)
- 광산, 석산에서 대형 암반을 천공하며 다이너마이트 발파 작업용으로 주로 사용한다.
- 드리프터의 드릴링 장치에 의해 회전, 타격, 이송(Feed) 작업을 동시에 행한다.
- 수동식 착암기에 비해 대형으로 천공 속도가 빠르고 조작이 편리하다.

크롤러 드릴의 분류

공압식 크롤러 드릴 (Air Type Crawler Drill)	• 주행장치는 무한궤도에 에어 모터를 구동한다. • 천공장치는 에어 드리프터를 부착하여 압축공기의 힘으로 회전, 타격, 이송을 한다. • 천공 시 발생하는 암석 칩은 압축공기 압력으로 구멍 밖으로 불어내는 블로어(Blower)로 불어낸다. • 압축공기를 생산하는 에어 컴프레서와 함께 작업해야 하는 번거로움이 있다. • 최근에는 사용이 점점 감소하고 있다.
유압식 크롤러 드릴 (Hydraulic Crawler Drill)	• 동력은 엔진에서 유압펌프를 회전시켜 발생하는 유압력이다. • 주행장치는 무한궤도에 유압모터를 좌우 각각 1개씩 장착하여 전·후진으로 구동된다. • 천공 작업장치는 유압식 드리프터에 의해 회전, 타격, 이송으로 천공 작업을 수행한다. • 천공 후 발생되는 암석 가루(Chip)는 엔진에 부착된 공기압축기의 압력에 의해 밖으로 배출하는 블로어 작업을 한다. • 압축공기의 블로어에 의해 밖으로 나온 암석가루는 분진 제거용 집진기의 필터로 제거하여 공기 중에 비산되지 않도록 한다. • 필터의 막힘은 압축공기로 간헐적 자동으로 청소하여 막힘을 방지한다. • 천공압력은 평균 $200kg/cm^2$로 공압식($6 \sim 8kg/cm^2$)에 비해 천공 속도가 3배 이상 빠르다. • 분진 제거용 집진기와 자동 로드 연결장치가 설치되어 있어 시공성, 편리성 그리고 환경성이 우수하여 많이 사용한다.

점보 드릴(Jumbo Drill)
- 도로 터널, 철도 터널, 수로 터널 및 지하 저장고 등 암반 천공 공사에 사용된다.
- 주행장치에 따라 무한궤도(Crawler)식, 휠(Tire)식, 레일(Rail)식이 있다.

TBM(Tunnel Boring Machine)의 구조
- 커터 헤드(Cutter Head) : 드럼형이며 커터가 장착되어 있고 약 12rpm 정도로 회전하며 암벽을 직접 파쇄한다.
  ※ 커터의 종류 : 바이트형, 롤러형, 디스크형
- 본체(Frame) : 가이드(Guide) 박스, 기어 박스, 중간프레임 등이 설치되어 있으며 커터 헤드를 구동하기 위한 장치이다.
- 유압장치 : 외부 전원에 의해 전기 모터를 구동하여 유압을 작동시킨다.
- 어드밴스 실린더(Advance Cylinder) : 커터 헤드가 1행정(Stroke, 약 1.5m) 완료하면 본체를 전진시켜주는 장치이다.
- 그리퍼 실린더(Gripper Cylinder) : 작업 중 본체를 갱내의 유압으로 고정해주는 장치이다.

- 방향측정장치 : 굴진 방향을 측정하기 위한 장치로 레이저광선을 이용해 굴착 전에 방향을 결정한다.
- Probe Drill : 본체가 굴진해야 할 방향의 지질조사를 위하여 미리 시추공을 뚫어보는 장치이다.
- Back-up System
    - 컨베이어 : 커터 헤드에서 파쇄된 암석을 반출한다.
    - Deduct System : 갱내의 분진을 제거하기 위한 장치이다.
    - Ventilation System : 갱내의 환기를 위한 장치이다.
    - Air Compressor : 갱내 공기를 생산한다.
    - 비상발전기 등

드리프터

- 실제 천공하는 작업장치로 섕크 로드와 슬리브, 로드, 비트에 암석을 천공하는 회전력과 타격력을 발생하는 장치이다.
- 유압력으로 기동하는 유압식과 압축공기의 압력으로 기동하는 공압식으로 분류된다.
- 크게 프런트 헤드의 섕크 로드 연결 부분과 충격완충장치, 타격장치와 회전장치로 구성된다.

프런트 헤드 (Front Head)	플러싱 헤드(Flushing Head) 및 프런트 부시를 내장하고 최고 $14kg/cm^2$를 견디는 내압 구조이다. 프런트 부시는 압축공기로 윤활이 가능하다.
충격완충장치	타격의 반발력을 흡수하는 유압식 완충장치가 설치되어 드리프터 내부장치, 붐, 피드 장치 등의 마모를 줄이고 충격으로부터 부품을 보호한다.
타격력·타격수 조정장치	타격력과 타격수를 천공 암질에 적합하도록 타격 조정 나사를 조정하여 경제적인 작업이 가능하게 한다.
피스톤	충격에너지 전달에 효과적인 모양으로 제작되어 굴착 효율이 높다.
대용량 어큐뮬레이터 (Accumulator)	유출입 통로 구조를 개선하고 용량을 극대화한 것으로 다이어프램(Diaphragm)의 수명을 연장하고 타격장치의 원활한 작동을 제공한다.

천공기 가이드 장치

- 드리프터의 자유로운 상하 왕복운동을 돕는 장치이다.
- 먼지 흡입장치, 후드 상하작동 실린더, 슬리브 클램프, 자동 로드 교환장치와 드리프터 상하작동 호스릴 장치 등으로 구성된다.
- 가이드가 원활히 작동하기 위해서는 가이드와 드리프터가 왕복운동하는 곳에 그리스나 윤활유의 주유가 필요하다.

■ 락드릴의 붐(Boom)

- THD(Top Hammer Drilling) 방식을 사용한다.
- 드릴 비트를 암반면에 밀착시킬 수 있는 피드 드라이브(Feed Drive)와 로드를 탈부착할 수 있는 로드 체인저(Rod Changer), 천공 장비의 핵심 부품인 드리프터(Drifter)가 장착되어 있다.
- 드리프터 내부의 피스톤은 유압에 의해 왕복운동을 하고 섕크 어댑터를 연속적으로 타격하며, 여기서 발생한 타격에너지가 연결 로드(Extension Rod)와 드릴 비트를 통해 암반면에 전달되어 천공 작업이 이루어진다.

■ 터널 발파 패턴의 명칭

- 컷 홀(Cut Holes, 심발공) : 터널 막장을 1자유면에서 2자유면으로 확대시키는 발파공으로, 자유면을 형성하기 위해 가장 먼저 발파되는 부분이다. 암석을 압축하고 깨어 표면에 퍼내어 자유면을 형성시킨다.
- 스토핑 홀(Stoping Holes, 확대공) : 터널에 벤치 발파 개념을 도입한 2자유면 발파공이다.
- 루프 월 홀(Roof Wall Holes, 외곽공) : 매끄럽고 평활한 굴착면 확보를 위해 공과 공 사이를 절단하는 발파공
- 플로어 홀(Floor Holes, 바닥공) : 발파암이 쌓여 구속력이 매우 크므로 화약량을 증가시킨 발파공

■ 브이 컷(V-cut, 경사 천공) 발파공법

터널 단면 중심으로부터 서로 마주 보는 두 개의 각도(60°) 구멍을 1개 조로 하여 3~4개 조를 천공하고 동시에 집약 발파하여 다음 자유 단면을 형성한 심발공, 주변공, 외곽공, 바닥공의 순서로 확대 발파하는 공법이다.

특징	• 심빼기 용적이 크다. • 단면에 대한 약실의 투사 면적이 커서 발파 효과가 좋다. • 심발(심빼기) 발파에서 대괴의 암석이 발생한다.
장점	• 드릴 천공 작업이 쉽고, 한 종류 비트만 사용하므로 드리프터 고장이 적다. • 버력(矸石) 암석이 크므로 버력의 비산거리가 짧다. • 다양한 암질에 적용하기 쉽다. • 터널 발파에 효과적이며 실패율이 낮아 가장 선호된다.
단점	• 2개 이상의 각도 공을 발파하므로 지발뇌관의 장약량이 많다. • 폭음, 발파 진동이 크다. • 각도 천공으로 실제 천공 길이에 대비 굴진장과 발파 효율성이 낮다.

■ 번 컷(Burn Cut) 발파공법

터널 단면 중심 부분에 직경 100~120mm의 무장약공(Burn Hole)을 1개 또는 3개 이상 천공하여 무장약공을 중심으로 천공된 심발 장약공을 지발뇌관으로 발파한 다음, 심발 보조공, 주변공, 외곽공, 바닥공의 순서로 단계별 확대 발파하는 공법이다.

특징	• 심발공은 단면에 대하여 직각 방향으로 평행하게 천공한다. • 무장약공의 위치가 발파 시 파쇄권 안에 있도록 중심부에 천공한다. • 심발공을 수평 천공하므로 심빼기 용적이 작다. • 각 공의 발파에 일정한 시차가 필요하므로 정확한 지발뇌관을 사용해야 한다.
장점	• 굴진 방향에 대해 수평 천공하므로 발파당 굴진 길이를 길게 할 수 있다. • 터널 단면 크기에 제한받지 않고 적용할 수 있다. • 장공 발파나 경암 발파에 용이하다. • 발파 진동이 작아 시가지 발파에 유리하다. • 파쇄 암석 버력이 작게 발파된다.
단점	• 무장약공 주변의 심발 장약공 발파 시 무장약공이 실린더(Cylinder) 역할을 하므로 버력의 비산거리가 길고, 폭음이 크다. • 발파 후 막장 단면과 주변 암반의 손상이 크고 여굴 발생률이 높다. • 무장약공과 심발 장약공에 서로 다른 직경 비트를 사용하고 V-cut에 비해 천공 수가 많아 숙련된 천공 기술과 정밀한 천공 장비가 필요하다. • 대구경 직경 100~120mm의 무장약공과 무장약공 주위에 많은 장약공을 천공해야 하므로 천공 시간이 길어지고 점보 드릴의 고가 부품인 드리프터(Drifter)의 수명이 짧아진다. • 폭약 사용량이 많다.

■ 스페스 컷(Supex-cut, 경사 + 평행 천공법)

터널 단면의 각도공 내에 수평 천공을 같은 길이로 병행 천공하고, 천공 길이를 여러 단계 분할하여 시간 차를 두고 지발뇌관으로 발파하면서 완벽한 입방체의 심빼기를 형성하는 공법이다. 단면의 중심부 심빼기 수평공, 외곽공, 바닥공, 확장공, 각도공 순서로 천공하여 확대 발파하는 공법이다.

장점	• 발파 공해(진동, 비산, 소음, 폭음)가 작다. • 발파 효율이 높다. • 막장면과 주변 암반의 손상이 적어 여굴률이 낮고 터널의 안전성이 확보된다. • 연암에서 극경암까지 적용이 가능하다. • 작은 단면에서 대단면까지 적용이 가능하다.
단점	• 천공 작업에 숙련을 요하고 천공 수가 많아 천공 시간이 오래 걸린다. • 심빼기 단면에 각도공과 수평공을 혼합하여 천공하므로 장약 시 혼동되기 쉽다. • 천공 길이가 길면 효율이 떨어진다.

발파 천공 작업 시 준수사항

- 천공 구멍의 크기는 사용할 화약류의 직경보다 커야 한다.
- 1차 발파된 지역에서의 천공은 전 지역에 폭파되지 않은 화약의 유무를 세밀히 조사하여 확인될 때까지 실시해서는 안 된다. 확인 결과 화약류를 발견하지 못했다 하더라도 천공 구멍에 천공기, 곡괭이 또는 모래톱을 삽입해서는 안 된다.
- 불발된 장전 구멍에서부터 15m 이내에서는 동력기계를 이용한 천공 작업을 해서는 안 된다.
- 천공 작업과 장전 작업은 일반적으로 동일 지역에서 병행해서는 안 된다.
- 천공 작업으로 발생하는 먼지는 습식으로 제거해야 하나, 필요시 기타의 방법을 사용해도 무방하다.
- 천공 작업 중 작업원이 추락할 우려가 있을 때는 작업 발판을 비치하고 안전벨트를 착용해야 한다.
- 오거 및 천공기 작동 중에는 기타 종사원들은 안전한 거리에 위치하여야 한다.
- 천공기를 다른 곳으로 이동할 때 드릴 공구 등 장비는 안전하게 위치하여야 한다. 특히 송전선 아래나 그 주위로 이동할 때는 각별히 주의한다.
- 천공 작업 중에는 안전담당자를 두어야 한다.

[02] 천공 위치

비트(Bit)의 종류

인서트 비트 (Insert Bit)	• 비트 한 개와 로드(Rod)가 일체형으로 되어 있다. • 수동식 싱커 드릴(Sinker Drill) 또는 레그 드릴(Leg Drill)의 소구경(20~26mm)에 주로 사용한다. • 사용 후 마모 시 연마석(Grinder)에 2~3회 재생하여 사용한다. • 사용 후 로드(Rod)까지 포함하여 폐기하는 단점이 있다.
크로스 비트 (Cross Bit, X-bit)	• 유·공압식 드릴(Drill) 장비에 부착하여 사용한다. • 비트(Bit) 면이 X-type이다. • 카 비트(Car Bit)에 비하여 천공 속도가 빠르고 천공 시 부하(負荷)가 많이 걸리기 때문에 사람의 힘으로 천공하는 수동식 착암기에는 사용이 불가하다. • 사용 시 초경 재질볼이 마모되면 2~3회 연마하여 재생 사용할 수 있다.
버튼 비트 (Button Bit)	• 크로스 비트보다 천공 속도가 20% 이상 빠르고 마모 시 재생 사용이 가능하므로 사용이 편리 하다. • 크로스 비트에 비해서 고가이다. • 주로 유압 크롤러 드릴과 유압 점보 드릴에 사용한다. • 최근에 가장 많이 사용하는 천공 비트(Bit)이다.

■ 연결 로드(Extension Rod)의 분류

테이퍼 로드 (Taper Rod)	• 수동식 드릴 소구경 착암기에 사용한다. • 로드의 끝부분이 경사(Taper) 형식으로 비트와 연결된다. • 비트 분리가 용이하도록 비트용 그리스를 도포해야 한다. • 비트 분리 시 해머로 강하게 타격하면 비트의 초경 재질이 빠지는 단점이 있다.

스레드 로드
(Thread Rod)
	• 비트를 연결하는 로드(Rod) 부분의 스크루(Screw) 형상을 말한다.
	• 종류는 로프 스레드(Rope Thread), 힐드 스레드(Hilled Thread), T-스레드(T-thread) 3가지가 있다.
	  - 로프 스레드 나사 : 공압식 크롤러 드릴의 공압 드리프터에 사용하며 25mm, 26mm, 28mm, 32mm가 있다.
	  - 힐드 스레드 : 근래에 사용하지 않는다.
	  - T-스레드(T32mm, T38mm, T45mm) : 강력한 힘과 에너지 전달이 좋으며 주로 유압식 크롤러 드릴과 점보 드릴의 유압 드리프터용으로 많이 사용한다.

■ 연결 슬리브(Extension Sleeve)
- 천공 깊이가 3m 이상일 경우 2개 이상의 로드와 로드를 연결 사용 시 커플링(Coupling)으로 사용하는 장치이다.
- 로드 연결 시 슬리브 스크루(Sleeve Screw)와 로드 스크루(Rod Screw)가 동일한 것을 사용해야 연결이 가능하다(슬리브는 암나사, 로드는 수나사).

■ 섕크 로드 어댑터(Shank Adapter)
- 공압 또는 유압식 드리프터(Drifter)에 직접 연결되어 회전력과 타격력 및 이송력을 전달하는 장치이다.
- 드리프터(Drifter) 제작 회사별로 연결 기어의 형태와 기어의 숫자가 달라 드리프터 제작사의 사양을 확인 후 사용해야 한다.

■ 천공 자재의 연결 순서 : 비트 → 연결 로드 → 연결 슬리브 → 섕크 로드 어댑터

■ 천공기 주행 경사도
- 최대 경사각은 30°이고, 측면 경사각은 15°이다.
- 30° 주행 작업장에서 경사도가 넘으면 장비가 전복하는 사고가 발생한다.
- 미끄러운 표면을 주행할 때 궤도 안전각은 단단한 표면보다 훨씬 떨어지므로 각도는 최대 20°를 넘지 않는 게 좋다.
- 주행 시 피드 이송 실린더가 항상 운전실 쪽을 향하게 하고, 홀더에 안착시켜야 한다.
- 경사면을 오르내릴 때, 경사각을 오실레이션 레버(Oscillation Lever)로 보정하면서 주행하면 안전하다.
- 험한 경사지를 운전할 때 장비 전도를 방지하기 위해 드릴 가이드는 바닥에서 약간 들어올려야 하지만, 땅바닥에 내리지는 말아야 한다.

[03] 천공 실행

■ 자동 로드 연결장치(Auto Rod Changer)
- 로드를 자동으로 교체하는 장치로서 시간과 비용을 절약하게 해준다. 최근에는 대부분 장비에 부착하여 출고되고 있다.
- 천공 깊이가 3m 이상일 경우 추가로 로드(Rod)를 연결하여 천공하기 위해 유압장치의 그립(Grip)에 의해 자동으로 연결되는 장치이다.
- 유압장치의 모터에 의해 회전식으로 교체하는데, 보통 5~6개의 예비 로드를 장착하여 사용한다. 보통 3m의 로드를 사용하므로 6개 전부를 연결하면 18m까지 천공할 수 있다.

■ 대형 드리프터
- 크롤러 드릴, 점보 드리프터라고 부르며, 타격기구와 회전기구를 별도로 독립시켜 암질에 따라 타격과 회전을 자유롭게 조절하는 파워로테이션(Power Rotation)식이 있다.
- 수평에서 35° 이내의 상향이나 하향 천공이 가능하므로 터널이나 광산 등에 많이 사용되며 공기나 주수로 암분을 배출시킨다.
- 기복장치를 유압으로 조절하면서 장궤로 구동하고 선회가 자유로우며 부정지에서의 주행과 천공 시에 안정을 기할 수 있는 장점이 있다.
- 차량식(Wagon)에 장착하면 무한궤도식보다 기동성이 좋지만, 안전성이 떨어진다.
- 장공에 따르는 채석 작업, 넓은 절단면의 굴진 작업, 댐 굴착 시의 대구경 천공 등에 사용된다.

■ 공기압축기의 작동
- 공기의 흡입과 토출은 컴프레서 케이싱의 틈새를 통해서 발생한다.
- 공기는 닫혀 있는 토출 쪽과 감소되는 작업공간의 압축된 쪽으로 이동한다.
- 로터의 회전으로 압축공간은 토출 쪽으로 열려 압축공기가 토출된다.

■ 집진기(Dust Collector)의 구조와 작동
- 장비 우측 뒤편의 엔진룸 커버에 볼트로 고정되어 있다.
- 필터를 갖는 케이싱을 유압 드릴 보닛에 장착하고 있으며 하우징 탑에는 송풍기를, 하부에는 더스트(Dust) 배출구가 설치된다.
- 흡입구에서 연결된 집진호스와 파이프가 연결된다.
- 끝단의 먼지 배출구에는 석분이 날리는 것을 방지하기 위한 스커트가 장착된다.
- 유압펌프에서 공급된 유량으로 집진모터가 구동되어 작동한다.
- 펄스(Pulsing) 장치는 규칙적이고 순차적으로 필터에 부착된 먼지를 전기장치에 의해 배출한다.

- 필터를 자동 탈진하는 펄스 밸브는 엔진룸에 설치된 타이머에 의해 작동되고 Pulse Time과 Delay를 조정하여 세팅하도록 되어 있다.
- 천공 작업 시 집진기를 장착하지 않으면 다른 장치의 먼지에 의한 부하가 증대되거나 컴프레서 조기 고장의 원인이 될 수 있다.

로드 재밍(Rod Jamming)
- 천공 작업 중 암석가루에 구멍이 막히는 상태이다.
- 로드 재밍 발생 시 천공 구멍 안의 회전 로드가 부하를 받게 되고 천공이 끝난 후에도 비트와 로드가 밖으로 나오지 못하고 매몰된다.
- 비트가 매몰되면 비트와 로드를 빼기 위해서 드리프터와 가이드의 왕복 작동으로 고장의 원인이 되며, 작업을 못 하여 시간적인 손해가 발생한다.

로드 재밍의 원인과 예방법

원인	예방법
• 암질이 고르지 못한 다공질 암이거나 암석 결이 고르지 못하고 구멍이나 크랙이 있는 암반이다. • 암석 가루(Chip)를 밖으로 배출하는 공기압이 암석의 갈라진 틈으로 빠져나가 암석 가루가 밖으로 배출되지 못하고 천공 구멍 안에 쌓였다.	• 작업 전 암질에 대해서 충분히 숙지하고 작업한다. • 압축공기의 압력 저하 여부를 수시로 확인한다. • 천공 작업 시 앤티 재밍 장치의 스위치를 켠다. • 질과 결이 많은 암석의 천공 시 드리프터를 수시로 후퇴·전진한다.

천공 작업의 순서
- 천공 장비를 지면의 레벨(Level)에 맞춘다.
- 붐과 스윙 실린더를 이용하여 천공 위치로 비트(Bit)를 이동한다.
- 러버 후드(Rubber Hood)를 올리고 비트가 암석과 접촉하는 자리가 안전한지 확인 후 드리프터(Drifter)를 암석 쪽으로 이송(Feed)하고 비트 자리 잡기 작업을 시작한다.
- 드리프터에 로드를 연결하기 위해 로드를 클램프에 놓은 상태에서 클램프를 닫는다.
- 드리프터 전진 및 정회전 작동을 하여 드리프터와 로드를 연결하고, 클램프를 열어서 로드가 움직일 수 있도록 한다.
- 드리프터 피드를 후진하고, 비트를 로드에 연결한다.
- 에어 컴프레서, 펄스 및 집진기 스위치를 순차적으로 켠다.
- 에어 레버를 작동하여 천공하려는 지반의 흙 및 분진을 제거한다.
- 회전 비트를 암반으로 이송하고 암석에 비트가 접촉하는 순간에 타격(Impact)을 작동하여 천공 자리 잡기를 한다.

- 클램프 실린더로 직진성이 좋게 로드 회전 중심을 잡고, 비트 회전(Rotation) 압력을 30% 정도로 회전한 후 약 10cm 정도 천공한다.
- 압력을 점점 늘려서 비트가 암석에 묻히면 100% 유압력을 사용하여 천공 작업을 한다.
- 천공 작업 시 자동 재밍 장치(Auto Anti-jamming System)를 켜서 로드 재밍을 예방한다.

▎ 공기압력의 조정방법

에어 플러싱(Flushing) 밸브를 작동 시 압축공기 토출 압력을 표시한다. 공기압력계는 왼쪽에 있으며, 천공 시 보통 10kg/cm^{2}로 조정한다.

천공 에어 압력 조정	펄스 에어 압력 조정
• 모든 에어밸브를 잠그고 엔진을 정지한다. • 레귤레이터의 압력 조절용 볼트를 충분히 풀어 놓는다. • 엔진을 시동하고 회전수를 1,200rpm 정도로 맞춘다. • 오일 세퍼레이터의 압력 게이지를 보면서 압력 조정 볼트를 죄어 압력이 10.5kg/cm^{2}로 유지되도록 조정하고 고정 너트를 죄어 고정한다.	• 집진기용 펄스 에어 압력 조정 레귤레이터는 필터와 함께 집진기 본체 후면 위쪽에 설치되어 있다. • 펄스에서 압력 조정이 필요하면 레귤레이터 하부 손잡이를 아래로 잡아당긴 후 좌우로 돌려서 조정한다. 우회전하면 압력이 증가하고 좌회전하면 압력이 감소한다. • 펄스 에어의 적정 압력은 3.5~4.5bar이다.

▎ 타격 압력의 조정
- 일반적으로 경암이나 대구경인 경우 높게, 연암이나 소구경의 경우 낮게 조절한다.
- 점토층이나 파쇄대를 통과할 때는 압력을 낮추어 사용한다.
- 타격 압력은 최소 120kgf/cm^2 이상으로 한다.
- 타격 압력이 너무 낮으면 드리프터의 수명이 단축된다.

▎ 로드 회전수 조정

일반적으로 경암이나 대구경의 작업일 경우에는 늦은 속도로 하고, 연암이나 소구경 천공일 때에는 빠른 속도로 한다.

▎ 피드의 조정
- 피드 컨트롤 밸브의 다이얼을 끌어올려서 콕을 풀어(잠금장치 해제) 시계방향으로 돌리면 피드 압력이 커지고, 반시계방향으로 돌리면 작아진다.
- 경암이나 큰 구경인 때는 추력을 크게 하고, 연암이나 작은 구경에서는 추력을 작게 한다.
- 피드 압력이 너무 낮으면 천공 중 드리프터의 공타 및 드리프터 부품의 조기 마모 또는 파손을 유발할 수 있다.
- 과도한 피드 압력은 비트, 로드, 슬리브, 섕크 어댑터, 드리프터 또는 천공기의 파손 및 과도한 마모를 초래할 수 있다.
- 천공 중에는 석분(돌가루 등)의 배출 상황, 드리프터 타격음의 변화, 로드 회전압력의 변화 등에 따라 피드력을 조정한다.

■ 토출밸브 수분 배출(Drain)

자동 수분 분리장치	수동 수분 배출밸브
• 수분 분리기의 필터는 디젤엔진이 꺼지면 자동으로 물을 드레인(배수)한다. • 디젤엔진이 작동 중이거나 또는 엔진이 정지된 후에 자동 드레인 기능을 점검한다. • 특별한 기후 조건에서는 유수 분류기의 드레인을 수동으로 작동해야 할 때도 있다.	• 조작 패널(Control Box) 전면의 전원 선택 스위치를 OFF시 키면 압축기가 정지한다. • 압축기를 정지한 후 탱크 내의 압력이 남아 있지 않은 상태에서 탱크 하단에 부착된 드레인 밸브를 열고 수분을 배출한다(1회/1일). • 겨울철에 매일 수분을 배출하지 않으면 응축수가 압력탱크 내부에서 동결되므로, 탱크 내의 응축수를 매일 배출한다.

■ 천공 작업 시 주의사항
- 드리프터의 고장과 비트의 초경합금이 탈착될 우려가 있으므로 반작용(反作用)이 없는 타격(공타)을 금한다.
- 발파된 불발(不發) 천공 구멍에 폭발 사고가 발생할 수 있으므로 재천공(再穿孔)하지 않는다.

■ 천공 완료 후 장비 처리
- 드릴을 로드 교환기에 안전하게 보관한다.
- 모든 작업 레버 컨트롤 스위치, 로터리 스위치 등을 중립 위치에 놓는다.
- 집진 시스템 스위치를 OFF 위치에 놓는다.
- 컴프레서 스위치를 '0' 위치에 세팅한다.
- 엔진 회전수 조절 스위치를 '최소 스피드'에 놓고 엔진을 공회전한다.
- 스타트 키를 '0' 위치로 돌린다.
- 메인 배터리 스위치를 끄고 뽑는다.
- 각 파워 유닛 부분에 대한 문, 커버 등을 잠근다.

CHAPTER 07 시추 작업 전후 점검 및 준비

[01] 작업 점검

▌시추장비의 부품 및 규격

일반적으로 케이싱(Casing), 로드(Rod), 리밍 셸(Reaming Shell), 코어 배럴(Core Barrel), 비트(Bit) 등의 부품과 케이싱, 비트의 규격을 확인한다.

케이싱(Casing)	토사층에서 시추공의 붕괴를 방지하기 위하여 사용하는 원통 모양의 강철 파이프
로드(Rod)	회전하는 동력이나 시추 수를 비트까지 전달
리밍 셸(Reaming Shell)	비트가 지반을 마모하여 굴진하는 동안에 공경을 확대하는 역할
코어 배럴(Core Barrel)	비트에 의해서 원래 지반에서 분리된 코어를 수용하고 회수하는 부분으로 단일관, 2중관, 3중관으로 되어 있음
비트(Bit)	로드의 선단에서 직접 지층을 천공하여 가장 중요한 부분을 시추하며, 목적과 토질 상황에 따라서 비트를 적절하게 선택하여 사용해야 함

▌시추장비의 케이싱 및 비트의 표준 규격

- A규격 : 수세형식 시추 조사나 얕은 지반의 심도에 표준관입시험을 실시할 때 사용
- B규격 : 얕은 심도에서 소규모 회전 형식 장비로 굴진할 때 사용
- N규격 : 회전식 시추기로 심도 20m 이상을 시추 조사할 때 일반적으로 사용
- H규격 : 심하게 파쇄된 지층 및 암반층에서 코어의 회수율을 높이기 위하여 사용

▌표준관입시험(SPT ; Standard Penetration Test)

공사하기 전에 지반조사를 통하여 지질 상태, 강도나 밀도 등을 조사하기 위하여 관을 삽입하여 일정한 기준에 따른 타격횟수(N값)를 알아내는 시험

▌표준관입시험의 목적

- 사질토의 밀도와 점성토가 얼마나 단단한지 파악하기 위하여
- 땅속의 토사 분포나 토층의 구성 물질을 알아보기 위하여
- 지하수의 수위 등을 알아보기 위하여 구멍을 뚫고 그 안에 있는 토사를 채취하기 위하여

표준관입시험을 통한 시추 조사방법의 특징
- 국제적인 표준화를 적용한다.
- 측정이 간편하고, 시료 채취가 가능하다.
- 다량의 축적도, 데이터 및 N값을 광범위하게 활용하고 가장 많이 사용한다.
※ 일반적으로 기초설계의 80~90% 정도가 표준관입시험에 의존한다.

표준관입시험(Standard Penetration Test)의 문제점
- 시료를 채취하는 과정과 보관 및 관리에 따라서 정확한 측정이 미비하고 표준화하기 어렵다.
- 표준관입시험을 측정하는 자를 위한 자격기준이 마련되어 있지 않아 시험을 실시하는 사람마다 상이한 방법을 사용하고 있다.
- 채취한 시료가 정확하게 채취되었는지 인증할 수 있는 기관이 없고 감독 또한 소홀하다.
- 현장과 동떨어진 상태의 설계 관행 등을 방지할 국제적인 기준이 모호하다.
- 현장에서 일반적으로 사용되는 표준화되지 않은 표준관입시험이 보편적인 방식으로 받아들여지고 있다.

표준관입장비
국제 규격에 맞는 표준 해머, 녹킹 헤드, 케이싱, 로드 등 장비와 측정하기 위한 부속 측정 도구

샘플러의 단면도
커넥터 헤드, 물빼기 장치, 스플릿 배럴, 슈 등과 시료를 채취하기 위한 파이프로 되어 있다.

표준관입시험을 이용한 N값의 산출
시추공 위 76(±1)cm 높이에서 63.5(±0.5)kg의 해머를 자유낙하시켜 보링 로드 부분의 노킹 헤드(Knocking Head)를 타격하여 보링 헤드의 선단에 설치한 직경 5.1cm, 길이 81cm의 표준관입시험용 샘플을 30cm 관입시키는 데 필요한 타격횟수가 N값이다.

표준관입시험기를 이용한 조사 범위
- N값 = 0인 연약 지반에 적용 가능하다.
- N값 > 50의 경질 지반, 자갈이나 옥석 등이 혼합되어 있는 지반 외에도 적용범위가 넓다.
- 조사의 한계 깊이는 30~50cm 정도이다.

[02] 작업공정 및 작업환경 파악

■ 확인측량의 일반적인 내용
- 수급자는 작업에 필요한 모든 측량을 실시하며 감독자의 확인을 받는다.
- 작업시방서에서 제시한 기준점의 위치를 확인하고 표고를 기준으로 한 확인측량을 실시한다.
- 시추 작업 전에 작업의 위치를 확인하고 표고 등의 오류가 있는지 사전에 확인한다.

■ 확인측량 시행방법
- 시방서에 따라 말뚝을 확인하고 목록을 작성하여 작업시방서와 대조한다.
- 공사 시작 전에 이의 제기가 없는 경우는 작업시방서에 따른다.
- 확인측량 시 말뚝에 번호를 부여하고 기록하면서 표시한다.
- 시방서와 확인측량 내용이 맞다면 확인측량을 마무리한다.

■ 확인해야 할 부자재
- 시추 작업용 부자재 : 케이싱, 비트, 케이싱 및 로드 운반 트럭, 물통, 펌프, 호스 등
- 안전시설 부자재 : 방음벽, 침전조, 굴착기, 안전표지, 안전 가드레일

■ 작업시방서에 따른 작업조건의 파악
- 작업시방서에 따라 시추 작업자는 시추 작업을 시작하기 전 지반 형태를 파악한다.
  - 시추 작업할 위치의 지반 상태 및 지형 조건을 육안으로 확인
  - 지반 형태를 파악하여 시추 작업 준비에 적용
- 시추장비 사용의 효율성을 높이고 작업의 안전을 위하여 시추기의 작업공간 간격을 확인하고 위치를 파악한다.
  - 시추 심도 및 시추 형태에 따라 시추장비를 선정
  - 시추기 설치 위치를 확보
- 시추 작업 중 필요한 자재는 수급이 용이한 곳에 공간을 마련하고 적재한다.
  - 시추용 자재를 쌓을 수 있는 공간을 확보
  - 시추 작업 중 필요시 수급이 용이하도록 구분하여 정리정돈
- 주변 환경의 오염방지를 위하여 슬러지 침전조 설치 가능 장소를 파악해 오염방지시설을 확보한다.
  - 침전조를 현장여건에 따라 3단계로 설치
  - 빠른 침전을 위해서 첨가제를 항상 비치하여 사용하고 수거된 맑은 물을 배출시켜 주변 환경의 오염을 방지
- 작업장 주변의 소음확산 방지를 위하여 방음벽 설치 가능 여부를 파악한다.

CHAPTER 08 | 시추 작업

[01] 시추기 설치

▌시추기의 선정

시공계획서(시방서) 및 시공 위치 도면을 확인한 후 보어홀 굴착 지름 및 굴착 깊이를 확인하여 적합한 시추기를 선정한다.

▌시추기의 시추 방식

회전 드릴 비트(bit) 내부로 압축공기와 물을 불어 넣어 파쇄된 암반 가루를 지상으로 분출시키며 DTH(Down The Hole) 방식과 로터리 드릴링(Rotary Drilling) 방식이 있다.
※ 지열시추에 주로 사용하는 방식 : DTH

▌시추 공사 현장의 생활 소음 규제 기준(소음·진동관리법 시행규칙 별표 8)

대상 지역 \ 시간대	아침, 저녁 (05:00~07:00, 18:00~22:00)	주간 (07:00~18:00)	야간 (22:00~05:00)
주거지역, 녹지지역, 관리지역 중취락지구·주거개발진흥지구 및 관광·휴양개발진흥지구, 자연환경보전지역, 그 밖의 지역에 있는 학교·종합병원·공공도서관	60dB(A) 이하	65dB(A) 이하	50dB(A) 이하
그 밖의 지역	65dB(A) 이하	70dB(A) 이하	50dB(A) 이하

▌시추기 설치방법

- 시추기 설치 위치를 평탄하게 한다.
- 보어홀 정위치에 정확하게 설치한다.
- 운송 차량에서 시추기를 하차한다.
- 아우트리거를 확장 설치한다.
- 시추기 수평도 및 수직도를 확인한다.
- 시추기 탑(마스트)의 틸팅 실린더를 조정하여 수직으로 세운다.
  ※ 마스트 틸팅 : 시추기 마스트를 세우고 눕히는 반복 작업 과정
- 시추기 아우트리거의 수평도를 확인한다.

- 시추기 아우트리거 수직 잭의 수직도를 확인한다.
- 시추기 탑(마스트) 수평도 및 수직도를 확인하면서 아우트리거를 조정한다.
- 시추기 탑(마스트) 설치를 완료한다.

▌ 시추기 설치 후 워밍업

엔진 시동 후 5분 정도 엔진 회전수를 중간 정도로 놓고 공회전한 다음, 유압 시스템의 워밍 업(Warming-up)을 실시하여 유압유의 정상적인 작동 온도를 50~80℃로 유지한다.

▌ 인케이싱과 아웃케이싱

- 인케이싱 : 공벽 보호를 위해 설치한 원통 모양의 관으로 안쪽에 설치된 관
- 아웃케이싱 : 인케이싱 밖에 설치된 원통 모양의 관

▌ 아웃케이싱 설치

- 원활한 표토 작업을 위해서 시추 구경과 표토의 형태에 따라 아웃케이싱의 규격을 파악하고 선정하여 작업한다.
- 토사층 구간은 천공 보어홀의 붕괴를 방지하기 위하여 지면에서 기반암이 확인될 때까지 굴착한 후 아웃케이싱(Out Casing)을 삽입한다.
- 시추기에 대부분 장착되어 있는 자가발전 직류 용접기를 사용하여 이음 용접을 한다.
- 아웃케이싱 재료는 배관용 탄소강관, 압력 배관용 탄소강관, 일반 구조용 탄소강관 등이 사용된다.
  ※ 배관용 탄소강관은 1차 방청 도장만 한 흑관(KS D 3507 규격 기호 SPP)을 많이 사용한다.

[02] 시추 작업

▌ 지질의 구분

- 연약한 지반 : 시추공 내 표토층의 토사가 붕괴될 염려가 있는 지반으로 시추공 확보를 위해 케이싱을 사용하여 토사 붕괴를 방지한다.
- 단단한 지반 또는 암석 : 단단한 암층으로 이루어진 지반으로 특별하게 케이싱을 삽입하지 않아도 된다.

▎ 연약한 지반의 종류
- 보통 토사 : 보통 상태의 실트 및 점토, 모래질(사질) 흙 및 이들의 혼합물로서 가볍게 삽을 사용할 수 있을 정도의 토질
- 경질 토사 : 견고한 모래질 흙이나 점토로서 곡괭이를 사용할 때 체중을 이용하여 2~3회의 동작이 필요한 정도의 토질
- 자갈 섞인 토사 : 자갈 섞인 흙 또는 견고한 실트, 점토의 혼합물로서 곡괭이를 사용하여 파낼 수 있는 단단한 토질
- 호박돌 섞인 토사 : 호박돌 크기의 돌이 섞이고 굴착 시 강한 충격을 사용해야 할 정도로 단단해진 토질

▎ 단단한 지반 또는 암석의 종류
- 풍화암 : 암질이 부식되고 균열이 1~10cm 정도로 일부는 곡괭이를 사용할 수 있지만 굴착 또는 절취에는 약간의 화약을 사용해야 할 암질
- 연암 : 셰일, 사암 등으로 균열이 10~30cm 정도로 굴착 또는 절취를 위해 화약을 사용해야 하며 석축용으로는 부적합한 암질
- 보통암 : 풍화 상태를 관찰할 수 있고, 균열이 30~50cm 정도로 굴착 또는 절취를 위해 화약을 사용해야 할 암질
- 경암 : 화강암 등 균열 상태가 1m 이내로서 석축용으로 쓸 수 있으며 굴착 또는 절취에 화약을 사용해야 할 암질
- 극경암 : 암질이 아주 밀착된 단단한 암질
- ※ 분류 목적이 복합적이고 터널, 교량, 굴착 및 시추 조사에 대한 분류 구분이 되어 있지 않아 암반 종류에 대한 통일된 국내 기준은 없다.

▎ 케이싱 작업의 목적
- 시추공을 확보해 준다.
- 비정상적인 압력으로부터 홀을 보호한다.
- 지하수가 존재하는 대수층을 지날 때 지하수의 유입을 방지한다.
- 시추공 내 표토층의 압력으로부터 보호한다.
- 지하수의 오염을 방지한다.
- ※ 케이싱은 심도 깊이에 따라서 지름이 큰 것에서 작아지는 순서대로 연결하여 사용한다.

▌ 지반별 적합한 케이싱
- 연약 지반 : 메탈 비트(슈)가 연결된 케이싱
- 굳은 지반 : 다이아몬드 비트 또는 슈가 연결된 케이싱

※ 시추 중 공벽 보호와 홀 확보를 위해 사용하는 약품 : 벤토나이트, CMC, 폴리머 등

▌ 시멘팅(그라우팅)
드릴 비트로 구멍을 뚫은 후에 케이싱 파이프를 삽입하여 발생한 케이싱 파이프와 지층 사이의 공백을 시멘트로 메워 주는 방법
- 서로 다른 표토층이 나타나므로 액체의 압력으로 분리되는 것을 방지한다.
- 수십m에 케이싱을 연결하면 무게의 하중으로 뒤틀림 현상이 생겨 케이싱이 휘어지는 것을 방지한다.
- 지하수가 지나가는 곳에서 유실되는 구간이 생기지 않게 한다.
- 시추공 벽의 보호와 지하수의 차단을 통해서 시추공 홀을 확보하고 공벽을 보호한다.

▌ 사운딩(Sounding)
- 토양의 강도나 밀도 등을 측정하기 위하여 로드 상단에 부착한 해머를 자유낙하시켜 관입하여 지하층의 토양을 채취하는 측정방식
- 원위치 시험의 종류로서 땅속에 회전, 관입, 인발을 통하여 토층을 확인하는 방법
- 종류 : 정적인 관입시험과 동적인 표준관입시험 등

▌ 정적인 관입시험의 종류
- 베인 전단시험(Vane Shear Test) : 점성토의 현장 베인 전단시험방법(KS F 2342)에 따른 연약 지반의 강도를 측정하기 위한 시험
- 스웨덴식 사운딩(Sounding) 시험 : 지층 확인시험기를 지층에 관입하여 저항치를 측정하고 지반의 강도나 토양의 구성 형태를 확인하기 위한 시험
- 관입 시험기(Pressure Meter Test) : 흙의 프레셔 미터 시험기(Pressure Meter Test)의 시험(ASTMD 5719)에 따라 시료관 끝에 슈 또는 콘을 부착한 뒤 흙 속에 압입한 후, 시추공의 관내 벽면에 유체의 압력을 가하여 압력 변화에 따른 시추공 관 내벽의 토질 변화를 측정하는 시험기
- 원추 관입시험기(Piezo Cone Penetro Meter) : 피에조 콘 관입시험이라고도 하며 전기식 마찰 콘 관입 시험방법(ASTMD 5778)에 따라 특정한 방향으로 압력을 가해 원뿔 모양을 가진 시험기를 관입시켜 측정하는 방법으로, 연약한 지반에서의 측정에 적합

동적인 표준관입시험

표준관입시험방법(KS F 2307)에 따라 로드에 붙은 헤드를 타격하여 지반 속으로 시료채취기를 박아 넣고 일정한 깊이마다 타격횟수에 따른 지반의 강도나 밀도 등을 확인하기 위한 시험

시료 채취방법의 분류

- 타격식 : 샘플러를 해머로 타격하여 시료를 채취하는 방법
- 압입식 : 샘플러를 인력을 동원하여 잭이나 유압 또는 수압으로 지중에 관입하여 채취하는 방법
- 코어식 : 다이아몬드 비트나 메탈 비트를 장착하여 회전하면서 파고 들어가 코어를 채취하는 코어 보링을 사용하여 채취된 물질을 중심부에 넣어 원기둥의 시료를 채취하는 방법
- 오거식 : 회전식과 같은 방법으로 오거 시추로 배출되어 얻은 시료를 채취하는 방법
- 자유낙하식 : 샘플러의 해머를 76cm의 일정한 높이에서 자유낙하하여 시료를 채취하는 방법
- 벌크 시료 채취 : 삽이나 굴착기의 버킷을 이용하여 시추공 주변의 흙을 깎아내 시료를 채취하는 방법

시료를 채취하기 위한 샘플러의 종류

- 오픈 드라이버 샘플러 : 순서대로 시료를 채취하는 데 사용되나, 시료와 샘플러 내부와의 마찰로 채취하기 어려우며 낙하하기도 쉽다.
- 고정 피스톤 샘플러 : 자유 피스톤 샘플러와 유사하며, 정확한 시료 채취가 가능하고 부드러운 토사의 샘플 채취가 용이하다.
- 자유 피스톤 샘플러 : 압입할 경우 피스톤이 고정되어 있지 않고, 시료와 튜브의 내부마찰이 커 시료 채취가 곤란하여 시료의 이탈을 방지하기 위한 장치가 있다.
- 포일 샘플러 : 튜브와 시료와의 마찰을 제거한 것으로 순서대로 시료를 채취할 수 있다.
- 데니슨 샘플러 : 경질의 토사에 압입이 곤란하여 내관과 외관을 나누고 외관을 회전시켜 경질의 지층에 샘플러 작업이 적합하도록 한 것이다.

충격식 시추의 분류

망 굴착식 (로프식 드릴)	• 굴착을 위해 뾰족하고 무거운 추를 들었다 놓기를 반복하면서 단단한 암석을 파쇄하는 방법 • 미고결층의 굴착 시에는 공벽을 지지하기 위하여 굴착 전 몇 m씩 케이싱을 삽입한 후 굴착 • 물을 주입하여 슬러리를 만든 후 양수관 또는 펌프를 사용하여 암편을 제거하는 퍼커션 방식 (Percussion Method)
수압식 (Jetting Method)	• 파이프 아래에 비트를 달아 고압으로 물을 분사하는 동시에 비트의 진동으로 굴착 • 미고결층에서 15cm 이하의 소구경 굴착을 할 경우 사용
해머형 (유압 해머드릴, 에어 해머드릴)	• 유압 해머드릴(Hydraulic Percussion Method), 에어 해머드릴(Air Percussion Method) 등을 이용하여 굴착 로드를 짧은 시간 간격으로 여러 번 충격을 주어 굴착하는 방법 • 굵은 자갈로 구성된 충적층을 굴착할 때 유용 • 슬러지 제거에는 압축공기를 사용

■ 회전식 시추
- 여러 톱니가 달린 파이프를 회전해 굴착하는 방법이다.
- 원활한 회전과 암편의 제거를 위하여 유체를 주입한다.
- 유체의 주입방법에 따라 정회전 방식과 역회전 방식으로 구분한다.
  - 정회전 방식 : 유체를 안쪽으로 주입하여 바깥쪽으로 배출
  - 역회전 방식 : 유체를 바깥쪽에서 주입하여 안쪽으로 배출
- 미고결 퇴적물이 두터운 지역에서 높은 산출량을 필요로 할 때 사용
- ※ 에어 로터리 방식 : 굴착 시 유체 대신 공기를 주입하여 암편을 제거하고 주로 지층이 단단한 암석일 경우에 사용이 가능한 방식

■ 오거 방법(Auger Method)
- 자갈 등의 암석 덩어리를 포함하지 않는 미고결층에 한정하여 사용
- 지질 공학적인 지반조사에 필요한 시험용 우물 굴착 시에 주로 사용
- 비교적 적은 경비로 시료 채취와 지층 확인이 용이
- 지하수위 상부층 조사에 국한됨

■ 비트의 분류
- 형태에 따른 분류 : 원통 형태의 코어 비트(Core Bit), 3개의 원추형으로 이루어진 트라이콘 비트(Tricone bit)
- 목적에 따른 분류 : 암석 시료 채취를 위한 코링 비트(Coring Bit), 암석 시료 채취를 목적으로 하지 않는 논코링 비트(Non-coring Bit)

■ 암반에 따른 회전 드릴 비트(DTH Bit)의 적용
- 연암 굴착 : 메탈 비트, 다이아몬드 비트를 현장여건에 따라 선별적으로 사용(DTH 볼록형 비트 등)
- 중경암 및 경암의 굴착 : 일부 연질을 제외하면 다이아몬드 비트 사용
  ※ 니수(泥水) 이용 굴착 : 다이아몬드 비트를 사용하여 발생하는 슬라임은 미립이며, 경암의 경우 저점도 니수를 사용
- 극경암의 굴착 : 서페이스 타입 다이아몬드 비트(Surface Type Diamond Bit)와 임프레그네이티드 비트를 사용

CHAPTER 09 | 항타·항발기 설치 및 작업

[01] 항타·항발기 설치

▍조립 장소의 선정

수평의 견고한 지반에서 복공판을 설치하고, 항타·항발기를 안착시킨 다음 리더를 수평으로 설치하며, 차체와 보조 크레인을 동시에 사용 가능한 장소로 선정한다.

- 일반 지반(표면 건조, 함수율이 낮은 지반)의 경우 : 원래의 지반이 수평이 되도록 복공판을 깔고 작업에 임한다.
- 연약 지반(팠다가 다시 메운 땅이나 함수율이 높은 지반)의 경우 : 내부까지 모래, 쇄석 등을 넣고 다짐 작업 후 일반 지반 정도로 양생 후, 복공판을 깔고 작업에 임한다.

▍안전등화장치 설치

- 안전사고 예방을 위해서 조립 장소 주변에 안전등화장치 설치 여부를 확인한다.
- 관계자 외의 인원은 통제하고 안전등화장치와 주변 통제선을 설치한다.

▍신호수 배치 및 주의사항

- 신호수 및 현장 작업자는 사전에 공통된 수신호를 숙지한 후 작업에 임한다.
- 신호 수단으로 손, 깃발, 호루라기 등을 이용할 수 있다.
- 신호는 오해를 피하기 위해 간단명료하게 한다.
- 비상시를 고려하여 적절한 안전 동작을 취할 수 있어야 한다.
- 운전자에 대한 신호는 정해진 한 사람의 신호자가 한다.
- 신호 시 화물이나 장비, 운전자를 보기 쉬운 안전한 장소에 위치시킨다.
- 신호수는 운전자와 작업자가 잘 볼 수 있도록 눈에 잘 띄는 색의 장갑을 착용하고 신호자 표시를 몸에 부착한다.

▍안전판의 안전사항

- 연약 지반에서 항타·항발기가 안착되었을 시 2 이상 휨이 발생하지 않는 두께의 복공판을 선택한다.
- 안전판에 이물질이나 기타 구조물이 부착되지 않게 한다.
- 안전판을 겹쳐서 사용하지 않는다.

- 안전판은 최대한 근접하여 배치한다.
- 안전판의 폭은 프런트 잭(Front Jack)과 아우트리거(Outrigger)를 장착하고 잭이 지면에 닿았을 때 넉넉한 공간이 확보되도록 한다.

■ 항타·항발기 설치 작업의 특징
- 항타·항발기 설치는 장비 작업 중 가장 위험하고 힘든 작업이므로 운전자를 포함한 모든 작업자가 잠시의 긴장도 늦추어서는 안 된다.
- 항타·항발기 자체 설치가 안 될 때는 보조 크레인의 도움을 받아 같이 설치한다.
- 육중한 중량의 기계장치인 항타·항발기 리더를 지면으로부터 들어 올려 수직의 위치로 안전하게 설치한다.
- 수평이고 단단한 지반에서 한다.
- 경험이 풍부하고 숙련된 운전자와 작업자의 팀워크, 정비, 점검이 잘 이루어져야 한다.

[02] 항타·항발기 작업준비

■ 항타·항발 작업공정 파악
- 파일꽂 심기
  - 파일꽂은 거푸집용 타이에 붉은색 천을 묶어 표시한다.
  - 파일꽂 심기가 완료되면 감리의 검측을 득한 후 파일 항타를 한다.
- 장비 세팅
  - 장비를 세팅하기 위해서는 약 6×30m 정도의 크기로 굴곡이 없도록 잘 다져놓는다.
  - 시공에 사용되는 기계는 사전에 점검 정비를 한다.
  - 파일을 수직으로 박기 위해서 터파기 시 평탄화 작업을 충분히 한다.
  - 전도 방지를 위해 장비의 하부에 철판이나 복공판 깔기를 한다.
- 천공
  - 파일꽂은 높이가 낮아서 오거링을 하면 슬라임에 의해 다 덮여 버리므로 현재 작업 중인 파일 주변에는 철근 등 1m 이상의 막대를 이용해 유실되지 않도록 표시한다.
  - 설계심도는 지지층 안에 파일 직경의 3배 이상 관입되어야 한다.
  - 지지층의 확인은 굴착속도, 굴착저항 등과 토질주상도를 대비하여 한다.
  - 지반의 상태가 좋지 않아 굴착이 잘되지 않을 때는 오거링 시 공기압축기를 사용한다.

- 항타
  - 굴진이 끝나면 말뚝을 천공 구멍의 중심과 일치되게 세운 뒤 말뚝의 자중에 의해 삽입하고 해머로 마무리 항타한다.
  - 일반파일은 파일을 세우기 위해 파일을 매는 위치를 파일 길이별로 지정하여 준다.
  - 횡균열에 대한 충분한 강도를 가진 PHC파일은 파일의 지름, 길이에 상관없이 상단에서 약 2m 지점에 매어 세운다.
  - 파일을 항타대의 정면에서 달아 올린 후 말뚝의 선단을 정해진 위치에 놓고 세운다.
  - 항타 시 파일 머리부의 파손 등을 주의하여 해머의 종류와 용량, 낙하고를 선정한다.
  - 굴착으로 설계심도를 확인하고, 위치별 시공결과를 정리하여 둔다.
- 이음파일의 관리
  - 15m 이상의 파일을 사용해야 할 경우 파일을 용접 이음하여 사용한다.
  - 파일 이음 시 하부를 짧은 파일로 한다.
  - 위치별로 파일의 길이가 다를 경우 짧은 파일의 길이를 6~7m로 고정하고 상부 파일의 길이를 조정한다.
- 항타·항발 작업 후 두부 정리
  - 두부 정리 시 충격으로 인한 파일의 종균열을 방지하기 위하여, 버림 레벨에서 10cm 올라온 지점에 그라인더로 파일 주위를 깊이 15~25mm까지 커팅한다.
  - 그라인딩 작업이 끝나면 두부 파쇄기를 이용하여 파일 상부로부터 그라인더 선까지 파쇄한다.

작업 지형의 확인
- 항타·항발 작업 구간의 지형 구배를 확인한다(최대 오르기 각도, 허용 안전 각도 등).
- 지반의 단단함을 확인하여 작업도에 표현한다(안전판 설치가 필요한 구간 등).
- 작업자 및 신호수에게 설계도면, 지형 및 지반에 대한 내용을 숙지하게 한다.
- 주변 하역물과 항타·항발장비가 격리될 수 있도록 한다.
- 특히 전력선 및 각종 공사시설 및 관련 장비들의 위치를 교육하도록 한다.

지장물 등의 주의
- 지상 또는 지하에 인공 매설물 또는 자연 매설물 등도 위험요소가 된다.
- 지하 매설물에는 상수도, 도시가스, 전력구, 각종 케이블 등이 있다.
- 토질의 상태에 따라 자연 장해물이 있을 수 있다.
- 고압선은 별도로 정한 이격 거리를 준수해야 한다.

[03] 천공 위치

▌ 천공 위치 확인 및 이동의 특징
- 작업할 위치와 장비 사이의 거리 및 주행 방향을 확인한다.
- 이동 전에 운전자가 볼 수 없는 사각지대가 많으므로 신호수를 배치한다.
- 연약 지반이나 토양에 수분 함량이 많은 지반일 경우 충분한 양의 토사를 굴착하고 수분 함량이 적고 단단한 흙으로 매립과 다짐 작업을 하고 장비를 이동한다.
- 항타・항발기는 트랙이 안전판을 벗어나지 않게 한다.
- 백 스테이를 조작하여 2° 이상 기울어지지 않게 리더의 수직도를 항상 체크한다.
- 이동 시 오거, 해머 등의 어태치먼트는 무게 중심을 최대한 아래쪽으로 유지하기 위해 지면에 가까이 붙이며, 장비를 선회하지 않는다.

▌ 안전판의 설치
단단한 수평 지반에서 좌우 아우트리거 실린더 아래 중심에 설치하고 아우트리거 레버를 이용하여 접지한다.

▌ 안전판의 규격
통상적으로 안전판은 가로 800mm, 세로 800mm, 두께 20mm 이상의 것을 사용하며 목재 사용 시는 두께가 200mm 이상이어야 한다.

▌ 백 스테이(Back Stay) 및 아우트리거(Outrigger)의 조작
작업장치의 중량이 제거되어 변화된 리더의 각도를 보정하기 위해 조작한다.
- 백 스테이 레버를 조작하여 운전석의 각도계 모니터를 보면서 0° 위치에 고정한다.
- 수직 계측기를 정면과 측면에 설치하고 리더의 각도를 다시 확인한다.
- 리더의 각도가 수직 계측기의 측정값과 일치하지 않을 시 리더의 각도를 다시 조정하고 각도계 모니터를 조정하여 리더의 각도값을 다시 0°로 조정한다.
- 리더의 각도 조정이 끝나면 아우트리거(Outrigger) 잭 레버를 조작하여 아우트리거 받침대가 지면에 안착되게 내려놓는다.

▌ 리더 회전 작업 순서
- 회전 락(Rock) 핀을 풀림 위치로 한다.
- 레버를 서서히 조작하여 리더를 90° 회전시킨다.
- 회전 락(Rock) 핀을 걸림 위치로 하여 리더를 고정한다.

▌ 리더 회전 시 주의사항

회전이 잘되지 않을 때는 리볼버 베어링 등을 확인하며, 와이어로프를 걸어 강제로 회전하는 등의 무리한 작업은 금한다.

[04] 천공 실행

▌ 항타・항발기의 개념

- 항타기 : 붐에 파일을 때리는 부속장치를 붙여서 강관 파일이나 콘크리트 파일 등을 때려 넣는 데 사용되는 건설기계
- 항발기 : 가설용에 사용된 널말뚝, 파일 등을 뽑는 데 사용되는 기계로 통상 항타기에 부속장치를 부착하면 항발기로도 사용할 수 있음

▌ 항타기의 종류

드롭 해머 (Drop Hammer)	• 리더가 크레인 붐에 설치되어 해머의 운동을 안내하며, 리더의 진동을 방지하기 위한 스트랩이 설치되어 있다. • 해머는 권상기를 이용하여 일정한 높이로 잡아당긴 후 낙하시켜 파일을 타설하므로 낙하 해머라고도 한다. • 파일 헤드의 손상을 방지하기 위해 우드 캡을 씌운 후 파일에 분당 4~8회 정도의 타격을 가하는 형식이다. • 해머의 중량은 200~300kg 범위이며 낙하 높이는 2~5m 정도이다.
증기/압축공기 해머 (Steam Hammer/ Air Hammer)	• 증기 또는 압축공기로 해머를 상승시켜 상사점에 도달하면 배기밸브를 열어 순간적으로 증기 또는 압축공기를 방출시키므로 해머가 낙하되어 분당 20~40회 정도의 타격을 파일에 가하는 형식이다. • 파일을 설치하는 속도가 드롭 해머보다 빠르고 수중작업이 용이하다. • 구조와 운전조작이 복잡하고, 조종자가 2인 이상 필요하다.
유압 해머 (Hydraulic Hammer)	• 해머 본체에 장착된 유압실린더에 고압의 유압을 공급하여 램을 소정의 높이까지 끌어올린 뒤, 유압을 순간적으로 해제하여 램을 자유 낙하시킴으로써 파일을 타격한다. • 램의 낙하 높이 조정이 가능하고 파일 박는 속도가 빠르며, 디젤 해머에 비해 비산 먼지와 소음을 저감시킬 수 있다.
진동 해머	• 설치하는 방식에 따라서 판형과 로프형이 있다. • 진동이 붐 등에 직접 전달되는 것을 방지하기 위한 완충장치로 코일 스프링을 주로 사용한다.
디젤 해머 (Diesel Hammer)	• 2사이클 디젤엔진의 원리를 응용한 것으로 실린더가 상하로 나뉘어 폭발압력으로 오르내리는 피스톤과 하부 실린더에 설치된 임팩트 블록으로 구성되어 있다. • 권상장치로 피스톤을 일정 위치로 끌어올리면 권상장치의 래칫이 해제되어 피스톤이 낙하하는 도중에 연료 분사펌프의 레버를 눌러 연료가 분사되면서 피스톤이 하사점 부근에 도달하면 폭발이 일어난다. • 폭발력에 의해 피스톤이 위로 상승함과 동시에 임팩트 블록에 타격력이 가해진다. • 시공의 관리가 쉽고 경제성도 높지만, 소음과 진동이 커서 시가지에서는 거의 사용할 수 없기 때문에 해외 등 소음의 영향이 적은 장소에서 사용된다.

항타·항발기의 구조
- 앞쪽에 캐치 후크가 부착되고 부착된 캐치 후크의 좌우에는 프런트 잭(Front Jack)이 조립되며 가운데에는 리더가 장착된다.
- 리더의 상부에는 탑 시브(Top Sheave)가 부착되고 아래로 백 스테이 상단이 연결된다.
- 리더 뒤쪽에는 확장된 아우트리거(Outrigger)가 장착되며 아우트리거 좌우에는 백 스테이 실린더가 부착되어 실린더를 신축하여 리더의 각도를 조정한다.

항타·항발 공법의 종류
- 선굴착 최종타격공법(천공항타공법)
- SIP(Soil-cement Injected Pile) 공법
- SAIP(Special Auger and Injected precast-Pile) 공법
- COREX 공법
- 나선돌기형 매입말뚝공법
- 선단확대형 매입말뚝공법

파일 작업 시 안전사항
- 파일의 무게가 경량이고 길이가 짧으며 리더에서 가까운 거리에 있는 파일만 가능하다.
- 파일이 리더에서 멀리 떨어져 있으면 리더를 옆으로 당기게 되므로 전도 사고의 원인이 된다.
- 보조 크레인의 도움을 받아 파일을 삽입하는 것을 원칙으로 한다.
- 부득이한 경우가 아니면 파일을 들어 삽입하는 것은 하지 말아야 한다.
- 파일을 묶어 잡아당기기 작업을 할 때는 앞쪽에 놓고 당기며, 옆으로 당기지 말아야 한다.
- 파일을 매단 상태에서는 주행하지 말아야 한다.
- 주행 시 해머 및 작업장치는 가능한 한 아래로 내리고 선회하지 말아야 한다.
- 파일을 매다는 각도는 10° 이하에서 작업하여야 한다.

파일 항타 방법의 분류
- 해머를 전면에 장착 후 항타(직항타 방식) : 해머를 리더의 앞쪽에 장착하고 해머를 들어 올린 다음 파일 들어올리기 작업 등을 통해 해머 하단부에 설치된 파일 캡에 파일을 끼워 넣고 해머와 파일을 같이 지면에 안착시킨 다음 항타한다.
- 해머를 측면에 장착 후 항타 : 항타·항발기에서 오거를 리더 앞쪽에 장착하고 해머를 측면에 장착한 다음 천공을 한 후 천공 부위에 파일을 끼워 넣고 리더를 회전하여 측면의 해머를 전면으로 회전 후 항타한다.

- 드롭해머를 장착 후 항타 : 안전과 편의를 위하여 리더의 측면에 보조 리더를 장착하고 장착된 보조 리더에 드롭해머를 부착하여 항타·항발기의 와이어 드럼을 이용, 해머를 일정 높이로 들어 올린 다음 자유낙하로 항타한다.

파일 항타 시 유의사항
- 파일의 두부와 하단에 크랙이나 균열이 발생하지 않도록 쿠션재 등을 이용하여 적절한 조치를 하여야 한다.
- 전석 내지는 지장물이 있는 곳에서는 작업할 수 없다.
- 소음, 충격, 진동 등이 발생하므로 도심지나 주거지 인근에서는 작업에 어려움이 있다.
- 파일의 안착은 재하시험 등을 통하여 적당한 해머를 선정해야 한다.

파일 인발의 개념
- 파일 삽입 등을 위해 케이싱 파이프를 박아 두고 안쪽에 파일을 삽입한 후 콘크리트 풀 등을 주입하고 난 뒤에 박아둔 케이싱 파이프를 빼내는 작업이다.
- 직항타 등으로 박아둔 파일을 빼내는 경우도 있다.
- 하부 오거를 이용한 인발과 바이브레이터를 이용한 인발이 있다.

오거의 구조
- 상부에는 스크루를 장착한 상부 오거가 부착된다.
- 하부에는 케이싱 파이프를 인발하는 하부 오거가 부착된다.
- 하부 오거의 하단부에는 케이싱 파이프가 들어가는 스커트가 부착된다.
- 스커트는 케이싱 파이프의 키가 들어가서 회전하면서 락(Rock)이 되는 구조이다.
- 인발 시에는 오거를 시계방향으로 정회전하면서 항타·항발기 하부 오거의 레버를 천천히 조작한다.

바이브레이터의 구성
- 내부에 캠이 부착되고 외부에는 모터가 부착된다.
- 모터를 회전하면 내부의 캠이 회전하며 진동을 발생한다.
- 하부에는 유압의 척이 부착되어 케이싱 파이프를 강하게 물고 고정하는 역할을 한다.
- 상부에는 완충 역할을 하는 스프링이나 댐퍼 고무가 충격을 흡수하도록 만들어져 있다.

PART 01
기출복원문제

제1회~제7회   기출복원문제

행운이란 100%의 노력 뒤에 남는 것이다.

– 랭스턴 콜먼(Langston Coleman)

제1회 | 기출복원문제

01 오토기관과 비교한 디젤기관의 장점이 아닌 것은?

① 화재의 위험이 적다.
② 열효율이 높다.
③ **가속성이 좋고 운전이 정숙하다.**
④ 연료 소비율이 낮다.

해설
디젤기관과 가솔린기관의 장단점

구분	장점	단점
디젤기관	• 연료비가 저렴하고, 열효율이 높으며, 운전 경비가 적게 든다. • 이상연소가 일어나지 않고 고장이 적다. • 토크 변동이 적고 운전이 용이하다. • 대기오염 성분이 적다. • 인화점이 높아서 화재의 위험성이 적다.	• 마력당 중량이 크다. • 소음 및 진동이 크다. • 연료분사장치 등이 고급 재료이고 정밀 가공해야 한다. • 배기 중에 SO_2, 유리 탄소가 포함되고 매연으로 인하여 대기 중에 스모그 현상이 크다. • 시동 전동기 출력이 커야 한다.
가솔린기관	• 배기량당 출력의 차이가 없고 제작이 쉽다. • 제작비가 적게 든다. • 가속성이 좋고 운전이 정숙하다.	• 전기 점화장치의 고장이 많다. • 기화기식은 회로가 복잡하고 조정이 곤란하다. • 연료 소비율이 높아서 연료비가 많이 든다. • 배기 중에 CO, HC, NO_x 등 유해 성분이 많이 포함되어 있다. • 연료의 인화점이 낮아서 화재의 위험성이 크다.

02 4행정 기관에서 1사이클을 완료할 때 크랭크축의 회전수는?

① 1회전   ② **2회전**
③ 3회전   ④ 4회전

해설
4행정 기관
흡입 → 압축 → 폭발 → 배기의 4행정을 1사이클(Cycle)로 마치면서 동력을 발생시킨다. 이때 크랭크축은 2회전하는데, 흡입 → 압축의 1회전과 폭발 → 배기의 1회전으로 구성된다.

03 디젤기관에서 부실식과 비교할 경우 직접분사식 연소실의 장점이 아닌 것은?

① 냉간 시동이 용이하다.
② 연소실 구조가 간단하다.
③ 연료 소비율이 낮다.
④ **저질 연료의 사용이 가능하다.**

해설
직접분사식의 장단점

장점	• 실린더 헤드가 간단하고 열효율이 높다. • 시동이 용이하고, 예열플러그가 필요 없다. • 연소실 용적에 대한 표면적 비율이 작아서 냉각 손실이 적다.
단점	• 양질의 연료를 사용해야 한다. • 연료의 분사압력이 높다. • 부실식에 비하여 와류가 약하므로 고속회전에 적합하지 않다.

04 예연소실식 연소실에 대한 설명으로 틀린 것은?

① 예열플러그가 필요하다.
② 사용 연료의 변화에 민감하다. ✓
③ 예연소실은 주연소실보다 작다.
④ 분사압력이 낮다.

> **해설**
> 예연소실식은 사용 연료에 둔감하다. 사용 연료에 민감한 연소실은 직접분사실식이다.

05 기관의 실린더 수가 많을 때의 장점이 아닌 것은?

① 기관의 진동이 적다.
② 저속회전이 용이하고 큰 동력을 얻을 수 있다.
③ 연료 소비가 적고 큰 동력을 얻을 수 있다. ✓
④ 가속이 원활하고 신속하다.

> **해설**
> 기관의 실린더 수가 많을수록 연료 소비가 많아진다.

06 크랭크 케이스를 환기하는 목적으로 가장 적합한 것은?

① 크랭크 케이스의 청소를 쉽게 하기 위하여
② 출력의 손실을 막기 위하여
③ 오일의 증발을 막으려고
④ 오일의 슬러지 형성을 막으려고 ✓

07 디젤엔진 연소실에서 연료를 고압으로 분사하는 것은?

① 프라이밍 펌프
② 인젝션 펌프
③ 분사노즐(인젝터) ✓
④ 조속기

> **해설**
> 연료 분사펌프는 연료를 연소실 내로 분사하기 위해 필요한 높은 압력으로 압축하여 폭발 순서에 따라서 각 실린더의 분사노즐로 압송하는 펌프이다. 연료 분사펌프에는 연료 분사량를 조정하는 조속기와 분사시기 조절기(타이머)가 붙어 있다.

08 디젤기관 인젝션 펌프에서 딜리버리 밸브의 기능으로 틀린 것은?

① 역류 방지   ② 후적 방지
③ 잔압 유지   **④ 유량 조정** ✓

> **해설**
> 딜리버리 밸브(Delivery Valve, 토출밸브)
> 딜리버리 밸브는 플런저의 상승행정으로 배럴 내의 압력이 규정값(약 $10 kgf/cm^2$)에 도달하면 열려 연료를 분사파이프로 압송한다. 그리고 플런저의 유효행정이 완료되어 배럴 내의 연료압력이 급격히 낮아지면 스프링 장력에 의해 신속히 닫혀 연료의 역류(분사노즐에서 펌프로의 흐름)와 후적을 방지하며, 분사 파이프 내에 잔압을 유지한다.

09 디젤엔진에 사용되는 연료의 구비조건으로 옳은 것은?

① **착화성이 좋을 것**
② 세테인값이 낮을 것
③ 앤티노크성이 클 것
④ 옥테인값이 높을 것

해설
디젤연료는 세테인값이 높아야 한다. 앤티노크성이 큰 것과 옥테인값이 높은 것은 가솔린연료의 구비조건이다.

10 작업 후 탱크에 연료를 가득 채우는 이유가 아닌 것은?

① 내일(다음)의 작업을 위해서
② 연료의 기포 방지를 위해서
③ 연료탱크에 수분이 생기는 것을 방지하기 위해서
④ **연료의 압력을 높이기 위해서**

해설
연료탱크를 가득 채우는 이유는 탱크 속의 연료 증발로 발생한 공기 중의 수분이 응축되어 물이 생기는 것을 막고, 기포 생성을 방지하기 위해서이다.

11 냉각장치에 사용되는 전동팬에 대한 설명으로 틀린 것은?

① 냉각수 온도에 따라 작동한다.
② 정상온도 이하에는 작동하지 않고 과열일 때 작동한다.
③ **엔진이 시동되면 동시에 회전한다.**
④ 팬 벨트는 필요 없다.

해설
전동팬
전동팬은 모터로 냉각팬을 구동하는 형식이다. 전동팬 라디에이터에 부착된 서모 스위치는 냉각수의 온도를 감지하여 어느 온도에 도달하면 팬을 작동(냉각팬 ON)시키고, 그 이하로 내려가면 팬의 작동을 정지(냉각팬 OFF)시킨다.

12 디젤기관이 과열되는 원인이 아닌 것은?

① **경유에 불순물이 혼입되어 있을 때**
② 라디에이터 코어가 막혔을 때
③ 물펌프의 벨트가 느슨해졌을 때
④ 정온기가 닫힌 채 고장이 났을 때

해설
경유에 불순물이 혼입되는 것은 기관 시동 여부에 영향을 준다.

13 냉각장치에 사용되는 라디에이터의 구성품이 아닌 것은?

① 냉각수 주입구
② 냉각핀
③ 코어
❹ 물 재킷

해설
라디에이터는 냉각수가 통과되면서 열교환 작용을 하는 라디에이터 코어와 뜨거운 냉각수가 엔진으로부터 유입되는 상부(입구) 탱크, 식힌 냉각수를 엔진으로 보내기 위한 하부(출구) 탱크 등 세 부분으로 나누어지는데, 각 탱크에는 기본적으로 엔진과 이어지는 호스를 연결하는 피팅이 설치된다.

15 디젤기관의 윤활유 압력이 낮은 원인이 아닌 것은?

❶ 점도지수가 높은 오일을 사용하였다.
② 윤활유의 양이 부족하다.
③ 오일펌프가 과대 마모되었다.
④ 릴리프밸브가 열린 채 고착되었다.

해설
점도지수는 온도의 변화에 따라 오일의 점도가 변화하는 정도로, 압력이 낮은 원인이 아니다.

14 엔진작동 중 냉각수 온도가 정상적으로 올라가지 않을 때, 과랭의 원인은?

❶ 수온 조절기의 열림
② 팬 벨트의 헐거움
③ 물펌프 불량
④ 냉각수 부족

해설
엔진 과랭의 원인
• 수온 조절기의 작동 불량
• 겨울철 외기 온도의 저하

16 오일의 여과 방식이 아닌 것은?

❶ 자력식
② 분류식
③ 전류식
④ 션트식

해설
오일의 여과 방식 : 오일의 일부를 여과하는 분류식, 전부를 여과하는 전류식, 분류식과 전류식을 합친 션트식이 있다.

17 오일 여과기의 점검과 관련된 사항으로 틀린 것은?

① 여과기가 막히면 유압이 높아진다.
② 엘리먼트 청소에는 압축공기를 사용한다.
③ 여과 능력이 불량하면 부품의 마모가 빠르다.
④ 작업 조건이 나쁘면 교환 시기를 빠르게 한다.

해설
오일 여과기의 엘리먼트는 습식이므로 교환하거나 세척하여 사용한다.

18 국내에서 디젤기관에 규제하는 배출가스는?

① 탄화수소
② 매연
③ 일산화탄소
④ 공기 과잉률

19 전기 관련 단위를 잘못 짝지은 것은?

① A - 전류
② V - 주파수
③ W - 전력
④ Ω - 저항

해설
전압(V, 볼트), 주파수(Hz, 헤르츠)

20 전류의 자기작용을 응용한 장치는?

① 전구   ② 축전지
③ 예열플러그   **④ 발전기**

해설
전류의 자기작용을 응용한 장치는 발전기, 전동기, 솔레노이드 기구 등이 있고, 전구와 예열플러그는 발열작용을 활용한 장치이다. 축전지는 화학작용을 활용하여 전류를 저장하고 공급한다.

21 건설기계장비의 축전지 케이블 탈거에 대한 설명으로 적합한 것은?

① 절연되어 있는 케이블을 먼저 탈거한다.
② 아무 케이블이나 먼저 탈거한다.
③ (+) 케이블을 먼저 탈거한다.
④ 접지된 케이블을 먼저 탈거한다.

22 축전지 전해액의 비중은 1℃마다 얼마나 변화하는가?

① 0.1   ② 0.007
③ 1   **④ 0.0007**

해설
축전지의 전해액 비중은 온도가 1℃ 변화할 때마다 0.0007씩 변화한다.

23 충전된 축전지를 사용하지 않고 방치하여 방전되는 것은?

☑ ① 자기방전　② 급속방전
③ 출력방전　④ 강제방전

해설
자기방전의 원인
- 전해액 중에 불순 금속이 혼입되었을 때
- 극판의 사이에 국부전지가 형성되었을 때
- 축전지의 표면에 습기에 의해서 전기 회로가 형성되어 전류가 누전될 때
- 축전지의 엘리먼트 레스트에 극판의 작용물질이 축적되었을 때

24 기동 전동기의 시험과 관계없는 것은?

① 부하시험　② 무부하시험
☑ ③ 관성 시험　④ 저항시험

해설
기동 전동기의 시험에는 전압 강하시험(무부하시험, 부하시험), 회전력(토크) 시험, 저항시험 등이 있다.

25 예열플러그를 빼서 보았더니 심하게 오염되었을 때 그 원인은?

☑ ① 불완전 연소 또는 노킹
② 엔진 과열
③ 플러그의 용량 과다
④ 냉각수 부족

해설
예열플러그가 심하게 오염되어 있으면 불완전 연소 또는 노킹의 원인이 된다.

26 헤드라이트에서 세미 실드빔형은?

① 렌즈, 반사경 및 전구를 분리하여 교환이 가능한 것
② 렌즈, 반사경 및 전구가 일체인 것
☑ ③ 렌즈와 반사경은 일체이고, 전구는 교환이 가능한 것
④ 렌즈와 반사경을 분리하여 제작한 것

해설
세미 실드빔형 전조등은 렌즈와 반사경은 일체이며, 전구와 반사경을 분리 교환할 수 있다.

27 클러치에 대한 설명으로 틀린 것은?

① 클러치는 수동식 변속기에 사용된다.
② 클러치 용량이 너무 크면 엔진이 정지하거나 동력 전달 시 충격이 일어나기 쉽다.
☑ ③ 엔진 회전력보다 클러치 용량이 적어야 한다.
④ 클러치 용량이 너무 적으면 클러치가 미끄러진다.

해설
클러치의 토크 용량은 기관의 최고 토크의 1.5~2.5배로 설계한다.

28 변속기의 필요성과 관계가 먼 것은?

① 기관의 회전력을 증대시킨다.
② 시동 시 장비를 무부하 상태로 한다.
③ 장비의 후진 시 필요하다.
✔ **환향을 빠르게 한다.**

해설
환향을 조정하는 것은 조향장치이다.
변속기의 필요성과 기능
- 엔진과 구동축 사이에서 회전력을 변환시켜 전달한다.
- 엔진의 회전속도를 변환시켜 전달한다.
- 정차 시 엔진의 공전 운전을 가능하게 한다.
- 후진을 가능하게 한다.

29 동력전달장치에서 추진축 길이의 변동을 흡수하는 장치는?

✔ **슬립 이음** ② 자재 이음
③ 2중 십자 이음 ④ 차축

해설
슬립 이음
변속기 출력축의 스플라인에 설치되어 주행 중 추진축의 길이 변화를 가능케 한다.

30 브레이크 드럼이 갖추어야 할 조건으로 틀린 것은?

✔ **내마멸성이 적어야 한다.**
② 정적·동적 평형이 잡혀 있어야 한다.
③ 냉각이 잘되어야 한다.
④ 가볍고 강도와 강성이 커야 한다.

해설
충분한 내마모성과 내마멸성을 갖춰야 한다.

31 조향 핸들의 유격이 커지는 원인이 아닌 것은?

① 피트먼 암의 헐거움
② 타이로드 엔드 볼 조인트 마모
③ 조향 바퀴 베어링 마모
✔ **타이어 마모**

해설
타이어의 과다 마멸 시 조향 핸들의 조작이 무겁다.

32 타이어식 건설장비에서 조향 바퀴의 얼라인먼트 요소와 관련 없는 것은?

① 캠버 ② 캐스터
③ 토인 ✔ **부스터**

해설
부스터는 승압하거나 증폭하는 장치이다. 조향 바퀴의 얼라인먼트 요소는 토인, 캠버, 캐스터, 킹핀 경사각이 있다.

33 제동 유압장치 작동원리의 바탕이 되는 이론은?

① 열역학 제1법칙 ② 보일의 법칙
❸ **파스칼의 원리** ④ 가속도 법칙

[해설]
파스칼(Pascal)의 원리
유체(기체나 액체) 역학에서 밀폐된 용기 내에 정지해 있는 유체의 어느 한 부분에서 생기는 압력의 변화가 유체의 다른 부분과 용기의 벽면에 손실 없이 전달된다는 원리이다.

34 유압펌프가 오일을 토출하지 않는 경우는?

① 펌프의 회전이 너무 빠를 때
② 유압유의 점도가 낮을 때
❸ **흡입관으로부터 공기가 흡입되고 있을 때**
④ 릴리프 밸브의 설정압이 낮을 때

[해설]
흡입관으로부터 공기가 흡입되고 있을 때 펌프 내부에서 압축이 되어 펌프작용이 되지 않아 오일 토출이 안 된다.
유압펌프에서 오일이 토출되지 않는 원인
• 회전수가 부족하다.
• 회전 방향이 반대이다.
• 흡입관이 공기를 빨아들인다.
• 흡입관 또는 스트레이너가 막혔다.

35 유압장치의 과부하 방지와 유압기기의 보호를 위하여 최고 압력을 규제하고 유압회로 내의 필요한 압력을 유지하는 밸브는?

❶ **압력 제어 밸브**
② 유량 제어 밸브
③ 방향 제어 밸브
④ 온도 제어 밸브

[해설]
① 압력 제어 밸브 : 일의 크기 제어
② 유량 제어 밸브 : 일의 속도 제어
③ 방향 제어 밸브 : 일의 방향 제어

36 유압유를 외관상 점검한 결과 정상적인 상태를 나타내는 것은?

❶ **투명하여 처음과 변화가 없다.**
② 까만색이다.
③ 흰색이다.
④ 기포가 발생했다.

[해설]
유압유를 외관상 점검한 결과 기포가 발생하였거나 투명하지 않은 것은 오염되었거나 열화된 것이다.

37 유압펌프를 통하여 송출된 에너지를 직선운동이나 회전운동을 통하여 기계적 일을 하는 기기는?

① 오일 쿨러
② 제어 밸브
❸ **액추에이터(작업장치)**
④ 어큐뮬레이터(축압기)

[해설]
액추에이터는 압력에너지를 기계적 에너지로 바꾸는 기기이다.

38 유압회로 내 압력이 비정상적으로 올라가는 원인은?

① 오일 파이프 파손
② 오일의 점도가 묽음
③ 오일 압력 게이지 고장
✔ **유압 조정 밸브 고착**

[해설]
유압 조정 밸브가 닫힌 채로 고착되면 압력이 비정상적으로 올라가고, 유압회로 파이프가 파손되거나 오일 점도가 묽으면 압력이 낮아질 수 있다.

39 유압모터의 회전속도가 규정속도보다 느릴 경우의 원인이 아닌 것은?

✔ **유압펌프의 오일 토출량 과다**
② 유압유의 유입량 부족
③ 각 습동부의 마모 또는 파손
④ 오일의 내부 누설

[해설]
유압펌프의 오일 토출량 과다는 규정속도보다 빨라지는 원인이 된다.

40 드레인 배출기를 기호로 나타낸 것은?

① ○
②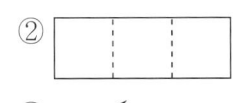
✔③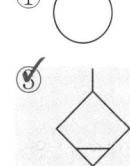
④

41 유압회로 내에서 공동 현상의 발생 시 처리 방법은?

① 과포화 상태로 만든다.
② 오일의 온도를 높인다.
③ 오일의 압력을 높인다.
✔ **일정 압력을 유지시킨다.**

[해설]
공동 현상은 압력 변화가 잦을 때 많이 발생하므로 압력을 일정하게 유지하여 해결한다.

42 건설기계검사기준 중 천공기 기준에 해당되지 않는 것은?

① 드리프트·착암기의 지지 붐은 상하 또는 좌우로 이동할 수 있을 것
② 크롤러 구동 공기모터는 좌우를 각각 독립하여 구동할 수 있을 것
③ 드릴·가이드·로프·시브·원치·오거 등의 상태가 양호할 것
✔ **버너·히터 등 가열장치는 작동상태가 양호하며 화재방지를 위한 시설이 구비되어 있을 것**

[해설]
천공기 검사기준(건설기계관리법 시행규칙 별표 8)
• 드리프트·착암기의 지지 붐은 상하 또는 좌우로 이동할 수 있을 것
• 크롤러 구동 공기모터는 좌우를 각각 독립하여 구동할 수 있을 것
• 드릴·가이드·로프·시브·원치·오거 등의 상태가 양호할 것
• 유압호스·파이프·밸브 등 연결부는 균열·손상과 공기 및 기름 누출이 없을 것

43 건설기계 등록신청은 누구에게 하는가?

☑ ① 소유자의 주소지 또는 건설기계 사용 본거지를 관할하는 시·도지사
② 행정안전부 장관
③ 소유자의 주소지 또는 건설기계 소재지를 관할하는 검사소장
④ 소유자의 주소지 또는 건설기계 소재지를 관할하는 경찰서장

해설
등록의 신청(건설기계관리법 시행령 제3조)
건설기계를 등록하려는 건설기계의 소유자는 건설기계 등록신청서(전자문서로 된 신청서를 포함)에 다음의 서류(전자문서를 포함)를 첨부하여 건설기계소유자의 주소지 또는 건설기계의 사용본거지를 관할하는 특별시장·광역시장·도지사 또는 특별자치도지사(시·도지사)에게 제출하여야 한다. 이 경우 시·도지사는 전자정부법에 따른 행정정보의 공동이용을 통하여 건설기계등록원부 등본(등록이 말소된 건설기계의 경우에 한정)을 확인하여야 하고, 그 외의 첨부서류에 대하여도 행정정보의 공동이용을 통하여 확인할 수 있는 경우에는 그 확인으로 첨부서류를 갈음하여야 하며, 신청인이 확인에 동의하지 아니하는 경우에는 이를 첨부하도록 하여야 한다.
• 다음의 구분에 따른 해당 건설기계의 출처를 증명하는 서류. 다만, 해당 서류를 분실한 경우에는 해당 서류의 발행사실을 증명하는 서류(원본 발행기관에서 발행한 것으로 한정)로 대체할 수 있다.
 - 국내에서 제작한 건설기계 : 건설기계제작증
 - 수입한 건설기계 : 수입면장 등 수입사실을 증명하는 서류
 - 행정기관으로부터 매수한 건설기계 : 매수증서
• 건설기계의 소유자임을 증명하는 서류
• 건설기계제원표
• 자동차손해배상 보장법에 따른 보험 또는 공제의 가입을 증명하는 서류

44 건설기계관리법령상 자동차손해배상보장법에 따른 자동차보험에 반드시 가입하여야 하는 건설기계가 아닌 것은?

☑ ① 타이어식 지게차
② 타이어식 굴착기
③ 타이어식 기중기
④ 덤프트럭

해설
자동차손해배상 보장법에서 자동차로 취급되는 건설기계(자동차손해배상 보장법 시행령 제2조)
• 덤프트럭
• 타이어식 기중기
• 콘크리트믹서트럭
• 트럭적재식 콘크리트펌프
• 트럭적재식 아스팔트살포기
• 타이어식 굴착기
• 건설기계관리법 시행령에 따른 특수건설기계 중 다음의 특수건설기계
 - 트럭지게차
 - 도로보수트럭
 - 노면측정장비(노면측정장치를 가진 자주식인 것)

45 산업재해를 예방하기 위한 재해 예방의 4원칙이 아닌 것은?

☑ ① 대량 생산의 원칙
② 예방 가능의 원칙
③ 원인 계기의 원칙
④ 대책 선정의 원칙

해설
재해 예방 4원칙에는 ②, ③, ④ 외에 손실 우연의 원칙이 있다.

46 건설기계조종사의 면허가 취소되는 때는?

① 과실로 인하여 1명을 사망하게 하였을 때
✓ ② 면허정지 처분을 받은 자가 그 기간 중에 건설기계를 조종했을 때
③ 과실로 인하여 10명에게 경상을 입힌 때
④ 건설기계로 1천만원 이상의 재산피해를 냈을 때

해설
건설기계조종사면허의 취소·정지(건설기계관리법 제28조)
시장·군수 또는 구청장은 건설기계조종사가 다음의 어느 하나에 해당하는 경우에는 국토교통부령으로 정하는 바에 따라 건설기계조종사면허를 취소하거나 1년 이내의 기간을 정하여 건설기계조종사면허의 효력을 정지시킬 수 있다. 다만, ①, ②, ⑧ 또는 ⑨에 해당하는 경우에는 건설기계조종사면허를 취소하여야 한다.
① 거짓이나 그 밖의 부정한 방법으로 건설기계조종사 면허를 받은 경우
② 건설기계조종사면허의 효력정지기간 중 건설기계를 조종한 경우
③ 다음의 어느 하나에 해당하게 된 경우
 • 건설기계 조종상의 위험과 장해를 일으킬 수 있는 정신질환자 또는 뇌전증환자로서 국토교통부령으로 정하는 사람
 • 앞을 보지 못하는 사람, 듣지 못하는 사람, 그 밖에 국토교통부령으로 정하는 장애인
 • 건설기계 조종상의 위험과 장해를 일으킬 수 있는 마약·대마·향정신성의약품 또는 알코올중독자로서 국토교통부령으로 정하는 사람
④ 건설기계의 조종 중 고의 또는 과실로 중대한 사고를 일으킨 경우
⑤ 국가기술자격법에 따른 해당 분야의 기술자격이 취소되거나 정지된 경우
⑥ 건설기계조종사면허증을 다른 사람에게 빌려준 경우
⑦ 술에 취하거나 마약 등 약물을 투여한 상태 또는 과로·질병의 영향이나 그 밖의 사유로 정상적으로 조종하지 못할 우려가 있는 상태에서 건설기계를 조종한 경우
⑧ 정기적성검사를 받지 아니하고 1년이 지난 경우
⑨ 정기적성검사 또는 수시적성검사에서 불합격한 경우

47 작업과 안전보호구의 연결이 잘못된 것은?

① 그라인딩 작업 - 보안경 착용
② 10m 높이에서의 작업 - 안전벨트 착용
③ 산소 결핍장소 - 공기 마스크 착용
✓ ④ 아크용접 - 도수 렌즈, 안경 착용

해설
아크용접 작업 시에는 차광 보안경을 착용해야 한다.

48 다음 그림의 안전보건표지가 나타내는 것은?

✓ ① 녹십자표지
② 출입금지
③ 인화성물질 경고
④ 보안경 착용

해설
안전보건표지(산업안전보건법 시행규칙 별표 6)

출입금지	인화성물질 경고	보안경 착용

49 스패너 작업 시 안전 및 주의사항으로 틀린 것은?

① 녹이 생긴 볼트나 너트는 오일을 넣어 스며들게 한 다음 돌린다.
② 조정 조에 잡아당기는 힘이 가해져서는 안 된다.
③ 장시간 보관할 때에는 방청제를 바르고 건조한 곳에 보관한다.
✅ **힘겨울 때는 파이프 등의 연장대를 끼워서 사용하여야 한다.**

[해설]
스패너에 파이프 등 연장대를 끼워서 사용하면 안 된다.

50 작업 중 운전자가 확인해야 할 사항으로 틀린 것은?

① 온도계기   ② 전류계기
③ 오일압력계기   ✅ **실린더 압력**

[해설]
실린더 압력은 정비를 위한 점검 및 측정사항으로 운전자의 일상점검 사항이 아니다.

51 소화 방법에 대한 설명으로 틀린 것은?

① 산소의 공급을 차단한다.
✅ **유류화재 시 표면에 물을 붓는다.**
③ 가열물질의 공급을 차단한다.
④ 점화원을 발화점 이하의 온도로 낮춘다.

[해설]
유류화재 시 물을 부으면 기름과 물이 섞이지 않으므로 기름이 물을 타고 화재가 확산되어 위험하다.

52 풀리에 벨트를 걸거나 벗길 때 안전하게 하기 위한 작동상태는?

① 중속인 상태
✅ **정지한 상태**
③ 역회전 상태
④ 고속인 상태

[해설]
벨트를 풀리에 걸 때는 반드시 회전을 정지시키고 한다.

53 다음 중 회전식 천공기에 속하지 않는 것은?

① 보링기계(Boring Machine)
② 어스오거(Earth Auger)
✅ **스토퍼(Stoper)**
④ 어스드릴(Earth Drill)

[해설]
스토퍼(Stoper)는 충격식에 해당한다.
회전식 천공기의 종류
• 보링기계(Boring Machine)
• 어스오거(Earth Auger)
• 어스드릴(Earth Drill)
• 베노토 굴착기(Benoto)
• 로터리 케이싱 드라이버(Rotary Casing Driver)
• 리버스 서큘레이션 드릴(Reverse Circulation Drill)

54 천공기의 주요장치 중 유압실린더를 이용하여 로드의 연결 및 분리작업을 자동으로 수행하는 장치는?

① 센트럴라이저(Centralizer)
② 가이드 셸(Guide Shell)
③ 덤프 크레비스(Dump Clevis)
✔ 자동 로드 교환장치(Auto-Rod Changer)

해설
자동 로드 교환장치는 로드를 자동으로 교체하는 장치로서 시간과 비용을 절약할 수 있다.

55 충격식 천공기에 속하는 스토퍼(Stoper)에 대한 설명으로 틀린 것은?

① 수평 이상의 상향 천공용으로 개발된 싱커와 같은 구조의 천공기이다.
② 압축공기에 의한 피스톤 작동의 피드 장치로 구성된다.
③ 피드 실린더와 동일축에 천공기를 장착한 것을 동축식, 평행하게 장착한 것을 오프셋식(Offset Type)이라고 한다.
✔ 오프셋식은 동축식에 비하여 안정적이다.

해설
④ 동축식 스토퍼는 오프셋식에 비해 전장이 길고 중량이 가볍지만 이송길이(600mm 정도)가 짧고 이동력이 강할 뿐만 아니라 드릴 로드가 피드 실린더와 동일축에 있기 때문에 안정적이다.

56 락드릴 천공 장비의 오일과 필터의 교환시기로 옳지 않은 것은?

① 엔진오일은 통상 최초 50시간과 매 250시간마다 교환한다.
✔ 작동유를 주입한 지 1개월 또는 250시간이 되면 먼저 도달한 것에 맞추어 작동유를 교환한다.
③ 공기압축기 오일 세퍼레이터 필터(Oil Separator Filter) 교환 시간은 통상 매 1,000시간 주기로 한다.
④ 유압필터는 작동유 교환 시 교환해야 한다.

해설
② 작동유를 주입한 지 6개월 또는 1,000시간이 되면 먼저 도달한 것에 맞추어 작동유를 동일 제품으로 교환해야 한다.

57 베노토(Benoto) 공법의 특징으로 옳지 않은 것은?

✔ 토질에 대한 적응성이 높아 모든 토질에 적합하다.
② 굴착 중 배출하는 토사에 의해 지질조사 및 지층을 확인할 수 있다.
③ 콘크리트 타설 시 붕괴사고가 적고 철근 피복이 확실하다.
④ 비교적 저소음, 저진동 공법이다.

해설
암반, 굵은 자갈, 호박돌 등이 섞인 지중에는 케이싱 튜브(Casing Tube)의 압입이 어렵다.

58 드롭해머의 특징으로 옳지 않은 것은?

① 설비가 간단하다.
② 작업이 용이하다.
③ **대규모 공사에 적당하다.**
④ 가격이 저렴하다.

해설
드롭해머의 특징
- 모든 토질에 유효하지만 대규모 공사에 불리하다.
- 낙하 높이를 변화시켜 타격에너지를 변화시킬 수 있다.
- 추의 높이(낙하고) 조정이 용이하다.
- 고장이 적고 조작이 간단하다.
- 항타작업 속도가 느리다.
- 낙하고를 높일 경우 두부의 손상이 크고 진동과 소음이 심하다.
- 수중에서 파일 작업이 불가능하다.

59 항타 및 항발기 선정 시 확인하여야 할 사항으로 틀린 것은?

① 파일의 종류 및 길이 형상
② **진동 파일해머의 경우 램의 중량(t)**
③ 타격과 파일의 지내력
④ 시공법 및 현장 지반, 주변 환경

해설
항타 및 항발기 선정 시 확인하여야 할 사항
- 파일의 종류 및 길이 형상
- 타격과 파일의 지내력
- 시공법 및 현장 지반, 주변 환경
- 파일해머의 종류 선정
  - 디젤 파일해머 또는 유압식 기동식 중추식 해머 확인 사항 : 램의 중량(t)
  - 진동 파일해머 확인 사항 : 모터의 출력(kw) 또는 기진력(t)
- 1일 작업 계획 공사 기간 준수

60 표준관입시험의 구조 및 특징으로 옳지 않은 것은?

① **표준관입장비는 커넥터 헤드, 물빼기 장치, 스플릿 배럴, 슈 등으로 구성되어 있다.**
② 표준관입시험은 공사하기 전에 지반조사를 통하여 지질 상태, 강도나 밀도 등을 조사하기 위하여 관을 삽입하는데 이를 위한 일정한 기준에 따른 타격횟수(N값)를 알아내기 위하여 측정하는 시험이다.
③ 표준관입시험 일람표는 사용하는 시추용 로드는 별도 표시가 없는 수치 단위로 길이 및 거리(mm), 각도(°), 중량(kg)으로 표시한다.
④ 샘플러는 시료를 채취하기 위한 파이프를 말하며 종류에는 연약지반에서 사용하는 원통 분리형 샘플러가 있다.

해설
표준관입장비는 표준 해머, 노킹 헤드, 케이싱, 로드, 등으로 구성되어 있고, 샘플러의 단면도는 커넥터 헤드, 물빼기 장치, 스플릿 배럴, 슈 등으로 구성되어 있다.

제2회 | 기출복원문제

01 4행정 기관에서 크랭크축 기어와 캠축 기어와의 지름의 비 및 회전비는 각각 얼마인가?

① 2 : 1 및 1 : 2
② 2 : 1 및 2 : 1
❸ 1 : 2 및 2 : 1
④ 1 : 2 및 1 : 2

해설
4행정 기관에서 크랭크축 기어 2회전에 캠축 기어는 1회전하므로, 지름의 비는 1 : 2, 회전비는 2 : 1이다.

02 커먼레일 디젤기관에서 부하에 따른 주된 연료 분사량 조절방법으로 옳은 것은?

① 저압펌프 압력 조절
② 인젝터 작동 전압 조절
③ 인젝터 작동 전류 조절
❹ 고압라인의 연료 압력 조절

해설
커먼레일 시스템은 크게 연료탱크에서 고압 연료펌프까지 연료를 전달하는 저압부, 고압 연료펌프에서 연소실로 연료를 전달하는 고압부, 시스템 전체를 제어하는 전자제어 시스템으로 구성된다.

03 기관에서 열효율이 높다는 의미는?

❶ 일정한 연료 소비로써 큰 출력을 얻는 것이다.
② 연료가 완전연소하지 않는 것이다.
③ 기관의 온도가 표준보다 높은 것이다.
④ 부조가 없고 진동이 적은 것이다.

해설
열효율(熱效率, Thermal Efficiency)은 열기관이 하는 유효한 일과 이것에 공급한 열량 또는 연료의 발열량과의 비를 의미하며 그 값은 열기관의 급기 온도와 배기 온도의 차가 클수록 높다.

04 디젤기관의 연소실 중 연료 소비율이 낮으며 연소 압력이 가장 높은 연소실 형식은?

① 예연소실식　② 와류실식
❸ 직접분사실식　④ 공기실식

해설
직접분사실식의 장점
• 연료 소비량이 다른 형식보다 적다.
• 연소실의 표면적이 작아 냉각 손실이 적다.
• 연소실이 간단하고 열효율이 높다.
• 실린더 헤드의 구조가 간단하여 열변형이 적다.
• 와류 손실이 없다.
• 시동이 쉽게 이루어지기 때문에 예열플러그가 필요 없다.

05 디젤기관의 진동이 심해지는 원인이 아닌 것은?

① 피스톤 및 커넥팅 로드의 중량 차가 클 때
② 마모로 인해 실린더 안지름의 차가 심할 때
③ 분사압력, 분사량의 불균형이 심할 때
✔ **실린더 수가 많을 때**

[해설] 실린더 수가 많을수록 회전상태가 좋아 진동이 감소한다.

06 피스톤 링에 대한 설명으로 틀린 것은?

① 압축가스가 새는 것을 막는다.
② 엔진오일을 실린더 벽에서 긁어 내린다.
✔ **압축 링과 인장 링이 있다.**
④ 실린더 헤드 쪽에 있는 것이 압축 링이다.

[해설] 피스톤 링에는 압축 링과 오일 링이 있다.

07 연료의 세테인값과 밀접한 관련이 있는 것은?

① 열효율   ② 폭발력
✔ **착화성**   ④ 인화성

[해설] 경유의 착화성을 나타내는 지표로 세테인값(Cetane Number)을 쓰고 있으며 이 값이 클수록 착화하기가 쉽다.

08 연료탱크의 연료를 분사펌프 저압부까지 공급하는 것은?

✔ **연료공급펌프**
② 연료분사펌프
③ 인젝션 펌프
④ 로터리 펌프

[해설] 연료탱크의 연료를 분사펌프 저압부까지 공급하는 것은 공급펌프이고, 노즐까지의 공급은 분사펌프가 한다.

09 프라이밍 펌프를 사용하는 때는?

① 출력을 증가시키고자 할 때
✔ **연료 계통에서 공기를 배출할 때**
③ 연료의 양을 가감할 때
④ 연료의 분사압력을 측정할 때

[해설] 프라이밍 펌프
연료공급 계통의 공기빼기 작업 및 공급펌프를 수동으로 작동시켜 연료탱크 내의 연료를 분사펌프까지 공급하는 펌프이다.

10 작업 중 기관의 시동이 꺼지는 원인으로 가장 적절한 것은?

✅ 연료공급펌프의 고장
② 가속페달 연결 로드의 해체로 작동 불능
③ 프라이밍 펌프의 고장
④ 기동 모터 고장

11 기관의 전동식 냉각팬은 무엇의 온도에 따라 ON/OFF되는가?

✅ 냉각수   ② 배기관
③ 흡기   ④ 엔진오일

[해설]
라디에이터에 부착된 서모 스위치는 냉각수의 온도를 감지하여 어느 온도에 도달하면 팬을 작동(냉각팬 ON) 시키고, 그 이하로 내려가면 팬의 작동을 정지(냉각팬 OFF)시킨다.

12 기관 방열기에 연결된 보조탱크의 역할을 설명한 것으로 가장 적절하지 않은 것은?

① 장기간 냉각수 보충이 필요 없다.
✅ 냉각수 온도를 적절하게 조절한다.
③ 오버플로(Overflow)되어도 증기만 방출된다.
④ 냉각수의 체적팽창을 흡수한다.

[해설]
보조탱크는 리저브 탱크(Reservoir Tank)라고도 부르는 저장통으로, 액체를 채운 계통에서 온도의 변화에 따라 액체의 체적이 변할 경우를 대비하여 설치된다. 라디에이터에서 넘치는 냉각수를 수용하거나 부족한 액을 보충하는 탱크가 그 예이다.

13 기관의 냉각팬이 회전할 때 공기의 방향은?

✅ 방열기 방향
② 상부 방향
③ 하부 방향
④ 엔진 방향

[해설]
냉각팬은 엔진을 직접 냉각시키는 것이 아니라 엔진을 냉각시키고 뜨거워진 냉각수가 방열기(라디에이터)로 리턴되면 방열기 쪽으로 바람을 불어줘서 냉각수를 냉각시킨다.

14 엔진 과열의 원인으로 가장 거리가 먼 것은?

① 라디에이터 코어 불량
② 냉각 계통의 고장
③ 정온기가 닫혀서 고장
✅ 연료의 품질 불량

[해설]
불량한 품질의 연료 사용 시 실린더 내에서 노킹 혹은 노크하는 소리가 난다.

15 기관의 작동방식 중 주로 4행정 사이클 기관에 많이 사용되는 윤활 방식은?

① 혼합식, 압송식, 확산식
✓ **비산식, 압송식, 비산 압송식**
③ 혼합식, 압송식, 비산 압송식
④ 비산식, 압송식, 확산식

해설
기관의 윤활 및 여과 방식
- 2행정 사이클의 윤활 방식 : 혼기 혼합식, 분리 윤활식
- 4행정 사이클의 윤활 방식 : 비산식, 압송식, 비산 압송식
- 여과 방식 : 분류식, 전류식, 션트식

16 운전석 계기판에 있는 유압계로 확인할 수 있는 것은?

① 오일량의 많고 적음을 알 수 있다.
② 오일의 누설 상태를 알 수 있다.
✓ **오일의 순환 압력을 알 수 있다.**
④ 오일의 연소 상태를 알 수 있다.

해설
유압계는 엔진오일의 순환 상태를 알려 주는 계기이다.

17 기관의 윤활유 압력이 규정보다 높게 표시되는 원인으로 맞는 것은?

① 엔진오일 실 파손
② 오일 게이지 휨
✓ **압력 조절 밸브 불량**
④ 윤활유 부족

해설
압력 조절 밸브가 불량하면 기관의 윤활유 압력이 규정보다 높게 표시될 수 있다.

18 기관에 들어가는 윤활유 사용 방법으로 옳은 것은?

① 계절과 윤활유 SAE 번호는 관계가 없다.
② 겨울에는 여름보다 SAE 번호가 큰 윤활유를 사용한다.
③ SAE 번호는 일정하다.
✓ **여름용은 겨울용보다 SAE 번호가 크다.**

해설
윤활유의 점도는 SAE 번호로 분류하며 여름에는 높은 점도, 겨울에는 낮은 점도의 윤활유를 사용한다.

19 전압이 24V, 저항이 2Ω일 때 전류는?

① 24A ② 3A
③ 6A   ✓ **12A**

해설
전류(I) = $\frac{\text{전압}(V)}{\text{저항}(R)}$ 이므로 $\frac{24V}{2\Omega}$ = 12A이다.

20 전기 기기에 의한 감전사고를 막기 위한 설비로 가장 중요한 것은?

✔ **접지설비**
② 방폭등 설비
③ 고압계 설비
④ 대지 전위 상승 설비

해설
건설현장의 이동식 전기기계, 기구에서 감전사고 방지를 위해 접지설비를 한다.

21 12V의 납 축전지 셀에 대한 설명으로 맞는 것은?

✔ **6개의 셀이 직렬로 접속되어 있다.**
② 6개의 셀이 병렬로 접속되어 있다.
③ 6개의 셀이 직렬과 병렬로 혼용하여 접속되어 있다.
④ 3개의 셀이 직렬과 병렬로 혼용하여 접속되어 있다.

해설
6V용 축전지 내부는 3개의 셀로 나누어지며, 12V용의 축전지 내부에는 6개의 셀이 직렬로 접속되어 있다.

22 납산 축전지의 전해액을 만들 때 황산과 증류수의 혼합 방법에 대한 설명으로 틀린 것은?

① 조금씩 혼합하며 잘 저어서 냉각시킨다.
② 증류수에 황산을 부어 혼합한다.
✔ **전기가 잘 통하는 금속제 용기를 사용하여 혼합한다.**
④ 추운 지방인 경우 온도가 표준온도일 때 비중이 1.280이 되게 측정하면서 작업을 끝낸다.

해설
전해액을 만들 때는 전기가 잘 통하지 않는 용기를 사용하여야 한다.

23 축전지의 자기 방전량에 대한 설명으로 적합하지 않은 것은?

✔ **전해액의 온도가 높을수록 자기 방전량은 작아진다.**
② 전해액의 비중이 높을수록 자기 방전량은 크다.
③ 날짜가 경과할수록 자기 방전량은 많아진다.
④ 충전 후 시간의 경과에 따라 자기 방전량의 비율은 점차 낮아진다.

해설
전해액의 온도, 습도, 비중이 높을수록 자기 방전량은 크다.

24 기동 전동기는 회전되나 엔진은 크랭킹이 되지 않는 원인으로 옳은 것은?

① 축전지 방전
② 기동 전동기의 전기자 코일 단선
☑ 플라이휠 링기어의 소손
④ 발전기 브러시의 장력 과다

[해설]
시동 시 스타터 스위치의 조작에 의해 스타터의 피니언이 플라이휠의 링기어와 물려 모터의 힘에 의해 크랭크 샤프트를 회전시켜 엔진을 시동시킨다.

25 6기통 디젤기관에서 병렬로 연결된 예열(Glow)플러그에서, 3번 기통의 예열플러그가 단선되면 발생하는 현상은?

① 예열플러그 전체가 작동이 안 된다.
☑ 3번 실린더 예열플러그만 작동이 안 된다.
③ 3번 옆에 있는 2번과 4번의 예열플러그도 작동이 안 된다.
④ 축전지 용량의 2배가 방전된다.

[해설]
직렬연결일 때는 모든 예열플러그가 작동 불능이 되나, 병렬연결일 때는 해당 실린더만 작동 불능이 된다.

26 교류발전기에서 회전체에 해당하는 것은?

☑ 로터
② 엔드 프레임
③ 스테이터
④ 브러시

[해설]
로터가 회전체(Rotor)이다. 스테이터는 전류가 발생하는 곳이다.

27 전조등의 필라멘트가 끊어진 경우 렌즈나 반사경에 이상이 없어도 전조등 전부를 교환하여야 하는 형식은?

① 전구형
② 세미 실드형
☑ 실드형
④ 분리형

[해설]
실드빔식은 필라멘트가 끊어지면 렌즈나 반사경에 이상이 없어도 전조등 전체를 교환해야 하는 단점이 있다. 세미 실드빔형 전조등은 전구와 반사경을 분리하여 교환할 수 있다.

28 클러치 용량은 기관 최대 출력의 몇 배로 설계하는 것이 적당한가?

① 0.5~1.5배
② 5~6배
☑ 1.5~2.5배
④ 3~4배

[해설]
클러치의 토크 용량은 기관의 최고 토크의 1.5~2.5배로 설계한다.

29 토크 변환기에서 오일의 과다한 압력을 방지하는 밸브는?

① 체크 밸브
② 스로틀 밸브
☑ 압력 조정 밸브
④ 매뉴얼 밸브

[해설]
① 체크 밸브 : 방향 제어 밸브로 역방향 흐름 방지 밸브
② 스로틀 밸브(교축 밸브) : 밸브 내 오일 통로의 단면적을 외로부터 변화시켜 통로에 저항을 증감시켜 유량을 조절하는 역할을 하는 밸브
④ 매뉴얼 밸브 : 수동밸브

30 동력전달장치에서 두 축 간의 충격을 완화하고 각도 변화를 융통성 있게 전달하는 기구는?

① 슬립 이음(Slip Joint)
❷ 유니버설 조인트(Universal Joint)
③ 파워 시프트(Power Shift)
④ 크로스 멤버(Cross Member)

> **해설**
> 드라이브 라인에서 슬립 조인트는 추진축의 길이 변화를 주고, 자재 이음(Universal Joint)은 드라이브 각도 변화를 준다.

31 브레이크를 연속하여 자주 사용하면 브레이크 드럼이 과열되어 마찰계수가 떨어지고 브레이크가 잘 듣지 않는 것으로, 짧은 시간 내에 반복 조작하거나 내리막길을 내려갈 때 브레이크 효과가 나빠지는 현상은?

① 자기작동　　❷ 페이드
③ 하이드로플래닝　　④ 와전류

> **해설**
> ① 자기작동 : 브레이크를 작동시키면 회전 방향 앞쪽에 있는 슈는 드럼과 함께 회전하려는 경향이 생겨, 앵커 핀을 중심으로 바깥쪽으로 벌어지려는 작용력으로 드럼을 강하게 압박하여 제동력을 증가시키는 현상
> ③ 수막현상(Hydroplaning) : 물에 덮인 노상을 고속으로 주행할 때 갑자기 조종성을 잃는 현상
> ④ 와전류 : 전기장이나 자기장의 변화 혹은 전자파에 의해 도체 내부에서 유도되는 전하의 움직임

32 조향 핸들의 유격이 커지는 원인이 아닌 것은?

① 피트먼 암의 헐거움
❷ 타이어 공기압 과대
③ 조향 기어, 링키지 조정 불량
④ 앞바퀴 베어링 과대 마모

> **해설**
> 조향 핸들의 유격이 커지는 원인과 점검 부분
> 조향 기어의 조정 불량 및 마모, 조향 링키지의 볼 이음 접속부의 헐거움 및 볼 이음 마모, 조향 베어링 마모 및 암의 헐거움이 조향 핸들의 유격이 커지는 원인이 된다. 유격이 한계치를 초과하면 스티어링 시프트 연결부와 스티어링 링키지의 유격을 점검한다.

33 타이어식 장비에서 앞바퀴 정렬의 역할과 거리가 먼 것은?

❶ 브레이크의 수명을 길게 한다.
② 타이어 마모를 최소로 한다.
③ 방향 안전성을 준다.
④ 조향 핸들의 조작을 작은 힘으로 쉽게 할 수 있다.

> **해설**
> 앞바퀴 정렬의 기능
> • 핸들의 조향을 작은 힘으로 쉽게 할 수 있다.
> • 조향 핸들 조작을 확실하게 하고 안전성을 준다.
> • 조향 핸들에 복원성을 준다.
> • 타이어 마모를 최소로 한다.

34 단위 시간에 이동하는 유체의 체적을 무엇이라 하는가?

① 토출량　② 드레인
③ 언더랩　**④ 유량** ✓

해설
유량(Flow Rate)
유체의 흐름 중 일정 면적의 단면을 통과하는 유체의 체적, 질량 또는 중량을 시간에 대한 비율로 표현한 것이다.

35 유압회로 내에서 서지압(Surge Pressure)이란?

① 과도하게 발생하는 이상 압력의 최댓값 ✓
② 정상적으로 발생하는 압력의 최댓값
③ 정상적으로 발생하는 압력의 최솟값
④ 과도하게 발생하는 이상 압력의 최솟값

해설
서지압
유압회로 내의 밸브를 갑자기 닫았을 때 오일의 속도에너지가 압력에너지로 변화하면서 일시적으로 크게 압력이 증가하는 현상이다.

36 유압 라인에서 압력에 영향을 주는 요소로 거리가 먼 것은?

① 유체의 흐름량
② 유체의 점도
③ 관로 직경의 크기
④ 관로의 좌우 방향 ✓

37 작동유의 열화 및 수명을 판정하는 방법으로 적합하지 않은 것은?

① 점도 상태로 확인
② 오일을 가열한 후 냉각되는 시간을 확인 ✓
③ 냄새로 확인
④ 색깔이나 침전물의 유무 확인

해설
냄새, 점도, 색채 등을 확인하여 작동유의 열화를 검사한다.

38 액추에이터(Actuator)의 작동속도와 가장 관계가 깊은 특성은?

① 압력　② 온도
③ 유량 ✓　④ 점도

해설
액추에이터(Actuator)의 작동속도는 유량에 의해 정해진다.

39 고압·고출력에 사용하는 유압모터로 가장 적절한 것은?

① 기어 모터
② 베인 모터
③ 트로코이드 모터
✅ **피스톤 모터**

해설
피스톤 모터는 고압 작동에 적합하고 효율이 높으며 구조가 복잡하다.

42 건설기계등록신청은 건설기계를 취득한 날로부터 며칠 이내에 하여야 하는가?

① 5일   ② 15일
③ 1월   ✅ **2월**

해설
건설기계등록신청은 건설기계를 취득한 날(판매를 목적으로 수입된 건설기계의 경우에는 판매한 날)부터 2월 이내에 하여야 한다. 다만, 전시·사변 기타 이에 준하는 국가비상사태하에 있어서는 5일 이내에 신청하여야 한다(건설기계관리법 시행령 제3조).

40 압력 스위치를 나타내는 기호는?

①   ②

③   ✅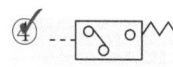

해설
① 압력계, ② 스톱 밸브, ③ 어큐뮬레이터

41 작동유(유압유) 속에 용해 공기가 기포로 되어 있는 현상은?

① 인화 현상
② 노킹 현상
③ 조기착화 현상
✅ **공동 현상**

해설
공동 현상(Cavitation)
유압장치 내에 국부적인 높은 압력과 소음·진동이 발생하는 현상으로 필터의 여과 입도 수(Mesh)가 너무 높거나 유압회로 내에 기포가 발생했을 때 일어날 수 있다.

43 건설기계 신규 등록검사를 실시할 수 있는 자는?

① 군수
✅ **검사대행자**
③ 구청장
④ 행정안전부 장관

해설
신규 등록검사(건설기계관리법 시행규칙 제21조)
신규 등록검사를 받으려는 자는 건설기계신규등록검사신청서 등의 서류를 첨부하여 등록지의 시·도지사에게 제출하여야 한다. 다만, 검사대행자를 지정한 경우에는 검사대행자에게 이를 제출하여야 한다.

44 건설기계검사소에서 검사를 받아야 하는 건설기계는?

① 콘크리트살포기
❷ 트럭적재식 콘크리트펌프
③ 지게차
④ 스크레이퍼

해설
건설기계검사소에서 검사를 받아야 하는 건설기계(건설기계관리법 시행규칙 제32조)
• 덤프트럭
• 콘크리트믹서트럭
• 콘크리트펌프(트럭적재식)
• 아스팔트살포기
• 트럭지게차(건설기계관리법 시행령에 따라 국토교통부장관이 정하는 특수건설기계인 트럭지게차)

45 건설기계 운전면허의 효력정지 사유가 발생한 경우 관련법상 효력정지 기간은?

❶ 1년 이내   ② 6개월 이내
③ 5년 이내   ④ 3년 이내

해설
시장·군수·구청장은 1년 이내의 기간을 정하여 면허의 효력을 정지시킬 수 있다(건설기계관리법 제28조).

46 사고 발생이 많이 일어날 수 있는 원인을 순서대로 나열한 것은?

❶ 불안전 행위 > 불안전 조건 > 불가항력
② 불안전 행위 > 불가항력 > 불안전 조건
③ 불안전 조건 > 불안전 행위 > 불가항력
④ 불가항력 > 불안전 조건 > 불안전 행위

47 천공기 정기검사에 대한 설명으로 옳지 않은 것은?

❶ 천공기 정기검사 유효기간은 3년이다.
② 검사대행자는 신청을 받은 날부터 5일 이내에 검사일시와 검사장소를 지정하여 신청인에게 통지해야 한다.
③ 건설기계소유자는 검사유효기간 만료일 전후 각각 31일 이내에 검사대행자에게 해당 건설기계에 관한 검사 신청을 하여야 한다.
④ 정기검사 신청 사유는 검사 유효기간 만료 후에 계속하여 운행하고자 할 때이다.

해설
천공기의 정기검사 유효기간은 1년이다(건설기계관리법 시행규칙 별표 7).

48 안전보건표지의 종류와 형태에서 다음 표지의 의미는?

❶ 차량통행금지   ② 사용금지
③ 탑승금지   ④ 물체이동금지

해설
안전보건표지

사용금지	탑승금지	물체이동금지

49 스패너 작업 시 유의할 사항으로 틀린 것은?

① 스패너의 입이 너트의 치수에 맞는 것을 사용해야 한다.
② 스패너의 자루에 파이프를 이어서 사용해서는 안 된다.
✓③ 스패너와 너트 사이에는 쐐기를 넣고 사용하는 것이 편리하다.
④ 너트에 스패너를 깊이 물리도록 하여 조금씩 앞으로 당기는 식으로 풀고 조인다.

[해설]
스패너는 너트에 맞는 것을 사용해야 한다.

50 건설기계 정비에서 기관을 시동한 후 정상 운전 가능 여부를 판단하기 위해 운전자가 가장 먼저 점검해야 할 것은?

① 속도계
② 엔진오일량
③ 냉각수 온도계
✓④ 오일 압력계

[해설]
건설기계 정비에서 기관을 시동한 후 오일 압력계가 정상이 아니면 시동을 정지해야 한다.

51 가동하고 있는 엔진에서 화재가 발생했을 때 불을 끄는 방법은?

① 원인분석을 하고, 모래를 뿌린다.
② 포말 소화기를 사용 후, 엔진 시동스위치를 끈다.
✓③ 엔진 시동스위치를 끄고, ABC 소화기를 사용한다.
④ 엔진을 급가속하여 팬의 강한 바람을 일으켜 불을 끈다.

[해설]
점화원을 먼저 차단한다.

52 파일 항타기를 이용한 파일 작업 중 지하에 매설된 전력케이블 외피가 손상되었을 때 조치사항으로 맞는 것은?

① 케이블 내에 있는 동선에 손상이 없으면 전력공급에 지장이 없다.
② 케이블 외피를 마른 헝겊으로 감아 놓았다.
③ 인근 한국전력사업소에 통보하고 손상 부위를 절연테이프로 감은 후 흙으로 덮었다.
✓④ 인근 한국전력사업소에 연락하여 한전 직원이 조치토록 하였다.

[해설]
파일 작업 중 지하에 매설된 전력케이블이 손상되었다면 반드시 한국전력사업소에 연락하여 지시를 받아야 한다.

53 천공기 중 락(Rock)드릴의 설명으로 옳지 않은 것은?

① 크롤러식 차대 위에 유압 드리프터가 설치되어 있어 여러 각도로 암반 천공을 할 수 있다.
② **소음 또는 분진이 많이 발생하는 단점이 있다.**
③ 붐은 유압으로 작동되며 붐 위에는 가이드 셸이 설치되어 있다.
④ 드리프터가 가이드 셸 위에서 작동한다.

해설
락드릴은 소음 또는 분진 발생이 적어 광산이나 채석장 등에서 이용된다.

54 다음 중 충격식 천공기에 속하지 않은 것은?

① 잭 해머(Jack hammer)
② 레그 드릴(Leg Drill)
③ 드리프터(Drifter)
④ **리버스 서큘레이션 드릴(Reverse Circulation Drill)**

해설
리버스 서큘레이션 드릴(Reverse Circulation Drill)은 회전식 천공기이다.
충격식 천공기의 종류
• 스토퍼(Stoper)
• 잭 해머(Jack Hammer)
• 레그 드릴(Leg Drill)
• 드리프터(Drifter)
• 크롤러 드릴(Crawler Drill)

55 천공기의 주요장치 중 드리프터의 자유로운 상하 왕복운동을 돕는 장치는?

① **가이드 셸(Guide Shell)**
② 붐(Boom)
③ 덤프 크레비스(Dump Clevis)
④ 피드 모터(Feed Motor)

해설
가이드 셸(Guide Shell)은 드리프터를 목적지까지 이동하기 위한 레일이다.

56 크롤러식 천공기의 락드릴(Rock Drill) 작업장치의 기능에 대한 설명으로 틀린 것은?

① **피드 실린더는 피드 전체를 상하로 이동시킨다.**
② 피드 각도 실린더는 피드 전체를 앞뒤로 각도 조절한다.
③ 이동용 활차는 피드 실린더 작동 시 착암기의 상하 이동을 원활하게 한다.
④ 인장이완체인은 착암기의 상하 이동 시 체인의 긴장을 조절하는 기능을 한다.

해설
피드 실린더는 착암기를 상하로 이동시키고, 피드 상하 실린더는 피드 전체를 상하로 이동시킨다.

57 감전되거나 전기화상을 입을 위험이 있는 작업에서 가장 먼저 작업자가 구비해야 할 것은?

① 구급 용구
② 구명구
③ **보호구**
④ 신호기

해설
감전 위험이 발생할 우려가 있는 때에는 해당 근로자에게 절연용 보호구를 착용시켜야 한다.

58 로터리 케이싱 드라이버(Rotary Casing Driver)에 대한 설명으로 틀린 것은?

① 베노토 굴착기를 개량한 것이다.
② 올케이싱 공법에 사용된다.
③ **경질지반이나 암반이 있는 경우에는 천공이 어렵다.**
④ 철탑이나 교량 등을 교체하는 등 기존의 기초가 있는 현장 말뚝을 설치할 때 탁월한 효과가 있다.

[해설]
로터리 케이싱 드라이버는 튜빙 머신(Tubing Machine)이 케이싱 튜브(Casing Tube)를 30° 회전하면서 압입하고 그 내부를 해머 그랩(Hammer Grab)으로 굴착하므로, 사력 등이 혼합된 경질지반이나 암반 또는 지중에 콘크리트 구조물 등 장해물이 남아있는 지반의 천공이 가능하다.

59 항타기 또는 항발기의 조립 시 점검사항으로 틀린 것은?

① 본체 연결부의 풀림 또는 손상의 유무
② 권상기의 설치상태의 이상 유무
③ 버팀의 방법 및 고정상태의 이상 유무
④ **권상용 와이어로프의 꼬임 여부**

[해설]
항타기 또는 항발기의 조립 시 점검 사항(산업안전보건기준에 관한 규칙 제207조)
• 본체 연결부의 풀림 또는 손상의 유무
• 권상용 와이어로프·드럼 및 도르래 부착상태의 이상 유무
• 권상장치의 브레이크 및 쐐기장치 기능의 이상 유무
• 권상기의 설치상태의 이상 유무
• 버팀의 방법 및 고정상태의 이상 유무

60 표준관입시험(SPT)의 특징으로 옳지 않은 것은?

① 사질토의 밀도와 점성토가 얼마나 단단한지 파악하기 위하여 사용한다.
② 땅속의 토사 분포나 토층의 구성 물질을 알아보기 위해 사용한다.
③ 지하수의 수위 등을 알아보기 위하여 구멍을 뚫고 그 안에 있는 토사를 채취하기 위하여 조사하는 시험이다.
④ **시추한 시추공에 95cm의 높이에서 73.5kg의 해머를 자유낙하시켜 보링 로드 부분의 노킹 헤드를 타격한다.**

[해설]
표준관입시험을 이용한 N값의 산출
시추한 시추공에 75cm의 높이에서 63.5kg의 해머를 자유낙하시켜 보링 로드 부분의 노킹 헤드(Knocking Head)를 타격한다. 보링 헤드의 선단에 설치한 직경 5.1cm, 길이 81cm의 표준관입시험용 샘플을 30cm 관입시키는 데 필요한 타격횟수가 N값이 된다.
표준관입시험기를 이용한 조사 범위
• 적용 가능한 지반은 N값이 0인 연약지반이다.
• N값 > 50인 경질지반, 자갈이나 옥석 등이 혼합된 지반 외에도 적용 범위가 넓다.
• 조사의 한계 깊이는 30~50cm 정도이다.

제3회 기출복원문제

01 압축말 연료분사노즐로부터 실린더 내로 연료를 분사하여 연소시켜 동력을 얻는 행정은?

① 흡입행정   ② 압축행정
❸ 폭발행정   ④ 배기행정

해설
행정 사이클 디젤기관의 작동(2회전 4행정)
- 흡입행정 : 피스톤이 상사점으로부터 하강하면서 실린더 내로 공기만을 흡입한다(흡입밸브 열림, 배기밸브 닫힘).
- 압축행정 : 흡기밸브가 닫히고 피스톤이 상승하면서 공기를 압축한다(흡입밸브, 배기밸브 모두 닫힘).
- 동력(폭발) 행정 : 압축행정 말 고온이 된 공기 중에 연료를 분사하면 압축열에 의하여 자연착화한다(흡입밸브, 배기밸브 모두 닫힘).
- 배기행정 : 연소 가스의 팽창이 끝나면 배기밸브가 열리고, 피스톤의 상승과 더불어 배기행정을 한다(흡입밸브 닫힘, 배기밸브 열림).

02 기관에서 실화(Miss Fire)가 일어났을 때 현상으로 맞는 것은?

① 엔진의 출력이 증가한다.
② 연료 소비가 적다.
③ 엔진이 과랭한다.
❹ 엔진 회전이 불량하다.

해설
실화는 공기·연료 혼합물이 하나 또는 그 이상의 실린더에서 점화되지 못할 때 발생하는 것으로, 거친 공회전 또는 엔진 소음 레벨에서의 간헐적인 간격은 실화의 문제가 있음을 나타낸다.

03 디젤기관의 출력을 저하시키는 직접적인 원인이 아닌 것은?

① 실린더 내 압력이 낮을 때
② 연료 분사량이 적을 때
③ 노킹이 일어날 때
❹ 점화플러그 간극이 다를 때

해설
점화플러그 간극이 다를 경우는 점화 시기에 문제가 발생한다.

04 실린더 헤드 개스킷이 손상되었을 때 일어나는 현상은?

① 엔진오일의 압력이 높아진다.
② 피스톤 링의 작동이 느려진다.
❸ 압축 압력과 폭발 압력이 낮아진다.
④ 피스톤이 가벼워진다.

해설
실린더 헤드 개스킷이 손상되면 가스의 누출로 압축 압력 및 폭발 압력이 낮아지고 오일과 냉각수가 누출된다.

05 직접분사식 엔진의 장점으로 틀린 것은?

① 구조가 간단하므로 열효율이 높다.
❷ **연료의 분사압력이 낮다.**
③ 실린더 헤드의 구조가 간단하다.
④ 냉각에 의한 열 손실이 적다.

[해설]
직접분사식은 연료의 분사압력이 매우 높다(150~300kg/cm²).

06 디젤엔진의 진동 원인이 아닌 것은?

① 4기통 엔진에서 한 개의 분사노즐이 막혔을 때
② 인젝터에 불균율이 있을 때
③ 분사압력이 실린더별로 차이가 있을 때
❹ **하이텐션 코드가 불량할 때**

[해설]
하이텐션 코드는 가솔린엔진의 고압코드이다.

07 연료 분사의 3대 요소에 속하지 않는 것은?

① 무화   ② 관통력
❸ **발화**   ④ 분포

[해설]
연료 분사의 3대 요소 : 관통력, 분포, 무화

08 디젤기관 연료장치 내에 있는 공기를 배출하기 위하여 사용하는 펌프는?

① 연료 펌프
② 공기 펌프
③ 인젝션 펌프
❹ **프라이밍 펌프**

[해설]
프라이밍 펌프
엔진의 최초 기동 시 또는 연료공급 라인의 탈·장착 시 연료탱크로부터 분사펌프까지의 연료 라인 내에 연료를 채우고 연료 속에 들어있는 공기를 빼내는 역할을 한다.

09 기관에서 피스톤 링의 작용으로 틀린 것은?

① 기밀 작용
❷ **완전연소 억제작용**
③ 오일제어 작용
④ 열전도 작용

[해설]
피스톤 링의 3대 작용
• 기밀 유지(밀봉) 작용 : 압축 링의 주작용
• 오일제어(실린더 벽의 오일 긁어내기) 작용 : 오일 링의 주작용
• 열전도(냉각) 작용

10 건설기계에서 사용하는 경유의 중요한 성질이 아닌 것은?

❶ **옥테인값**   ② 비중
③ 착화성   ④ 세테인값

[해설]
옥테인값은 가솔린엔진의 앤티노크성을 평가하는 수치이다.

11 기관의 속도에 따라 자동으로 분사시기를 조정하여 운전을 안정되게 하는 장치는?

① **타이머** ✓
② 노즐
③ 과급기
④ 디컴프

해설
① 타이머 : 분사시기 조정
② 노즐 : 연료 분사
③ 과급기 : 공기 공급
④ 디컴프 : 시동을 쉽게 함

12 작업 중 냉각 계통의 순환 여부를 확인하는 방법은?

① 유압계의 작동상태를 수시로 확인한다.
② 엔진의 소음으로 판단한다.
③ 전류계의 작동상태를 수시로 확인한다.
④ **온도계의 작동상태를 수시로 확인한다.** ✓

해설
냉각 계통의 이상 유무를 점검하기 위해 시동을 켠 채 온도 게이지를 살펴보면서 온도계 눈금이 어느 선까지 올라가는지를 확인하고 냉각팬이 제대로 작동하는지 살펴본다.

13 수랭식 냉각 방식에서 냉각수를 순환시키는 방식이 아닌 것은?

① 자연 순환식
② 강제 순환식
③ **진공 순환식** ✓
④ 밀봉 압력식

해설
냉각 방식
- 공랭식 : 자연 통풍식, 강제 통풍식
- 수랭식 : 자연 순환식, 강제 순환식(압력 순환식, 밀봉 압력식)

14 기관의 온도를 측정하기 위해 냉각수의 수온을 측정하는 곳은?

① 라디에이터 하부
② **실린더 헤드 물 재킷부** ✓
③ 엔진 크랭크 케이스 내부
④ 수온 조절기 내부

해설
수온 센서는 엔진의 실린더 헤드 물 재킷 출구 부분에 설치되어 냉각수의 온도를 검출한다.

15 기관오일 압력이 상승하는 원인에 해당하는 것은?

① 오일펌프가 마모되었을 때
② **오일 점도가 높을 때** ✓
③ 윤활유가 너무 적을 때
④ 유압조절 밸브 스프링이 약할 때

해설
유압이 상승하는 원인
- 윤활부의 간극이 작거나 이물질이 끼어 있는 경우
- 윤활 통로가 막힌 경우
- 오일 점도가 높을 경우
- 유압조정밸브 스프링의 조정이 불량한 경우 등

16 오일 게이지에 상한선(Full)과 하한선(Low)이 표시되어 있을 때, 엔진오일량 점검에서 가장 적절한 것은?

① Low 표시에 있어야 한다.
② Low와 Full 표시 사이에서 Low에 가까이 있으면 좋다.
③ ✓ Low와 Full 표시 사이에서 Full에 가까이 있으면 좋다.
④ Full 표시 이상이 되어야 한다.

해설
엔진 오일량 점검에서 오일 게이지의 Low와 Full 표시 사이에서 Full에 가까이 있으면 좋다.

17 엔진오일의 교환 시기와 주유할 때의 요령으로 틀린 것은?

① 엔진에 알맞은 오일을 선택한다.
② 주유할 때 사용지침서 및 주유표에 의한다.
③ 오일 교환 시기를 맞춘다.
④ ✓ 재생오일을 사용한다.

해설
오일 교환 시 재생오일을 사용해서는 안 된다.

18 연소에 필요한 공기를 실린더로 흡입할 때, 먼지 등의 불순물을 여과하여 피스톤 등의 마모를 방지하는 역할을 하는 장치는?

① 과급기(Supercharge)
② ✓ 에어클리너(Air Cleaner)
③ 플라이휠(Flywheel)
④ 냉각장치(Cooling System)

해설
① 과급기 : 실린더 내에 공기를 압축 공급하는 장치
③ 플라이휠 : 크랭크축에 순간적인 회전력이 평균 회전력보다 클 때 회전에너지를 저장하고 작을 때는 회전에너지를 분배하는 장치
④ 냉각장치 : 기관을 냉각하여 과열을 방지하고 기관의 온도를 적당하게 유지시켜 기관의 원활한 작동을 도와주는 장치

19 기관의 배기가스 색이 회백색일 때 고장 예측으로 적절한 것은?

① 소음기의 막힘
② 노즐의 막힘
③ 흡기필터의 막힘
④ ✓ 피스톤 링의 마모

해설
피스톤 링이 마모되면 연소실로 올라간 오일이 연소되어 기관의 배기가스 색이 회백색이 된다.

20 전기장치에서 접촉저항이 발생하는 개소로 가장 거리가 먼 것은?

① 스위치 접점
② 축전지 터미널
③ 배선 커넥터
✔ **④ 기동 전동기 전기자 코일**

[해설]
접촉저항은 배선의 연결 부분에서 발생하기 쉽다. 전동기 전기자 코일은 저항이 없어야 한다.

21 축전지의 설명 중 틀린 것은?

① 격리판은 양극판과 음극판의 단락을 방지한다.
✔ **② 12V 축전지는 6개의 셀이 병렬로 접속되어 있다.**
③ 시동 시 전원을 담당한다.
④ 벤트 플러그는 셀의 통풍 마개이다.

[해설]
12V용의 축전지는 내부에 6개의 셀이 직렬로 접속되어 있다.

22 황산과 증류수를 이용하여 전해액을 만들 때의 설명으로 옳은 것은?

✔ **① 황산을 증류수에 부어야 한다.**
② 증류수를 황산에 부어야 한다.
③ 황산과 증류수를 동시에 부어야 한다.
④ 철제 용기를 사용한다.

[해설]
전해액을 만들 때는 황산을 증류수에 부어야 한다. 만일 증류수를 황산에 부어주면 폭발할 수 있다.

23 20℃에서 전해액의 비중이 1.280이면 어떤 상태인가?

✔ **① 완전 충전**
② 반 충전
③ 완전 방전
④ 2/3 방전

[해설]
전해액의 비중에 따른 축전지의 자기 방전
• 100% 완전 충전 : 1.260~1.280
• 75% 충전 : 1.210~1.259
• 50% 충전 : 1.150~1.209
• 25% 충전 : 1.100~1.149
• 0% 상태 : 1.050~1.099

24 겨울철에 기동 전동기 크랭킹 회전수가 낮아지는 원인이 아닌 것은?

① 엔진오일의 점도가 상승
② 온도에 의한 축전지의 용량 감소
✔ **③ 점화스위치의 저항 증가**
④ 기온 저하로 기동부하 증가

25 디젤기관의 예열장치에서 코일형 예열플러그와 비교한 실드형 예열플러그의 설명 중 틀린 것은?

① 발열량이 크고 열용량도 크다.
② 예열플러그들 사이의 회로는 병렬로 결선되어 있다.
③ **기계적 강도 및 가스에 의한 부식에 약하다.** ✓
④ 예열플러그 하나가 단선되어도 나머지는 작동한다.

> **해설**
> ①, ②, ④는 실드형 예열플러그, ③은 코일형 예열플러그에 대한 설명이다.

26 AC 발전기에서 전류가 발생하는 곳은?

① 로터 코일
② 레귤레이터
③ **스테이터 코일** ✓
④ 전기자 코일

> **해설**
> 스테이터 코일은 로터 코일에 의해 교류전기를 발생시킨다. 로터 코일은 전압을 생성하고, 전기자 코일은 전류를 생성(DC 발전기)하며, 레귤레이터는 조정기 역할을 한다.

27 현재 널리 사용되는 할로겐램프에 대하여 운전사 A, B가 다음과 같이 서로 주장하고 있을 때, 어느 운전사의 말이 옳은가?

> 운전사 A : 실드빔형이다.
> 운전사 B : 세미 실드빔형이다.

① A가 맞다.
② **B가 맞다.** ✓
③ A, B 모두 맞다.
④ A, B 모두 틀리다.

> **해설**
> 세미 실드빔형 전조등은 전구와 반사경을 분리 교환할 수 있다.

28 메인 클러치의 구성품에 해당되지 않는 것은?

① 클러치 디스크
② 릴리스 레버
③ **어저스팅 암** ✓
④ 릴리스 베어링

> **해설**
> 메인 클러치(플라이휠 클러치)의 구성품으로 클러치 디스크, 압력판, 스프링, 릴리스 레버, 릴리스 베어링 등이 있다.

29 토크 변환기 오일의 구비조건으로 알맞은 것은?

① **점도가 낮을 것**
② 비중이 작을 것
③ 착화점이 낮을 것
④ 비점이 낮을 것

> **해설**
> 토크 변환기 오일의 구비조건
> • 비중이 클 것, 점도가 낮을 것, 착화점이 높을 것, 응점이 낮을 것
> • 유성이 좋을 것, 내산성이 클 것, 윤활성이 클 것, 비등점이 높을 것

30 동력전달장치에 사용되는 차동기어장치에 대한 설명으로 틀린 것은?

① 선회할 때 좌우 구동바퀴의 회전속도를 다르게 한다.
② 선회할 때 바깥쪽 바퀴의 회전속도를 증대시킨다.
③ 보통 차동기어장치는 노면의 저항을 작게 받는 구동바퀴의 회전속도가 빠르게 될 수 있다.
④ **기관의 회전력을 크게 하여 구동바퀴에 전달한다.**

> **해설**
> 차동기어장치는 자동차의 좌우 바퀴 회전수 변화를 가능케 하여 울퉁불퉁한 도로 및 선회할 때 무리 없이 원활히 회전하게 하는 장치로서 차동 기어 케이스, 차동 피니언 및 차동 피니언 축 및 사이드 기어로 구성되어 있다.

31 브레이크에 페이드 현상이 일어났을 때의 조치 방법으로 적절한 것은?

① 브레이크를 자주 밟아 열을 발생시킨다.
② 속도를 조금 올려준다.
③ **작동을 멈추고 열이 식도록 한다.**
④ 주차 브레이크를 대신 사용한다.

> **해설**
> 페이드 현상
> 주행 중 계속해서 브레이크를 사용함으로써 온도상승으로 인해 제동마찰제의 기능이 저하되어 마찰력이 약해지는 현상이다. 페이드 현상이 발생하면 안전한 곳에 주차한 후 시동을 끄고 라이닝과 드럼 또는 디스크의 온도가 떨어질 때까지 기다린다.

32 유압식 조향장치의 핸들의 조작이 무거운 원인으로 거리가 먼 것은?

① 유압이 낮다.
② 오일이 부족하다.
③ 유압 계통 내에 공기가 혼입되었다.
④ **펌프의 회전이 빠르다.**

> **해설**
> 핸들의 조작이 무거운 원인
> • 유압 계통 내에 공기가 유입되었다.
> • 타이어의 공기압력이 너무 낮다.
> • 유압이 낮다.
> • 오일펌프의 회전이 느리다.
> • 오일펌프의 벨트가 파손되었다.
> • 오일이 부족하다.
> • 오일호스가 파손되었다.

33 타이어식 건설기계에서 전후 주행이 되지 않을 때 점검하여야 할 곳으로 틀린 것은?

✓ **타이로드 엔드를 점검한다.**
② 변속 장치를 점검한다.
③ 유니버설 조인트를 점검한다.
④ 주차 브레이크 잠김 여부를 점검한다.

[해설]
타이로드 엔드 불량 시 핸들의 흔들림 및 타이어 이상 마모 현상이 생긴다.

36 압력 제어 밸브가 작동하는 위치는?

① 탱크와 펌프
✓ **펌프와 방향 전환 밸브**
③ 방향 전환 밸브와 실린더
④ 실린더 내부

[해설]
압력 제어 밸브는 펌프와 방향 전환 밸브(컨트롤 밸브) 사이에 위치한다.

34 일정 온도의 윤활유에 흡수되는 가스의 체적은 무엇에 반비례하는가?

✓ **가스 압력**   ② 가스 비열
③ 가스 온도   ④ 가스 체적

[해설]
보일·샤를의 법칙에서 이상기체의 체적은 절대온도에 비례하고 절대압력에 반비례한다.

35 외접식 기어펌프에서 토출된 유량 일부가 입구 쪽으로 귀환하여 토출량 감소, 축동력 증가 및 케이싱 마모 등을 유발하는 현상은?

✓ **폐입 현상**   ② 공동 현상
③ 숨돌리기 현상   ④ 열화 촉진 현상

[해설]
폐입 현상
토출 측까지 운반된 오일의 일부가 기어의 맞물림에 의해 두 기어의 틈새에 폐쇄되어 다시 원래의 흡입 측으로 되돌려지는 현상이다.

37 현장에서 오일의 열화를 찾아내는 방법이 아닌 것은?

① 색깔의 변화나 수분 및 침전물의 유무 확인
② 흔들었을 때 생기는 거품이 없어지는 양상 확인
③ 자극적인 악취의 유무 확인
✓ **오일을 가열했을 때 냉각되는 시간 확인**

[해설]
현장에서 오일의 열화를 찾아내는 방법
• 유압유 색깔의 변화나 수분 및 침전물의 유무를 확인
• 유압유를 흔들었을 때 거품이 발생하는지 확인
• 유압유에서 자극적인 악취가 발생하는지 확인
• 색채, 냄새, 점도 등 유압유의 외관을 확인

38 유압 액추에이터(작업장치)를 교환하였을 경우 반드시 해야 할 작업이 아닌 것은?

✔ ① 오일 교환
② 공기빼기 작업
③ 누유 점검
④ 공회전 작업

[해설]
유압 액추에이터(작업장치)를 교환하였다고 반드시 오일 교환을 할 필요는 없다.

39 유압장치에서 기어 모터에 대한 설명으로 잘못된 것은?

✔ ① 내부 누설이 적어 효율이 높다.
② 구조가 간단하고 가격이 저렴하다.
③ 일반적으로 스퍼 기어를 사용하나 헬리컬 기어도 사용한다.
④ 유압유에 이물질이 혼합되어도 고장 발생이 적다.

[해설]
기어 모터는 누설 유량이 많고 수명이 짧다.

40 그림의 유압 기호가 나타내는 것은?

① 유압밸브
② 차단밸브
✔ ③ 오일탱크
④ 유압실린더

41 릴리프 밸브에서 볼이 밸브의 시트를 때려 소음을 발생시키는 현상은?

✔ ① 채터링(Chattering) 현상
② 베이퍼 로크(Vapor Lock) 현상
③ 페이드(Fade) 현상
④ 노킹(Knocking) 현상

[해설]
채터링 현상
유압기의 밸브 스프링 약화로 인해 밸브 면에 생기는 강제 진동과 고유진동의 쇄교로 밸브가 시트에 완전 접촉을 하지 못하고 바르르 떠는 현상이다.

42 건설기계를 등록 신청할 때 제출하여야 할 서류와 관련이 없는 것은?

① 건설기계제원표
② 건설기계의 출처를 증명하는 서류
✔ ③ 건설기계조종사 면허증
④ 건설기계 소유자임을 증명하는 서류

[해설]
건설기계 등록신청 시 필요한 서류(건설기계관리법 시행령 제3조)
① 건설기계의 출처를 증명하는 다음의 서류
　• 건설기계제작증(국내에서 제작한 건설기계의 경우)
　• 수입면장 등 수입사실을 증명하는 서류(수입한 건설기계의 경우)
　• 매수증서(행정기관으로부터 매수한 건설기계의 경우)
② 건설기계의 소유자임을 증명하는 서류(①의 서류가 건설기계의 소유자임을 증명할 수 있는 경우에는 해당 서류로 갈음함)
③ 건설기계제원표
④ 자동차손해배상 보장법에 따른 보험 또는 공제의 가입을 증명하는 서류

43 다음 중 정기검사 유효기간의 기준이 다른 건설기계는?

① 덤프트럭
② 트럭적재식 콘크리트펌프
③ 콘크리트 믹서트럭
☑ **아스팔트살포기**

해설
정기검사 유효기간(건설기계관리법 시행규칙 별표 7)

기종	연식	검사 유효기간
덤프트럭	20년 이하	1년
	20년 초과	6개월
트럭적재식 콘크리트펌프	20년 이하	1년
	20년 초과	6개월
콘크리트 믹서트럭	20년 이하	1년
	20년 초과	6개월
아스팔트살포기	–	1년

44 사고의 직접 원인으로 옳은 것은?

① 성격결함
☑ **불안전한 행동 및 상태**
③ 사회적 환경
④ 유전적인 요소

해설
사고의 원인

직접 원인	물적 원인	불안전한 상태(1차 원인)
	인적 원인	불안전한 행동(1차 원인)
	천재지변	불가항력
간접 원인	교육적 원인	개인적 결함(2차 원인)
	기술적 원인	
	관리적 원인	사회적 환경, 유전적 요인

45 건설기계 운행 중 과실로 1명에게 중상을 입힌 자에 적용되는 면허취소·정지처분은?

① 면허효력정지 45일
② 취소
☑ **면허효력정지 15일**
④ 면허효력정지 5일

해설
건설기계의 조종 중 고의 또는 과실로 인명피해를 일으킨 경우의 면허취소·정지처분기준(건설기계관리법 시행규칙 별표 22)
• 고의로 인명피해를 입힌 경우 : 취소
• 과실로 산업안전보건법에 따른 중대재해가 발생한 경우 : 취소
  – 사망자가 1명 이상 발생한 재해
  – 3개월 이상의 요양이 필요한 부상자가 동시에 2명 이상 발생한 재해
  – 부상자 또는 직업성 질병자가 동시에 10명 이상 발생한 재해
• 그 밖의 인명피해를 입힌 경우
  – 사망 1명마다 : 면허효력정지 45일
  – 중상 1명마다 : 면허효력정지 15일
  – 경상 1명마다 : 면허효력정지 5일

46 건설기계관리법에 의한 건설기계사업이 아닌 것은?

① 건설기계대여업
② 건설기계매매업
☑ **건설기계수입업**
④ 건설기계해체재활용업

해설
건설기계사업이란 건설기계대여업, 건설기계정비업, 건설기계매매업 및 건설기계해체재활용업을 말한다(건설기계관리법 제2조).

47 안전보건표지의 색채 중에서 비상구 및 피난소의 표지로 사용되는 것은?

① 빨간색
② 주황색
③ **녹색** ✓
④ 파란색

해설
안전보건표지의 색도기준 및 용도(산업안전보건법 시행규칙 별표 8)

색채	용도	사용례
빨간색	금지	정지신호, 소화설비 및 그 장소, 유해행위의 금지
	경고	화학물질 취급장소에서의 유해·위험 경고
노란색	경고	화학물질 취급장소에서의 유해·위험경고 이외의 위험경고, 주의표지 또는 기계방호물
파란색	지시	특정 행위의 지시 및 사실의 고지
녹색	안내	비상구 및 피난소, 사람 또는 차의 통행표지
흰색	–	파란색 또는 녹색에 대한 보조색
검은색	–	문자 및 빨간색 또는 노란색에 대한 보조색

48 볼트 머리나 너트 주위를 완전히 감싸기 때문에 사용 중 미끄러질 위험성이 적은 렌치는?

① 파이프 렌치
② 말렌 렌치
③ 오픈 렌치
④ **복스 렌치** ✓

해설
복스 렌치는 볼트 머리를 단단히 잡아주기 때문에 확실하게 돌릴 수 있는 장점이 있지만, 일정한 각도를 돌린 뒤에는 렌치를 들어 올려 다시 확실히 볼트 머리에 끼워야 하므로 작업이 번거롭다.

49 다음 그림과 같은 안전보건표지의 의미는?

① 인화성물질 경고
② 금연
③ **화기금지** ✓
④ 산화성물질 경고

해설
안전보건표지의 종류와 형태(산업안전보건법 시행규칙 별표 6)

인화성물질 경고	금연	산화성물질 경고

50 일상점검의 설명으로 가장 적절한 것은?

① 1일 1회 행하는 점검
② 조수가 행하는 점검
③ 감독관이 행하는 점검
④ **운전 전·중·후 행하는 점검** ✓

51 산업 공장에서 재해의 발생을 줄이는 방법으로 틀린 것은?

① 폐기물은 정해진 위치에 모아둔다.
② 공구는 소정의 장소에 보관한다.
☑ **소화기 근처에 물건을 적재한다.**
④ 통로나 창문 등에 물건을 세워 놓지 않는다.

해설
소화기 근처에는 어떠한 물건도 적재하면 안 된다. 소화기 근처에 물건을 적재하면 화재 발생 시 진화작업에 방해가 되므로 재해 발생의 원인이 된다.

52 증기해머의 특징으로 옳지 않은 것은?

① 증기에 의한 램의 타격력으로 파일을 박는다.
☑ **작동 유체의 작용에 따라 차동식과 진동식이 있다.**
③ 파일을 설치하는 속도가 드롭해머보다 빠르다.
④ 수중작업이 용이하다.

해설
증기해머는 작동 유체의 작용에 따라 단동식과 복동식으로 분류된다.

53 천공기 중 비트에 충격을 주어 굴착하는 천공방식은?

☑ **충격식**   ② 회전식
③ 발파식   ④ 이수식

해설
충격식(타격식) 천공기는 칼날의 충격 에너지를 이용하여 굴착하는 천공기로, 굴착속도는 빠르지만 굴착 깊이가 낮다.

54 암반 경도에 따른 비트의 적용으로 옳지 않은 것은?

☑ **연암 굴착에는 메탈 비트, 임프레그네이티드 비트를 사용한다.**
② 중경암 및 경암의 굴착에는 다이아몬드 비트를 사용한다.
③ 극경암의 굴착에는 서페이스 타입 다이아몬드 비트(Surface Type Diamond Bit)와 임프레그네이티드 비트를 사용한다.
④ 자갈·모래의 천공에는 일반적으로 메탈 비트를 사용한다.

해설
연암 굴착에는 메탈 비트, 다이아몬드 비트를 현장여건에 따라 선별적으로 사용하며, 특히 연암 천공에 적합한 DTH 볼록형 비트를 사용한다.

55 락드릴 작업 내용 중 천공 패턴에 해당하지 않는 것은?

① 총천공 수(Holes)
② 공 간격(Space)
③ 저항선(Burden)
☑ **공당 장약량**

해설
락드릴 작업 패턴
• 천공 패턴 : 천공 작업에 대한 전반적인 내용을 나타내며 총천공 수(Holes), 공 간격(Space), 저항선(Burden), 천공경(M/M), 천공방법 등이 있다.
• 장약 패턴 : 발파를 위한 폭약의 배치 형식을 나타내며 사용폭약 수량, 사용 뇌관 수량, 공당 장약량, 지발당 장약량 등이 있다.

56 크롤러 드릴(Crawler Drill)의 특징으로 옳지 않은 것은?

① 대형 암반을 천공하여 다이너마이트 발파 작업용으로 주로 사용한다.
② 드리프터(Drifter)의 드릴링(Drilling) 장치에 의해 회전, 타격, 이송(Feed) 작업을 동시에 수행한다.
❸ 수동식 착암기에 비해 천공 속도가 빠르나 조작이 복잡한 단점이 있다.
④ 크롤러 드릴에는 공압식과 유압식이 있다.

[해설]
크롤러 드릴은 수동식 착암기에 비해 대형으로 천공 속도가 빠르고 조작이 편리하며 안전작업을 할 수 있다.

57 천공 작업 시 급격한 변화에 따라 비트가 손상되는 것을 방지하기 위한 장치는?

❶ 앤티재밍 장치(Anti-jamming System)
② 스트로크 조정장치(Stroke Adjuster)
③ 자동 로드 교환장치(Automatic Rod Changer)
④ 가이드 장치

[해설]
앤티재밍 스위치
천공 작업 중 암석가루에 구멍이 막히는 상태를 로드 재밍(Rod Jamming)이라고 한다. 앤티재밍 장치는 로드 재밍 시 천공 구멍에 로드와 비트가 매립되는 현상을 방지하는 장치로 천공 중 앤티재밍 장치의 스위치를 넣고 드리프터를 수시로 후퇴, 전진하여 비트의 손상을 예방한다.

58 항타 및 항발기에 대한 설명으로 틀린 것은?

① 강관이나 콘크리트 파일을 박거나 뽑는 장비이다.
② 구조에 따라 단동식, 복동식, 차동식, 진동식 등이 있다.
③ 동력원에 따라 수압식, 증기압식, 공기압식, 디젤엔진식 등이 있다.
❹ 항타의 경우 타격속도와 관계없이 횟수가 많아야 한다.

[해설]
항타의 경우 타격 에너지(Energy)와 타격속도는 밀접한 관계에 있는데, 에너지가 크려면 그 횟수가 많고 타격속도도 빨라야 한다.

59 연소의 3요소가 아닌 것은?

① 가연성 물질　② 산소(공기)
③ 점화원　❹ 이산화탄소

[해설]
연소의 3요소 : 연료(가연물), 산소, 열(점화원)

60 항타기 작업 시 스프링잉(Springing)의 원인으로 옳지 않은 것은?

① 파일이 만곡되었을 때
② 파일과 해머의 정렬이 불량할 때
③ 파일이 직각이 아닐 때
❹ 해머의 중량이 무거울 때

[해설]
스프링잉(Springing)이란 파일의 측면에 진동이 발생하는 것이다.

제4회 | 기출복원문제

01 공기만을 실린더 내로 흡입하여 고압축비로 압축한 다음 압축열에 연료를 분사하는 작동원리의 디젤기관은?

✓ 압축착화기관
② 전기점화기관
③ 외연기관
④ 제트기관

[해설]
② 전기점화기관 : 전기 불꽃으로 실린더 안의 연료를 태우는 기관
③ 외연기관 : 실린더 밖에서 연료를 직접 연소시켜 동력을 얻는 기관
④ 제트기관 : 빨아들인 공기에 연료가 섞여 연소한 다음 발생한 가스가 고속으로 분출할 때의 반동으로 추진력을 얻는 기관

02 디젤기관을 정지시키는 방법으로 가장 적절한 것은?

① 초크밸브를 닫는다.
✓ 연료공급을 차단한다.
③ 기어를 넣어 기관을 정지시킨다.
④ 축전지에 연결된 전선을 끊는다.

[해설]
디젤기관은 점화장치가 없으므로 연료공급을 차단하여 기관을 정지시킨다.

03 직접분사식 엔진의 장점이 아닌 것은?

① 구조가 간단하므로 열효율이 높다.
✓ 연료의 분사압력이 낮다.
③ 실린더 헤드의 구조가 간단하다.
④ 냉각에 의한 열 손실이 적다.

[해설]
직접분사식은 연료의 분사압력이 매우 높다(150~300 kg/cm^2).

04 기관 운전 중에 진동이 심해질 경우 점검해야 할 사항으로 거리가 먼 것은?

① 기관의 점화시기 점검
② 기관과 차체 연결 마운틴의 점검
✓ 라디에이터의 냉각수 누설 여부 점검
④ 연료 계통의 공기 누설 여부 점검

[해설]
라디에이터 불량 시 기관 과열의 원인이 된다.

05 실린더 헤드 개스킷의 구비조건으로 틀린 것은?

① 기밀 유지가 좋을 것
② 내열성과 내압성이 있을 것
☑ 복원성이 적을 것
④ 강도가 적당할 것

해설
실린더 헤드 개스킷은 유연성과 적당한 강도가 있어야 한다.

06 노즐을 노즐 테스터로 시험할 때 검사하지 않는 것은?

① 분포 상태　☑ 분사시간
③ 후적 유무　④ 분사개시 압력

해설
노즐 테스터의 검사항목
각 노즐의 분사압력, 분사개시 압력, 후적 유무, 분사 상태, 분사 각도, 무화 상태

07 사용되는 윤활유의 소비가 증대될 수 있는 두 가지 원인은?

① 비산과 압력　② 희석과 혼합
③ 비산과 희석　☑ 연소와 누설

해설
윤활유 소비 증대의 원인으로는 연소와 누설이 있으며 실린더 벽이나 피스톤 링의 마모 원인이 된다.

08 기관에서 캠축을 구동시키는 체인의 헐거움을 자동 조정하는 장치는?

① 댐퍼(Damper)
☑ 텐셔너(Tensioner)
③ 서포트(Support)
④ 부시(Bush)

해설
타이밍벨트의 긴장도를 자동으로 컨트롤해주는 작용이 텐션이며 여기에 사용되는 부품이 텐셔너이다.

09 디젤기관에 공급하는 연료의 압력을 높이는 장치로 조속기와 분사기를 조절하는 장치가 설치되어 있는 것은?

① 유압펌프
② 프라이밍 펌프
☑ 연료 분사펌프
④ 플런저 펌프

해설
연료 분사펌프(독립식)에는 조속기(속도 조절)와 타이머(분사시기 조절)가 설치되어 있다.

10 디젤기관에서 주행 중 시동이 꺼지는 현상과 가장 거리가 먼 것은?

① 연료필터가 막혔을 때
② 연료탱크에 물이 들어있을 때
③ 연료 연결파이프에 누설이 있을 때
❹ **프라이밍 펌프가 불량할 때**

[해설]
프라이밍 펌프
엔진의 최초 기동 시 또는 연료공급 라인의 탈·장착 시 연료탱크로부터 분사펌프까지의 연료 라인 내에 연료를 채우고 연료 속에 들어있는 공기를 빼내는 역할을 한다.

11 기관의 냉각장치 방식이 아닌 것은?

① 자연 순환식   ② 강제 순환식
③ 압력 순환식   ❹ **진공 순환식**

[해설]
기관의 냉각장치 방식
• 공랭식 : 자연 통풍식, 강제 통풍식
• 수랭식 : 자연 순환식, 강제 순환식(압력 순환식, 밀봉 압력식)

12 냉각장치에서 라디에이터의 구비조건으로 틀린 것은?

❶ **공기의 흐름 저항이 클 것**
② 단위면적당 방열량이 클 것
③ 가볍고 작으며 강도가 클 것
④ 냉각수의 흐름 저항이 적을 것

[해설]
라디에이터는 공기 흐름 저항이 작아야 한다.

13 엔진에서 라디에이터의 방열기 캡을 열어 냉각수를 점검했더니 기름이 떠 있을 때의 원인은?

① 피스톤링과 실린더 마모
② 밸브 간격 과다
③ 압축압력 상승으로 역화 현상 발생
❹ **실린더 헤드 개스킷 파손**

[해설]
기름이 있는 기관 내와 엔진오일과 물이 흘러 다니는 곳 사이의 기밀 유지는 실린더 헤드 개스킷이 한다.

14 건설기계기관에서 부동액으로 사용될 수 없는 것은?

① 에틸렌글리콜
② 글리세린
❸ **메테인**
④ 알코올

[해설]
부동액의 종류에는 메탄올(주성분 : 알코올), 에틸렌글리콜, 글리세린 등이 있다.

15 SAE 점도 분류에서 오일 점도가 가장 낮은 것은?

① 10W ② 20W
③ ✓ 5W ④ 40W

해설
숫자가 작을수록 점도가 낮고, 클수록 점도가 높아진다.

16 엔진오일에 대한 설명으로 맞는 것은?

① 엔진을 시동한 상태에서 점검한다.
② ✓ 겨울보다 여름에는 점도가 높은 오일을 사용한다.
③ 엔진오일에는 거품이 많이 들어있는 것이 좋다.
④ 엔진오일 순환상태는 오일레벨 게이지로 확인한다.

해설
온도가 높은 여름철에는 점도를 한 단계 높여 열로 인한 점도 변화를 방지하고 겨울에는 점도를 한 단계 낮춰 시동성을 높인다.

17 건식 공기청정기의 장점이 아닌 것은?

① 작은 입자의 먼지나 오물을 여과할 수 있다.
② 배치 또는 분해·조립이 간단하다.
③ 기관 회전속도의 변화에도 안정된 공기 청정 효율을 유지할 수 있다.
④ ✓ 구조가 간단하고 여과망을 세척하여 사용할 수 있다.

해설
습식 공기청정기는 세척유로 세척하고, 건식 공기청정기는 압축공기로 털어 낸다.

18 기관 각 실린더에 공급되는 연료 분사량의 차이가 있을 때 발생하는 현상으로 가장 적합한 것은?

① ✓ 진동이 발생한다.
② 기관이 정지한다.
③ 회전속도가 급등한다.
④ 회전속도가 급감한다.

해설
각 실린더에 공급되는 연료 분사량의 차이가 있을 때는 폭발음과 연소 상태의 차이가 나며 진동이 발생한다.

19 축전지의 용량만을 크게 하는 방법으로 맞는 것은?

① 직렬 연결법
② ✓ 병렬 연결법
③ 직·병렬 연결법
④ 논리회로 연결법

해설
축전지를 병렬로 연결하면 용량은 2배이고 전압은 한 개일 때와 같다.

20 격리판은 홈이 있는 면이 양극판 쪽으로 끼워져 있는데 그 이유가 아닌 것은?

☑ ① 양극판에 작용물질이 떨어지는 것을 방지하기 위해서
② 과산화납에 의한 산화 부식을 방지하기 위해서
③ 전해액의 확산이 잘되도록 하기 위해서
④ 양극판에서 전해액의 통과가 잘되도록 하기 위해서

해설
양극판과 음극판이 단락되면 극판에 저장되었던 전기적 에너지가 소멸되므로 격리판은 2개의 극판 사이에 끼워져 단락이 되는 것을 방지하는 작용을 한다. 격리판은 홈이 있는 면이 양극판 쪽으로 향하도록 설치되며 과산화납에 의한 산화·부식 방지와 전해액의 확산을 도모한다.

21 납산 축전지를 충전기로 안전하게 충전하기 위해 넘지 말아야 하는 전해액의 최대 온도는?

① 5℃
② 10℃
③ 25℃
☑ ④ 45℃

해설
충전 중 전해액의 온도를 45℃ 이상으로 상승시키지 않는다.

22 디젤엔진의 시동을 위한 직접적인 장치가 아닌 것은?

① 예열플러그
② 기동 전동기
☑ ③ 터보 차저
④ 감압밸브

해설
터보 차저는 과급기라고도 하며, 흡기 공기량을 증대시켜 기관 출력을 증가시킨다.

23 충전된 축전지 방치 시 자기 방전(Self-Discharge)의 원인과 가장 거리가 먼 것은?

① 음극판의 작용물질과 황산의 화학작용으로 방전
② 전해액 내에 포함된 불순물에 의해 방전
☑ ③ 전해액의 온도가 올라가서 방전
④ 양극판의 작용물질 입자가 축전지 내부에 단락으로 인한 방전

해설
자기방전의 원인
• 전해액 중에 불순한 금속이 혼입되었을 때
• 극판 사이에 국부 전지가 형성되었을 때
• 축전지 표면의 습기에 의해서 전기 회로가 형성되어 전류가 누전될 때
• 축전지의 엘리먼트 레스트에 극판의 작용물질이 축적되었을 때

24 기관에서 출력 저하의 원인이 아닌 것은?

① 분사시기 늦음
② 배기 계통 막힘
③ 흡기 계통 막힘
☑ ④ 압력계 작동 이상

해설
기관 출력이 저하될 때의 원인
• 부적당한 기관 조정
• 불충분한 연료
• 불충분한 공기
• 기관 운전상태 불량
• 주위 공기 온도가 너무 높음

25 기관에서 예열플러그의 사용시기는?

① 축전지가 방전되었을 때
② 축전지가 과충전되었을 때
✓ ③ 기온이 낮을 때
④ 냉각수의 양이 많을 때

해설
예열플러그는 기온이 낮을 때 시동을 돕기 위한 장치이다.

26 교류발전기에서 교류를 직류로 바꾸어 주는 것은?

① 계자   ② 슬립 링
③ 브러시 ✓ ④ 다이오드

해설
직류발전기에서는 정류자와 브러시가, 교류발전기에서는 다이오드가 교류를 직류로 바꾸어 준다.

27 야간작업 시 헤드라이트가 한쪽만 점등되었을 때 고장원인으로 가장 거리가 먼 것은?(단, 헤드램프 퓨즈가 좌·우측으로 구성됨)

✓ ① 헤드라이트 스위치 불량
② 전구 접지 불량
③ 회로의 퓨즈 단선
④ 전구 불량

해설
좌우 헤드라이트 불빛이 모두 약할 때는 배터리가 방전되었거나 스위치와 배선의 접속 부분 접촉이 불량하기 때문이다. 한쪽만 약하면 소켓의 접촉 불량 또는 전구의 접지부 불량이 원인이다.

28 기관의 맥동적인 회전을 관성력을 이용하여 원활한 회전으로 바꾸어 주는 것은?

① 크랭크축
② 피스톤
✓ ③ 플라이휠
④ 커넥팅 로드

해설
플라이휠은 크랭크축에 부착되어 동력을 전달받아 클러치와 변속기로 보내준다.

29 토크컨버터의 오일 흐름 방향을 바꾸어주는 것은?

① 펌프
② 터빈
③ 변속기축
✓ ④ 스테이터

해설
토크컨버터에는 펌프 임펠러와 터빈 외에도 스테이터라는 날개가 하나 더 있다. 스테이터는 토크컨버터의 오일 흐름 방향을 바꾸어주는 역할을 한다.

30 동력전달장치에서 클러치판은 어떤 축의 스플라인에 끼워져 있는가?

① 추진축
② 차동기어장치
③ 크랭크축
☑ **변속기 입력축**

[해설]
클러치판은 변속기 입력축 스플라인에 조립되어 있다.

31 브레이크에서 하이드로백에 관한 설명으로 틀린 것은?

① 대기압과 흡기 다기관부압과의 차를 이용하였다.
☑ **하이드로백에 고장이 나면 브레이크가 전혀 작동이 안 된다.**
③ 외부에 누출이 없는데도 브레이크 작동이 나빠진다면 하이드로백 고장일 수 있다.
④ 하이드로백은 브레이크 계통에 설치되어 있다.

[해설]
하이드로백이 고장 나도 기본 브레이크 작용에 의해 제동된다.

32 타이어식 건설기계 장비에서 평소에 비하여 조작력이 더 요구될 때(핸들이 무거울 때) 점검해야 할 사항으로 가장 거리가 먼 것은?

① 기어박스 내의 오일
② 타이어 공기압
☑ **타이어 트레드 모양**
④ 앞바퀴 정렬

[해설]
타이어 트레드 모양은 핸들의 조작력과 무관하다.

33 타이어에 11.00−20−12PR이라는 표시가 있을 때, "11.00"이 나타내는 것은?

① 타이어 외경을 inch로 표시한 것
② 타이어 폭을 cm로 표시한 것
③ 타이어 내경을 inch로 표시한 것
☑ **타이어 폭을 inch로 표시한 것**

[해설]
타이어 호칭 표시방법
저압 타이어의 호칭이 6.00−13−4PR이면 타이어 폭이 6.00inch, 타이어 안지름 13inch, 플라이 수가 4이다.

34 유압의 장점이 아닌 것은?

① 과부하 방지가 간단하고 정확하다.
② 오일 온도가 변하면 속도가 변한다. ✓
③ 소형으로 힘이 강력하다.
④ 무단변속이 가능하고 작동이 원활하다.

해설

유압의 장단점

장점	• 작은 동력으로 힘이 강하고 동력의 분배와 집중이 쉽다. • 과부하(Overload) 방지 및 원격 조작이 가능하다. • 힘의 조정이 쉽고, 정확한 위치제어, 속도제어가 가능하다. • 무단변속이 간단하고, 작동이 원활하다. • 오일이 기계장치에 비해 가벼우므로 관성이 적고 진동이 적다. • 파이프로 연결하여 원격 조작이 가능하다. • 내구성, 윤활특성이 좋아 마모가 적고 원활한 운전이 가능하다. • 반응속도가 빠르다(유압력 전달속도는 1,000 m/s, 공압은 약 50m/s). • 최대부하 상태에서도 출발할 수 있다(공압은 압축성으로 인해 동적 부하는 최대부하의 60% 이내여야 함).
단점	• 배관이 까다로워 점검이 복잡하고, 오일누설이 많다. • 작동유의 흐름 속도에 제한을 받으므로 액추에이터의 작동속도에 한계가 있다. • 오일 누설 시 에너지 손실이 크고, 기계적 에너지를 펌프에서 유압으로 변경 시 에너지가 손실되며 에너지 저장이 불편하다. • 오일의 온도 변화에 따라 오일의 점도가 변화하여 배관 내에서 통과속도가 변화하므로 기계 작동속도가 변한다. • 비교적 지저분하다. • 부품값이 고가이며, 공동 현상(Cavitation)이 발생할 가능성이 있다.

35 일반적으로 유압펌프 중 가장 고압, 고효율인 것은?

① 베인펌프
② 플런저펌프 ✓
③ 2단 베인펌프
④ 기어펌프

해설

플런저펌프가 유압펌프 중 가장 높은 압력 조건에 사용할 수 있는 펌프이다.

36 압력 제어 밸브의 종류가 아닌 것은?

① 릴리프 밸브
② 감압 밸브
③ 시퀀스 밸브
④ 스로틀 밸브 ✓

해설

스로틀 밸브(교축 밸브)는 밸브 내 오일 통로의 단면적을 외부로부터 변화시켜 통로에 저항을 증감시켜 유량을 조절하는 역할을 한다.

37 내경이 작은 파이프에서 미세한 유량을 조정하는 밸브는?

① 압력보상 밸브
② 니들 밸브 ✓
③ 바이패스 밸브
④ 스로틀 밸브

해설

니들 밸브(Needle Valve)
작은 지름의 파이프에서 유량을 미세하게 조정하기에 적합한 밸브이지만, 부하의 변동(압력의 변화)에 따른 유량을 정확히 제어하기는 어렵다.

38 유압실린더 중 피스톤의 양쪽에 압유를 교대로 공급하여 양방향의 운동을 유압으로 작동시키는 형식은?

① 단동식
☑ **복동식**
③ 다동식
④ 편동식

해설
유압실린더에는 실린더의 한쪽으로만 유체를 유입·유출하는 단동식과 양측으로 유체가 유입·유출하는 복동식이 있다.

39 유압모터의 종류가 아닌 것은?

① 기어 모터　　② 베인 모터
③ 피스톤 모터　☑ **직권형 모터**

해설
유압모터의 종류 : 기어형, 베인형, 피스톤형 등

40 복동 실린더 양로드형을 나타내는 유압기호는?

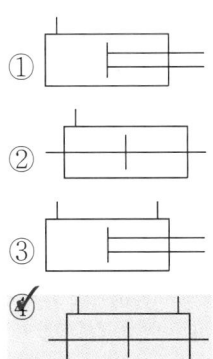

41 유압회로에서 소음이 나는 원인으로 가장 거리가 먼 것은?

① 회로 내 공기 혼입
☑ **유압 저하**
③ 채터링 현상
④ 캐비테이션 현상

해설
유압회로에서 소음이 나는 원인은 공기 혼입의 영향(채터링 현상, 공동 현상 등)과 기기의 고장 등에 의해서이며, 유압 저하는 관계가 없다.

42 일반적으로 건설기계소유자는 건설기계 등록사항에 변경이 있는 때에는 등록을 한 시·도지사에게 그 변경이 있는 날부터 며칠 이내에 변경신고서를 제출하여야 하는가?

☑ **30일**　　② 15일
③ 45일　　　④ 10일

해설
등록사항의 변경신고(건설기계관리법 시행령 제5조)
건설기계의 소유자는 건설기계등록사항에 변경(주소지 또는 사용본거지가 변경된 경우를 제외)이 있는 때에는 그 변경이 있는 날부터 30일(상속의 경우에는 상속개시일부터 6개월) 이내에 건설기계등록사항변경신고서(전자문서로 된 신고서를 포함)에 다음의 서류(전자문서를 포함)를 첨부하여 등록을 한 시·도지사에게 제출하여야 한다. 다만, 전시·사변 기타 이에 준하는 국가비상사태하에 있어서는 5일 이내에 하여야 한다.
- 변경내용을 증명하는 서류
- 건설기계등록증(자가용 건설기계 소유자의 주소지 또는 사용본거지가 변경된 경우는 제외)
- 건설기계검사증(자가용 건설기계 소유자의 주소지 또는 사용본거지가 변경된 경우는 제외)

43 건설기계관리법령상 정기검사 유효기간이 다른 건설기계는?

☑ ① 타워크레인
② 기중기
③ 천공기
④ 굴착기(타이어식)

해설
정기검사 유효기간(건설기계관리법 시행규칙 별표 7)

기종	검사 유효기간
타워크레인	6개월
기중기	1년
굴착기(타이어식)	1년
천공기	1년

44 건설기계사업을 하려는 자는 누구에게 등록하여야 하는가?

① 시·도지사
☑ ② 시장·군수·구청장
③ 건설교통부장관
④ 건설기계폐기업자

해설
건설기계사업의 등록(건설기계관리법 제21조)
건설기계사업을 하려는 자(지방자치단체는 제외)는 대통령령으로 정하는 바에 따라 사업의 종류별로 특별자치시장·특별자치도지사·시장·군수 또는 자치구의 구청장(시장·군수·구청장)에게 등록하여야 한다.

45 건설기계를 조종 중 과실로 중상 2명의 인명피해를 입힌 자의 처분기준은?

① 면허효력정지 20일
② 면허효력정지 60일
☑ ③ 면허효력정지 30일
④ 면허효력정지 90일

해설
건설기계의 조종 중 고의 또는 과실로 인명피해를 일으킨 경우 면허취소·정지처분기준(건설기계관리법 시행규칙 별표 22)
- 고의로 인명피해(사망·중상·경상 등)를 입힌 경우 : 취소
- 과실로 산업안전보건법에 따른 중대재해가 발생한 경우 : 취소
  - 사망자가 1명 이상 발생한 재해
  - 3개월 이상의 요양이 필요한 부상자가 동시에 2명 이상 발생한 재해
  - 부상자 또는 직업성 질병자가 동시에 10명 이상 발생한 재해
- 그 밖의 인명피해를 입힌 경우
  - 사망 1명마다 : 면허효력정지 45일
  - 중상 1명마다 : 면허효력정지 15일
  - 경상 1명마다 : 면허효력정지 5일

46 안전보건표지에서 안내표지의 바탕색은?

① 빨간색
☑ ② 녹색
③ 검은색
④ 파란색

해설
안내표지의 색채는 바탕은 흰색에 기본 모형 및 관련 부호가 녹색이거나, 바탕은 녹색에 관련 부호 및 그림이 흰색이다(산업안전보건법 시행규칙 별표 7).

47 전기 기기에 의한 감전사고를 막기 위하여 필요한 설비로 가장 중요한 것은?

① 고압계 설비
☑ **접지 설비**
③ 방폭등 설비
④ 대지 전위 상승 장치 설비

해설
전기누전(감전) 재해방지 조치사항
• (보호)접지
• 이중절연구조의 전동기계, 기구의 사용
• 비접지식 전로의 채용
• 감전 방지용 누전차단기 설치

48 기계시설의 안전 유의사항으로 적합하지 않은 것은?

① 회전 부분(기어, 벨트, 체인) 등은 위험하므로 반드시 커버를 씌워 둔다.
☑ **발전기, 용접기, 엔진 등 장비는 한 곳에 모아서 배치한다.**
③ 작업장의 통로는 근로자가 안전하게 다닐 수 있도록 정리정돈을 한다.
④ 작업장의 바닥은 보행에 지장을 주지 않도록 청결하게 유지한다.

해설
발전기, 아크 용접기, 엔진 등 소음과 진동이 나는 기계는 각각 다른 곳에 배치하여 각각의 기기에 손상이 일어나지 않도록 해야 한다.

49 복스 렌치가 오픈 렌치보다 많이 사용되는 이유로 가장 적합한 것은?

☑ **볼트 · 너트 주위를 완전히 감싸게 되어 있어 사용 중에 미끄러지지 않는다.**
② 여러 가지 크기의 볼트 · 너트에 사용할 수 있다.
③ 값이 싸며, 적은 힘으로 작업할 수 있다.
④ 가벼우며 양손으로도 사용할 수 있다.

해설
복스 렌치
• 공구의 끝부분이 볼트나 너트를 완전히 감싸게 되어 있는 형태의 렌치를 말한다.
• 복스 렌치는 볼트 머리를 단단히 잡아주기 때문에 확실하게 돌릴 수 있는 것이 장점이지만, 일정한 각도를 돌린 뒤에는 렌치를 들어 올려 다시 확실히 볼트 머리에 끼워야 하므로 작업이 번거롭다.
• 복스 렌치를 사용할 수 없을 만큼 볼트 머리 위의 공간이 부족할 때는 오픈 렌치를 쓸 수 있다.

50 유압 계통의 수명 연장을 위해 가장 중요한 요소는?

① 오일 액추에이터의 점검 및 교환
☑ **오일과 오일 필터 정기점검 및 교환**
③ 오일탱크의 세척
④ 오일 냉각기의 점검 및 세척

51 선반 작업, 드릴 작업, 목공 기계 작업, 연삭 작업, 해머 작업 등을 할 때 착용하면 위험한 보호구는?

① 차광 안경
☑ ② 장갑
③ 방진 안경
④ 귀마개

[해설]
장갑을 끼고 해머 작업을 하면 미끄러움에 의해 해머를 놓쳐 주위의 사람이나 기계, 장비에 피해를 줄 수 있다.

53 굴착을 위한 시추장비 중 비트(Bit)에 대한 설명으로 틀린 것은?

① 비트의 종류는 재질, 형태 또는 끝부분의 처리 방식 등에 따라 분류할 수 있다.
② 원통 형태의 코어 비트(Core Bit)에는 표면 처리 비트와 소결 비트가 있다.
☑ ③ 코어 비트(Core Bit)는 암석 시료 채취를 목적으로 하지 않는 논코링 비트(Non-coring Bit)이다.
④ 코어 비트는 비트의 끝부분 처리 방법에 따라 다이아몬드와 같은 경질재를 표면에 심은 표면 처리 비트와 다이아몬드 분말과 매트릭스(Matrix)를 함께 혼합하여 소결 제조한 소결 비트로 분류할 수 있다.

[해설]
코어 비트(Core Bit)는 암석 시료 채취를 위한 코링 비트(Coring Bit)이고, 트라이콘 비트(Tricone Bit)는 암석 시료 채취를 목적으로 하지 않는 논코링 비트(Non-coring Bit)이다.
※ 국내 천공 장비에는 회전 드릴 비트(Bit) 내부로 압축 공기와 물을 불어 넣어 파쇄된 암반 가루를 지상으로 분출시키는 DTH(Down The Hole) 방식과 로터리 드릴링(Air Rotary Drilling) 방식이 주로 사용되고 있다.

52 자연발화가 일어나기 쉬운 조건이 아닌 것은?

① 발열량이 클 때
② 주위온도가 높을 때
③ 착화점이 낮을 때
☑ ④ 표면적이 작을 때

[해설]
표면적이 넓을 때 자연발화가 일어나기 쉽다.

54 천공기에 대한 설명으로 틀린 것은?

① 천공 기계는 회전식과 충격식으로 구분된다.
② 회전식은 일반적으로 천공 속도가 늦지만 깊은 천공이 가능하다.
❸ 충격식은 천공 속도가 빠르고 깊은 천공이 가능하다.
④ 천공기는 토목, 건설현장의 암석이나 땅에 구멍을 수직 또는 수평으로 뚫는 기계이다.

[해설]
충격식은 천공 속도는 빠르지만 깊은 천공이나 대구경의 천공은 하기 어렵다.

55 락드릴을 이용한 천공 작업 중 소일 네일링(Soil Nailing) 작업에 대한 설명으로 틀린 것은?

① 굴착면에 대한 지보 등 안정성 확보를 목적으로 개발되었다.
② 휨모멘트에 저항할 수 있는 보강재(Re-bar)를 지반 내에 삽입한다.
❸ 인발 저항을 크게 한 것이다.
④ 사면의 안정을 확보하는 방법이다.

[해설]
소일 네일링(Soil Nailing) 작업
굴착면에 대한 지보 등 안정성 확보를 목적으로 개발된 것으로, 인장응력, 전단응력 및 휨모멘트에 저항할 수 있는 보강재(Re-bar)를 지반 내에 삽입함으로써 원지반의 전체적인 전단 저항력과 활동 저항력을 증가시켜 사면의 안정을 확보함과 동시에 지반의 변위를 억제하는 작업방법(공법)이다.

56 유압식 크롤러 드릴의 특징으로 옳지 않은 것은?

① 천공 후 발생하는 암석 가루(Chip)는 엔진에 부착된 공기압축기의 압력에 의해 밖으로 배출하는 블로어 작업을 한다.
② 천공 작업장치는 유압식 드리프터에 의해, 회전, 타격, 이송으로 천공 작업을 수행한다.
❸ 압축공기를 생산하는 에어 컴프레서와 함께 작업해야 하는 번거로움이 있다.
④ 분진 제거용 집진기와 자동 로드 연결장치가 설치되어 있다.

[해설]
③은 공압식 크롤러 드릴의 특징이다. 유압식 크롤러 드릴은 엔진에 부착되어 있다.

57 천공기의 조종원이 조종석에서 로드를 교환할 수 있는 가이드 셀이 부착된 장치는?

① 앤티재밍 장치(Anti-jamming System)
② 스트로크 조정장치(Stroke Adjuster)
❸ 자동 로드 교환장치(Automatic Rod Changer)
④ 가이드 장치

[해설]
자동 로드 교환장치는 유압실린더를 이용하여 로드의 연결 및 분리작업을 자동으로 수행하는 장치이다.

58 항타·항발기 각부의 구성에 대한 설명으로 옳지 않은 것은?

① 엔진으로부터 출력된 동력은 유압펌프 → 유압모터 → 중하부로 전달되고, 주행모터는 항타·항발기가 주행을 할 수 있게 구동된다.
② **상부의 선회모터는 작업장치의 수직 이동 작업을 할 수 있게 구성되어 있다.**
③ 별도로 부착된 기어펌프는 각계의 밸브와 호스를 거쳐 아우트리거, 프론트 잭, 백 스테이 실린더를 구동할 수 있다.
④ 각 브레이크 장치와 레버는 별도의 파일럿 펌프가 구동하며 브레이크 페달은 드럼과의 연결을 링크식의 로드로 제어한다.

[해설]
상부의 선회모터는 스윙작업을 할 수 있게 구동하며, 각 드럼의 모터는 와이어를 통하여 작업장치의 수직 이동 작업을 할 수 있게 구성되어 있다.

59 증기해머의 특징으로 옳지 않은 것은?

① 구조가 복잡하고, 설비비용이 많이 든다.
② 운전조작이 복잡하다.
③ 조종자가 2인 이상 필요하다.
④ **타격력의 조절이 쉽다.**

[해설]
증기해머는 타격력의 조절이 어렵고, 공기압축기나 보일러를 설치해야 하므로 대규모 공사가 아니면 사용하기 어렵다.

60 항타 작업 시 바운싱(Bouncing)이 일어나는 원인으로 옳지 않은 것은?

① 해머가 가벼울 때
② 이중작동 해머를 사용할 때
③ 파일이 장애물과 접촉할 때
④ **증기 또는 공기량이 약할 때**

[해설]
항타 작업 시 바운싱(Bouncing)이 일어나는 원인
• 해머가 가벼울 때
• 이중작동 해머를 사용할 때
• 파일이 장애물과 접촉할 때

제5회 | 기출복원문제

01 디젤기관의 단점이 아닌 것은?

① 소음이 크다.
☑ **rpm이 높다.**
③ 진동이 크다.
④ 마력당 무게가 무겁다.

해설
rpm이 높은 것은 가솔린기관의 장점이다.
디젤기관의 단점
- 마력당 중량이 크다.
- 소음 및 진동이 크다.
- 연료분사장치 등이 고급 재료이고 정밀 가공해야 한다.
- 배기 중의 SO_2, 유리탄소가 포함되고 매연으로 인하여 대기 중에 스모그 현상이 크다.
- 시동 전동기 출력이 커야 한다.

02 디젤기관의 순환운동 순서로 맞는 것은?

① 공기압축 → 가스폭발 → 공기흡입 → 배기 → 점화
② 연료흡입 → 연료분사 → 공기압축 → 착화연소 → 연소·배기
③ 공기흡입 → 공기압축 → 연소·배기 → 연료분사 → 착화연소
☑ **공기흡입 → 공기압축 → 연료분사 → 착화연소 → 배기**

해설
디젤기관은 공기만을 흡입한 후 공기를 압축하고 연료를 분사하는 압축착화기관이다.

03 폭발행정 끝부분에서 실린더 내의 압력에 의해 배기가스가 배기 밸브를 통해 배출되는 현상은?

① 블로 바이(Blow-by)
② 블로 백(Blow Back)
☑ **블로 다운(Blow Down)**
④ 블로 업(Blow Up)

해설
블로 다운(Blow Down)
배기행정 초기에 배기 밸브(또는 포트)가 열려 배기가스의 자체압력에 의해서 자연히 배출되는 현상이다.

04 디젤기관에서 직접분사실식의 장점이 아닌 것은?

① 연료 소비량이 적다.
② 냉각 손실이 적다.
☑ **연료 계통의 연료누출 염려가 적다.**
④ 구조가 간단하여 열효율이 높다.

해설
직접분사실식의 장점
- 연료 소비량이 다른 형식보다 적다.
- 연소실의 표면적이 작아 냉각 손실이 적다.
- 연소실이 간단하고 열효율이 높다.
- 실린더 헤드의 구조가 간단하여 열변형이 적다.
- 와류 손실이 없다.
- 시동이 쉽게 이루어지기 때문에 예열플러그가 필요 없다.

05 실린더 벽이 마멸되었을 때 발생하는 현상은?

① 기관의 회전수가 증가한다.
❷ 오일의 소모량이 증가한다.
③ 열효율이 증가한다.
④ 폭발압력이 증가한다.

해설
실린더 벽이 마멸되면 오일 소모량이 증가하고, 압축 및 폭발 압력이 감소한다.

06 다음 중 디젤기관만이 가지고 있는 부품은?

❶ 분사노즐   ② 오일펌프
③ 물펌프   ④ 연료펌프

해설
분사노즐은 디젤엔진에서 연료를 고압으로 연소실에서 분사하는 부품이다.

07 프라이밍 펌프를 이용하여 디젤기관 연료장치 내에 있는 공기를 배출하기 어려운 곳은?

① 공급펌프   ② 연료필터
③ 분사펌프   ❹ 분사노즐

해설
프라이밍 펌프는 디젤기관의 연료분사펌프에 연료를 보내거나 공기빼기 작업을 할 때 필요한 장치이다.

08 디젤기관에서 연료가 공급되지 않아 시동이 꺼지는 현상이 발생한 원인으로 적절하지 않은 것은?

① 연료 파이프 손상
❷ 프라이밍 펌프 고장
③ 연료필터 막힘
④ 연료탱크 내 오물 과다

해설
디젤기관에서 시동이 걸리지 않는 원인은 연료 계통에 공기가 들어차 있을 때나 연료가 실린더 내로 정상 공급되지 않을 때이다. 프라이밍 펌프는 엔진 시동이나 정지 시 연료 계통에 있는 공기를 배출할 때 사용한다.

09 디젤기관의 연료여과기에 장착된 오버플로 밸브의 역할이 아닌 것은?

① 연료 계통의 공기를 배출한다.
② 연료공급펌프의 소음 발생을 방지한다.
③ 연료필터 엘리먼트를 보호한다.
❹ 분사펌프의 압송 압력을 높인다.

해설
분사펌프의 압송 압력은 펌프 및 플런저와 스프링의 장력 등에 의해 달라진다.

10 냉각수 순환용 물펌프가 고장 났을 때, 기관에서 나타날 수 있는 현상으로 가장 적합한 것은?

☑ **① 기관 과열**
② 연료공급펌프 막힘
③ 축전지 비중 저하
④ 발전기 작동 불능

해설
물펌프는 강제 순환식으로 고장이 나면 즉시 온도가 상승하여 과열된다.

11 기관에 사용되는 습식 라이너의 단점은?

① 냉각효과가 좋다.
☑ **② 냉각수가 크랭크실로 누출될 우려가 있다.**
③ 실린더의 열변형이 심하다.
④ 라이너의 압입 압력이 높다.

해설
습식 라이너는 냉각수가 라이너에 직접 접촉되는 형식으로 냉각수가 크랭크실로 누출될 염려가 있다.

12 라디에이터(Radiator)에 대한 설명으로 틀린 것은?

① 라디에이터의 재료 대부분은 알루미늄 합금이 사용된다.
② 단위면적당 방열량이 커야 한다.
③ 냉각효율을 높이기 위해 방열판이 설치된다.
☑ **④ 공기 흐름 저항이 커야 냉각효율이 높다.**

해설
공기 흐름 저항이 작아야 냉각효율이 높다.

13 냉각장치에서 냉각수의 비등점을 올리기 위한 장치는?

① 진공식 캡
☑ **② 압력식 캡**
③ 라디에이터
④ 물 재킷

해설
압력식 캡은 비등점(끓는점)을 올려 냉각 효과를 증대시키는 기능을 하고, 진공 밸브는 과랭으로 인한 수축 현상을 방지해 준다.

14 디젤기관에서 부조가 발생하는 원인이 아닌 것은?

☑ **① 발전기 고장**
② 거버너 작동 불량
③ 분사시기 조정 불량
④ 연료의 압송 불량

해설
디젤기관에서 부조 발생의 원인은 연료 계통에 있고, 발전기 고장은 충전과 방전의 원인이 된다.

15 디젤기관의 노킹 발생 원인과 가장 거리가 먼 것은?

① 착화기관 중 분사량이 많다.
② 노즐의 분무상태가 불량하다.
✔ ③ 고세테인값의 연료를 사용하였다.
④ 기관이 과랭되어 있다.

[해설]
세테인값이 높으면 노킹이 일어나지 않는다.

16 윤활유의 점도가 기준보다 높은 것을 사용했을 때의 현상으로 맞는 것은?

① 좁은 공간에 잘 스며들어 충분한 윤활이 된다.
② 동절기에 사용하면 기관 시동이 용이하다.
③ 점차 묽어지므로 경제적이다.
✔ ④ 윤활유 압력이 다소 높아진다.

[해설]
점도가 너무 높으면 윤활유 압력이 다소 높아지고 엔진 시동을 할 때 필요 이상의 동력이 소모된다.

17 기계작동 시 엔진오일 사용처가 아닌 것은?

① 피스톤
② 크랭크축
③ 습식 공기청정기
✔ ④ 차동기어장치

[해설]
차동기어장치는 자동차의 좌우 바퀴 회전수 변화를 가능케 하여 울퉁불퉁한 도로 및 선회할 때 무리 없이 원활히 회전하게 하는 장치로 기어오일이 사용된다.

18 겨울철에 사용하는 엔진오일은 여름철에 사용하는 오일보다 점도가 어떤 것이 좋은가?

① 점도가 동일해야 한다.
② 점도가 높아야 한다.
✔ ③ 점도가 낮아야 한다.
④ 점도와는 아무런 관계가 없다.

[해설]
온도가 높은 여름철에는 점도를 한 단계 높여 열로 인한 점도 변화를 방지하고, 겨울에는 점도를 한 단계 낮춰 시동성을 높인다.

19 운전 중 기관의 공기청정기가 막히면 나타나는 현상으로 가장 적당한 것은?

✔ ① 배출가스 색은 검고, 출력은 저하한다.
② 배출가스 색은 희고, 출력은 정상이다.
③ 배출가스 색은 청백색이고, 출력은 증가한다.
④ 배출가스 색은 무색이고, 출력과는 무관하다.

[해설]
공기청정기가 막히면 공기량의 유입이 적기 때문에 진한 혼합비가 형성되고, 불완전연소로 배출가스 색은 검고 출력이 저하된다.

20 같은 축전지 2개를 직렬로 접속하면?

① **전압은 2배가 되고 용량은 같다.** ✓
② 전압과 용량 모두 2배가 된다.
③ 전압과 용량의 변화가 없다.
④ 전압은 같고 용량은 2배가 된다.

해설
직렬연결하면 전압이 상승되어 2배가 되며 용량은 변화가 없다.

21 축전지의 취급에 대한 설명 중 옳은 것은?

① 2개 이상의 축전지를 직렬로 배선할 경우 (+)와 (+), (−)와 (−)를 연결한다.
② 축전지의 용량을 크게 하기 위해서는 다른 축전지와 직렬로 연결하면 된다.
③ **축전지의 방전이 거듭될수록 전압이 낮아지고 전해액의 비중도 낮아진다.** ✓
④ 축전지를 보관할 때는 가능한 한 방전시키는 것이 좋다.

해설
① 2개 이상의 축전지를 병렬로 배선할 경우 (+)와 (+), (−)와 (−)를 연결한다.
② 축전지의 용량을 크게 하려면 별도의 축전지를 병렬로 연결하면 된다.
④ 축전지를 보관할 때에는 되도록 충전시키는 것이 좋다.

22 축전지 전해액의 온도가 상승하면 비중은?

① 일정하다. ② 올라간다.
③ **내려간다.** ✓ ④ 무관하다.

해설
전해액의 온도와 비중은 반비례한다.

23 납산 축전지를 오랫동안 방전시키면 사용하지 못하게 되는 원인은?

① **극판이 영구 황산납이 되기 때문이다.** ✓
② 극판에 산화납이 형성되기 때문이다.
③ 극판에 수소가 형성되기 때문이다.
④ 극판에 녹이 슬기 때문이다.

해설
납산 축전지를 방전하면 양극판과 음극판은 황산납으로 바뀐다. 충전 중에는 양극판의 황산납은 과산화납으로, 음극판의 황산납은 해면상납으로 변한다.

24 기관의 시동을 보조하는 장치가 아닌 것은?

① 실린더의 감압장치
② 히트 레인지
③ **과급장치** ✓
④ 공기 예열장치

해설
과급장치는 더 많은 공기를 강제적으로 흡입시켜서 더 높은 출력을 얻도록 하는 역할을 한다.

25 엔진이 기동되었는데도 시동스위치를 계속 ON 위치로 할 때의 영향으로 옳은 것은?

☑ ① 시동전동기의 수명이 단축된다.
② 클러치 디스크가 마멸된다.
③ 크랭크축 저널이 마멸된다.
④ 엔진의 수명이 단축된다.

26 교류발전기의 다이오드가 하는 역할은?

① 전류를 조정하고, 교류를 정류한다.
② 전압을 조정하고, 교류를 정류한다.
☑ ③ 교류를 정류하고, 역류를 방지한다.
④ 여자전류를 조정하고, 역류를 방지한다.

해설
직류발전기에서는 정류자와 브러시가 교류를 정류하고 역류를 방지하며, 교류발전기에서는 다이오드가 정류한다.

27 방향지시등 전구에 흐르는 전류를 일정한 주기로 단속·점멸하여 램프의 광도를 증감시키는 것은?

① 디머 스위치
☑ ② 플래셔 유닛
③ 파일럿 유닛
④ 방향지시기 스위치

해설
방향지시등은 자동차의 진행 방향을 바꿀 때 사용하는 것이며, 플래셔 유닛(Flasher Unit)을 사용하여 램프에 흐르는 전류를 일정한 주기(자동차 안전 기준상 매분당 60회 이상 120회 이하)로 단속·점멸하여 램프를 점멸시키거나 광도를 증감시킨다.

28 플라이휠과 압력판 사이에 설치되어 있으며, 변속기 압력축을 통해 변속기에 동력을 전달하는 것은?

① 압력판
☑ ② 클러치 디스크
③ 릴리스 레버
④ 릴리스 포크

해설
압력판은 클러치 스프링에 의해 플라이휠 쪽으로 작용하여 클러치 디스크를 플라이휠에 압착시키고, 클러치 디스크는 압력판과 플라이휠 사이에서 마찰력에 의해 엔진의 회전을 변속기에 전달하는 일을 한다.

29 장비에 부하가 걸릴 때 토크컨버터의 터빈 속도는 어떻게 되는가?

① 빨라진다.
☑ ② 느려진다.
③ 일정하다.
④ 관계없다.

해설
장비에 부하가 걸릴 때 터빈 측에 하중이 작용하므로 토크컨버터의 터빈 속도는 펌프 측 속도보다 느려진다.

30 건설기계에서 변속기의 구비조건으로 가장 적절한 것은?

① 대형이고 고장이 없어야 한다.
② 조작이 쉬우므로 신속할 필요는 없다.
③ 연속 변속에는 단계가 있어야 한다.
④ **전달효율이 좋아야 한다.**

해설
변속기의 구비조건
- 단계 없이 연속적으로 변속될 것
- 소형·경량일 것
- 변속 조작이 쉽고 신속, 정확, 정숙하게 이루어질 것
- 전달효율이 좋고 수리하기가 쉬울 것

31 유압장치에서 내구성이 강하고 작동 및 움직임이 있는 곳에 사용하기 적합한 호스는?

① **플렉시블 호스**
② 구리 파이프 호스
③ PVC 호스
④ 강 파이프 호스

해설
브레이크액의 유압 전달 또는 차체나 현가장치처럼 작동 및 움직임이 있는 곳에는 플렉시블 호스(Flexible Hose)를 사용하며, 외부의 손상에 튜브를 보호하기 위하여 보호용 리브를 부착하기도 한다.

32 타이어식 건설기계 장비에서 조향 핸들의 조작을 가볍고 원활하게 하는 방법과 가장 거리가 먼 것은?

① 동력조향을 사용한다.
② 바퀴의 정렬을 정확히 한다.
③ 타이어 공기압을 적정압으로 한다.
④ **종감속 장치를 사용한다.**

해설
종감속 장치는 동력전달장치로 조향과는 관계가 없다.

33 건설기계에 사용되는 저압 타이어의 호칭 치수 표시방법은?

① 타이어의 외경-타이어의 폭-플라이 수
② **타이어의 폭-타이어의 내경-플라이 수**
③ 타이어의 폭-림의 지름
④ 타이어의 내경-타이어의 폭-플라이 수

해설
저압 타이어의 호칭이 6.00-13-4PR이면 타이어 폭이 6.00inch, 타이어 안지름 13inch, 플라이 수가 4이다.

34 유압기기의 단점으로 틀린 것은?

① 오일은 가연성이 있어 화재에 위험하다.
② 회로 구성이 어렵고 누설되는 경우가 있다.
③ 오일의 온도에 따라서 점도가 변하므로 기계의 속도가 변한다.
❹ **에너지의 손실이 적다.**

> **해설**
> 유압장치의 단점
> • 고압 사용으로 인한 위험성이 있고 이물질(공기, 먼지 및 수분)에 민감하다.
> • 폐유에 의해 주변 환경이 오염될 수 있다.
> • 유압장치의 점검이 어렵다.
> • 작동유 온도의 영향으로 정밀한 속도와 제어가 어렵다.
> • 고장 원인의 발견이 어렵고, 구조가 복잡하다.
> • 작동유가 높은 압력이 될 때는 파이프를 연결하는 부분에서 새기 쉽다.

35 기어식 유압펌프의 특징이 아닌 것은?

① 구조가 간단하다.
② 유압 작동유의 오염에 비교적 강한 편이다.
③ 플런저펌프에 비해 효율이 떨어진다.
❹ **가변용량형 펌프로 적당하다.**

> **해설**
> 기어펌프는 구조가 간단하여 기름의 오염에도 강하지만, 누설방지가 어려워 효율이 낮고 가변용량형으로 제작할 수 없다.

36 사용 중인 작동유의 수분함유 여부를 현장에서 판정하는 방법으로 가장 적합한 것은?

❶ **오일을 가열한 철판 위에 떨어뜨려 본다.**
② 오일을 시험관에 담아서 침전물을 확인한다.
③ 여과지에 약간(3~4방울)의 오일을 떨어뜨려 본다.
④ 오일의 냄새를 맡아본다.

> **해설**
> 오일에 수분이 함유되었으면 가열된 철판에서 끓으면서 수증기로 증발된다.

37 유압회로의 최고압력을 제어하는 밸브로서 회로의 압력을 일정하게 유지시키는 밸브는?

① 감압밸브(Reducing Valve)
② 카운터밸런스 밸브(Counterbalance Valve)
❸ **릴리프 밸브(Relief Valve)**
④ 무부하 밸브(Unloading Valve)

> **해설**
> 릴리프 밸브
> 회로의 압력이 밸브의 설정치에 도달하였을 때, 흐름의 일부 또는 전량을 기름탱크 측으로 흘려보내서 회로 내의 압력을 설정값으로 유지하는 밸브이다.

38 유압실린더에서 피스톤 속도를 빠르게 하기 위한 가장 적절한 제어방법은?

① 압력을 높게 한다.
☑ **유량을 증가시킨다.**
③ 고점도 유압유를 사용한다.
④ 카운터밸런스 밸브를 설치한다.

해설
유압실린더 피스톤의 속도는 실린더 내에 유입시키는 유량에 따라 정해진다.

39 제한된 회전각도 이내에서 유체가 회전요동 운동력으로 변환시키는 요동 모터의 피스톤형에 속하지 않는 것은?

① 링크형
☑ **기어형**
③ 랙과 피니언형
④ 체인형

해설
요동 모터의 종류

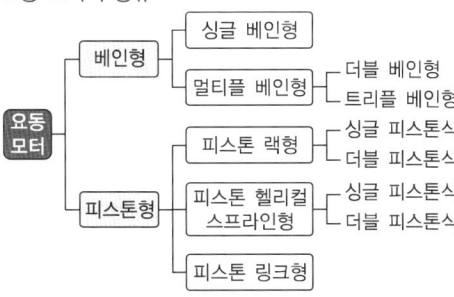

40 그림의 유압 기호가 표시하는 것은?

① 유압실린더
☑ **어큐뮬레이터**
③ 오일탱크
④ 유압실린더 로드

41 유압장치에서 금속가루 또는 불순물을 제거하는 부품으로 옳게 짝지어진 것은?

① 여과기와 어큐뮬레이터
② 스크레이퍼와 필터
☑ **필터와 스트레이너**
④ 어큐뮬레이터와 스트레이너

해설
유압 작동유에 들어 있는 먼지, 철분 등의 불순물은 유압기기 슬라이드 부분의 마모를 가져오고 운동에 저항으로 작용하므로, 이를 제거하기 위하여 필터와 스트레이너가 사용된다.
• 필터 : 배관 도중이나 복귀 회로, 바이패스 회로 등에 설치하여 미세한 불순물을 여과한다.
• 스트레이너 : 비교적 큰 불순물을 제거하기 위하여 사용하며 유압펌프의 흡입 측에 장치하여 오일탱크로부터 펌프나 회로에 불순물이 혼입되는 것을 방지한다.

42 건설기계 소유자가 건설기계의 등록지를 다른 시·도로 변경하였을 경우 어떤 신고를 하는가?

① 등록사항변경신고를 한다.
② 건설기계소재지 변동신고를 한다.
☑ 등록이전신고를 한다.
④ 등록지의 변경 시에는 아무 신고도 하지 않는다.

해설
등록이전(건설기계관리법 시행령 제6조)
건설기계의 소유자는 등록한 주소지 또는 사용본거지가 변경된 경우(시·도 간의 변경이 있는 경우에 한함)에는 그 변경이 있은 날부터 30일(상속의 경우에는 상속개시일부터 6개월) 이내에 건설기계등록이전신고서에 소유자의 주소 또는 건설기계의 사용본거지의 변경사실을 증명하는 서류와 건설기계등록증 및 건설기계검사증을 첨부하여 새로운 등록지를 관할하는 시·도지사에게 제출(전자문서에 의한 제출을 포함)하여야 한다. 다만, 건설기계소유자의 주소가 변경된 경우로서 건설기계소유자가 다음의 어느 하나에 해당하는 신고를 한 경우에는 주소 변경사실을 증명하는 서류를 제출하지 아니할 수 있다.
• 주민등록법에 따른 주소의 정정신고
• 주민등록법에 따른 전입신고
• 출입국관리법에 따른 전입신고
• 재외동포의 출입국과 법적 지위에 관한 법률에 따른 국내거소 이전신고

43 빨간색 원형으로 만들어지는 안전보건표지는?

① 경고표지   ② 안내표지
③ 지시표지   ☑ 금지표지

해설
④ 금지표지 : 빨간색의 원형
① 경고표지 : 노란색 삼각형 혹은 빨간색 마름모꼴
② 안내표지 : 녹색의 사각형
③ 지시표지 : 파란색의 원형

44 건설기계관련법상 건설기계 대여를 업으로 하는 것은?

☑ 건설기계대여업
② 건설기계정비업
③ 건설기계매매업
④ 건설기계해체재활용업

해설
건설기계사업의 종류별 정의(건설기계관리법 제2조)
• 건설기계대여업 : 건설기계의 대여를 업(業)으로 하는 것을 말한다.
• 건설기계정비업 : 건설기계를 분해·조립 또는 수리하고 그 부분품을 가공제작·교체하는 등 건설기계를 원활하게 사용하기 위한 모든 행위(경미한 정비행위 등 국토교통부령으로 정하는 것은 제외)를 업으로 하는 것을 말한다.
• 건설기계매매업 : 중고(中古) 건설기계의 매매 또는 그 매매의 알선과 그에 따른 등록사항에 관한 변경신고의 대행을 업으로 하는 것을 말한다.
• 건설기계해체재활용업 : 폐기 요청된 건설기계의 인수(引受), 재사용 가능한 부품의 회수, 폐기 및 그 등록말소 신청의 대행을 업으로 하는 것을 말한다.

45 산업재해 방지 대책을 수립하기 위하여 위험요인을 발견하는 방법으로 가장 적합한 것은?

☑ 안전점검
② 재해 사후 조치
③ 경영층 참여와 안전조직 진단
④ 안전대책 회의

해설
안전점검의 주목적은 작업장 내 안전 상태를 점검하여 작업 중 발생할 수 있는 안전사고를 방지하고 작업자의 안전과 회사의 자산을 보호하는 것이다.

46 시·도지사의 지정을 받지 아니하고 등록번호표를 제작한 자에 대한 벌칙은?

✓ ① 2년 이하의 징역 또는 2천만원 이하의 벌금
② 1년 이하의 징역 또는 3백만원 이하의 벌금
③ 2백만원 이하의 벌금
④ 1백만원 이하의 벌금

해설
2년 이하의 징역 또는 2천만원 이하의 벌금 부과 기준(건설기계관리법 제40조)
- 등록되지 아니한 건설기계를 사용하거나 운행한 자
- 등록이 말소된 건설기계를 사용하거나 운행한 자
- 시·도지사의 지정을 받지 아니하고 등록번호표를 제작하거나 등록번호를 새긴 자
- 검사대행자 또는 그 소속 직원에게 재물이나 그 밖의 이익을 제공하거나 제공 의사를 표시하고 부정한 검사를 받은 자
- 건설기계의 주요 구조나 원동기, 동력전달장치, 제동장치 등 주요 장치를 변경 또는 개조한 자
- 무단 해체한 건설기계를 사용·운행하거나 타인에게 유상·무상으로 양도한 자
- 시정명령을 이행하지 아니한 자
- 등록을 하지 아니하고 건설기계사업을 하거나 거짓으로 등록을 한 자
- 등록이 취소되거나 사업의 전부 또는 일부가 정지된 건설기계사업자로서 계속하여 건설기계사업을 한 자

47 수공구 취급 시 지켜야 할 안전수칙으로 옳은 것은?

① 줄질 후 쇳가루는 입으로 불어 낸다.
② 해머 작업 시 손에 장갑을 끼고 한다.
✓ ③ 사용 전에 충분한 사용법을 숙지하고 익히도록 한다.
④ 큰 회전력이 필요한 경우 스패너에 파이프를 끼워서 사용한다.

48 정기검사 대상 건설기계의 정기검사 신청기간 기준으로 맞는 것은?

① 정기검사 유효기간 만료일 전 15일 이내에 신청한다.
② 정기검사 유효기간 만료일 전 5일 이내에 신청한다.
✓ ③ 정기검사 유효기간의 만료일 전후 각각 31일 이내에 신청한다.
④ 정기검사 유효기간 만료일 후 60일 이내에 신청한다.

해설
정기검사의 신청(건설기계관리법 시행규칙 제23조)
정기검사를 받으려는 자는 검사유효기간의 만료일 전후 각각 31일 이내의 기간[검사유효기간이 연장된 경우로서 타워크레인 또는 천공기(터널보링식 및 실드굴진식으로 한정)가 해체된 경우에는 설치 이후부터 사용 전까지의 기간으로 하고, 검사유효기간이 경과한 건설기계로서 소유권이 이전된 경우에는 이전등록한 날부터 31일 이내의 기간으로 한다]에 별도 서식의 정기검사 신청서를 시·도지사에게 제출해야 한다.

49 유압장치의 일상점검 개소가 아닌 것은?

① 오일의 양 점검
② 작동상태 점검
③ 오일의 누유 여부 점검
✓ ④ 탱크 내부 점검

해설
유압탱크의 내부 점검은 매월 또는 3개월 단위로 한다.

50 연료 파이프 피팅을 조이고 풀 때 가장 알맞은 렌치는?

① 탭 렌치 ② 복스 렌치
③ 소켓 렌치 ❹ 오픈 렌치

해설
④ 오픈 렌치 : 복스 렌치를 사용할 수 없을 만큼 볼트 머리 위의 공간이 부족할 때 사용하는 렌치이다.
① 탭 렌치 : 핸드 탭으로 암나사를 낼 때 회전시키는데 적당한 렌치이다.
② 복스 렌치 : 공구의 끝부분이 볼트나 너트를 완전히 감싸게 되어 있는 형태의 렌치이다.
③ 소켓 렌치 : 볼트 크기에 맞게 공구의 머리 부분을 갈아 끼울 수 있는 렌치로, 별도의 핸들 끝에 소켓을 끼워 사용한다.

52 화재의 분류 기준에서 휘발유(액상 또는 기체상의 연료성 화재)로 인해 발생한 화재는?

① A급 화재 ❷ B급 화재
③ C급 화재 ④ D급 화재

해설
② B급 화재 : 유류(기름)화재
① A급 화재 : 일반(물질이 연소된 후 재를 남기는 일반적인 화재)화재
③ C급 화재 : 전기화재
④ D급 화재 : 금속화재

51 작업현장에서 드럼통으로 연료를 운반했을 경우 올바른 주유 방법은?

① 연료가 도착하면 즉시 주입한다.
② 수분이 있는지 확인 후 즉시 주입한다.
❸ 불순물을 침전시킨 후 침전물이 혼합되지 않도록 주입한다.
④ 불순물을 침전시켜서 모두 주입한다.

해설
작업현장에서 드럼통으로 연료를 운반했을 경우, 불순물을 침전시킨 후 침전물이 혼합되지 않도록 주입한다.

53 암반 시추 작업을 굴착 방법에 따라 분류할 때, 충격식 시추에 해당하지 않는 것은?

① 망 굴착식(로프식 드릴)
② 수압식(Jetting Method)
③ 해머식(유압 해머드릴, 에어 해머드릴)
❹ 오거식(Auger Method)

해설
굴착 방법에 따른 분류
• 충격식 시추 : 망 굴착식(로프식 드릴), 수압식(Jetting Method), 해머식(유압 해머드릴, 에어 해머드릴)
• 회전식 시추 : 유체의 주입 방법에 따라 정회전 방식과 역회전 방식으로 구분
• 기타 시추 : 오거식(Auger Method)

54 충격식 천공기에 대한 설명으로 틀린 것은?

① 충격식은 구조가 간단하고, 조작 및 취급이 비교적 쉽다.
② 충격식은 회전식에 비하여 굴착속도가 빠르다.
❸ 충격식 중 DTH(Down The Hole Hammer Drilling)는 유압을 추진력으로 굴착한다.
④ 깊은 천공이나 큰 구멍의 천공은 어렵다.

해설
충격식은 공기압을 추진력으로 하는 DTH(Down The Hole Hammer)와 유압을 추진력으로 하는 THD(Top Hammer Drilling)로 구분한다.

55 락드릴 천공 시 준수 사항으로 옳지 않은 것은?

① 천공 구멍의 크기는 사용할 화약류의 직경보다 커야 한다.
❷ 천공 작업과 장전작업은 일반적으로 동일 지역에서 동시에 해야 한다.
③ 천공 작업으로 발생하는 먼지는 습식으로 제거하여야 한다.
④ 일차 발파된 지역에서의 천공은 전 지역에 폭파되지 않은 화약의 유무를 세밀히 조사하여 확인될 때까지 실시하여서는 안 된다.

해설
천공 작업과 장전작업은 일반적으로 동일 지역에서 병행해서는 안 된다(발파작업표준안전작업지침 제21조).

56 회전식 천공기인 어스드릴(Earth Drill)에 대한 설명으로 틀린 것은?

① 기중기에 부착하거나 크롤러 주행장치에 탑재한 형태로 사용된다.
② 토질이 빈약한 지반에서 천공 시 천공벽이 무너질 수 있다.
③ 진동과 소음이 거의 없다.
❹ 굴착능력이 우수하나 공사비가 많이 든다.

해설
진동과 소음이 거의 없고 굴착능력이 우수하며 공사비가 적게 든다.

57 천공기의 드리프터에 설치되어 타격력과 타격횟수를 자동으로 조절하는 장치는?

① 앤티재밍 장치(Anti-jamming System)
❷ 스트로크 조정장치(Stroke Adjuster)
③ 자동 로드 교환장치(Automatic Rod Changer)
④ 가이드 장치

해설
드리프터에는 천공 작업 시 급격한 변화에 따른 비트가 손상되는 것을 방지하는 앤티재밍 장치와 모드를 빠르게 자동적으로 조정할 수 있는 로드 조정장치, 타격력과 타격횟수를 자동적으로 조절하는 스트로크 조정장치가 있다.

58 항타·항발기의 구성으로 틀린 것은?

① 항타·항발기의 앞쪽에 캐치 후크가 부착된다.
② **부착된 캐치 후크의 좌우에는 리더가 장착된다.**
③ 리더의 상부에는 탑 시브(Top Sheave)가 부착되고 아래에 백 스테이 상단이 이어진다.
④ 뒤쪽에는 아우트리거가 장착되며, 아우트리거 좌우에는 백 스테이 실린더가 부착되어 리더의 각도를 조절한다.

해설
② 부착된 캐치 후크의 좌우에는 프런트 잭(Front Jack)이 조립되고 가운데에는 리더가 장착된다.

59 항타 작업 시 바운싱(Bouncing)이란?

① 파일의 과대한 측면 진동
② **파일의 앞뒤가 동시에 같은 방향으로 진동하는 상태**
③ 붐의 흔들림 상태
④ 스프링장치의 서징 현상

해설
파일의 과대한 측면 진동은 스프링잉(Springing)이라고 하고, 파일의 앞뒤가 동시에 같은 방향으로 진동하는 현상은 바운싱(Bouncing)이라 한다.

60 시추공 내 연약한 토층의 붕괴를 방지하는 방법으로 케이싱 튜브를 삽입하는 방법과 시멘팅 그라우팅하는 방법이 있다. 케이싱의 목적으로 틀린 것은?

① 시추공의 확보를 유지시켜준다.
② 비정상적인 압력으로부터 홀 확보를 보호한다.
③ **암반 지반의 지층으로부터 암반의 붕괴를 방지한다.**
④ 지하수의 유입과 오염을 방지한다.

해설
케이싱은 연약 지반의 지층으로부터 토사의 붕괴를 방지한다. 즉 단단한 암층[풍화암, 연암(셰일, 사암), 경암(화강암, 안산암) 등]으로 이루어진 지반은 특별하게 케이싱을 삽입하지 않아도 된다.

제6회 | 기출복원문제

01 디젤기관에서 압축행정 시 밸브는 어떤 상태가 되는가?

① 흡입밸브만 닫힌다.
② 배기밸브만 닫힌다.
③ 흡입과 배기밸브 모두 열린다.
❹ **흡입과 배기밸브 모두 닫힌다.**

해설
디젤기관의 작동(2회전 4행정 사이클)
- 흡입행정 : 피스톤이 상사점으로부터 하강하면서 실린더 내로 공기만을 흡입한다(흡입밸브 열림, 배기밸브 닫힘).
- 압축행정 : 흡기밸브가 닫히고 피스톤이 상승하면서 공기를 압축한다(흡입밸브, 배기밸브 모두 닫힘).
- 동력행정 : 압축행정 말 고온이 된 공기 중에 연료를 분사하면 압축열에 의하여 자연착화한다(흡입밸브, 배기밸브 모두 닫힘).
- 배기행정 : 연소 가스의 팽창이 끝나면 배기밸브가 열리고, 피스톤의 상승과 더불어 배기행정을 한다(흡입밸브 닫힘, 배기밸브 열림).

02 2행정 디젤기관의 소기방식에 속하지 않는 것은?

① 단류 소기식
❷ **복류 소기식**
③ 횡단 소기식
④ 루프 소기식

03 기관의 연소실에서 발생하는 스퀴시(Squish)에 대한 설명으로 옳은 것은?

① 연소 가스가 크랭크 케이스로 누출되는 현상
② 흡입밸브에 의한 와류현상
❸ **압축행정 말기에 발생한 와류현상**
④ 압축공기가 피스톤 링 사이로 누출되는 현상

해설
흡입 공기에 방향성을 주어 실린더에 흡입될 때 와류를 일으키게 하고, 피스톤이 상사점에 근접하였을 때 스퀴시부가 압축행정 끝부분에 강한 와류를 일으킨다.

04 회전력의 단위로 맞는 것은?

❶ **kgf · m**
② kgf/cm^2
③ kgf
④ m/kgf

해설
엔진 토크(Torque)
엔진이 만들어 낼 수 있는 순간 회전력을 말한다. 토크(회전력)는 kgf · m의 단위로 나타내며, 최대토크는 통상적으로 최대토크가 발생될 때의 엔진 1분당 회전수(rpm)를 합쳐서 표시한다.

05 피스톤의 구비조건으로 틀린 것은?

① 고온고압에 견딜 것
② 열전도가 잘될 것
③ 열팽창률이 작을 것
☑ **피스톤 중량이 클 것**

해설
피스톤 중량이 가벼운 것이 좋다.

06 기관의 피스톤 링에 대한 설명 중 틀린 것은?

① 압축 링과 오일 링이 있다.
② 기밀 유지의 역할을 한다.
☑ **연료 분사를 좋게 한다.**
④ 열전도 작용을 한다.

해설
피스톤 링은 기밀 작용, 열전도 작용, 윤활 작용을 한다.

07 디젤기관에서 연료장치의 구성요소가 아닌 것은?

☑ **예열플러그**
② 분사노즐
③ 연료공급펌프
④ 연료여과기

해설
예열플러그는 시동보조장치이다.

08 기관의 연료분사펌프에서 연료를 보내거나 공기를 빼내는 장치는?

① 체크 밸브(Check Valve)
☑ **프라이밍 펌프(Priming Pump)**
③ 오버플로 파이프(Overflow Pipe)
④ 드레인 콕(Drain Cock)

해설
프라이밍 펌프는 연료공급 계통의 공기빼기 작업 및 공급펌프를 수동으로 작동시켜 연료탱크 내의 연료를 분사펌프까지 공급하는 공급펌프이다.

09 디젤기관에서 인젝터 간 연료 분사량이 일정하지 않을 때 나타나는 현상은?

① 연료 분사량에 관계없이 기관은 순조로운 회전을 한다.
② 연료 소비에는 관계가 있으나 기관 회전에 영향은 미치지 않는다.
☑ **연소 폭발음의 차이가 있으며 기관은 부조를 하게 된다.**
④ 출력은 일정하나 기관은 부조를 하게 된다.

해설
연료 분사량에 비하여 점화플러그의 불꽃 발생 크기가 일정하지 않아 연소가 불규칙적으로 일어나 엔진 rpm이 오르락내리락 한다.

10 디젤기관 연료 중에 공기가 흡입될 경우 나타나는 현상은?

① 분사압력이 높아진다.
② 노크가 일어난다.
③ 시동이 잘된다.
☑ **기관 회전이 불량해진다.**

[해설]
디젤기관의 연료 중에 공기가 들어가면 기관 회전이 불량해지므로 공기빼기 작업을 반드시 해주어야 한다.

11 디젤 노크의 방지방법으로 적당한 것은?

① 착화지연시간을 길게 한다.
☑ **압축비를 높게 한다.**
③ 흡기압력을 낮게 한다.
④ 연소실 벽의 온도를 낮게 한다.

[해설]
디젤기관의 노크 방지방법은 착화지연을 짧게 하고 연소실 벽의 온도 압축과 흡기압력을 높이는 것이다.

12 동절기 냉각수가 빙결되어 기관이 동파되는 원인은?

☑ **냉각수의 체적이 늘어나기 때문에**
② 엔진의 쇠붙이가 얼어서
③ 발전이 안 되므로
④ 열을 빼앗아가므로

[해설]
동절기 냉각수가 빙결되면 체적이 늘어나 실린더 블록 등에 균열이 생긴다.

13 기관 작동 중 라디에이터 캡 쪽으로 물이 상승하면서 연소 가스가 누출될 때의 원인으로 옳은 것은?

☑ **실린더 헤드에 균열이 생겼다.**
② 분사노즐의 동 와셔가 불량하다.
③ 물펌프에 누설이 생겼다.
④ 라디에이터 캡이 불량하다.

[해설]
기관이 작동 중 라디에이터 캡 쪽으로 물이 상승하면서 연소 가스가 누출된다면 실린더 헤드에 균열이 생기거나 헤드 개스킷이 파손된 것이다.

14 라디에이터 캡의 스프링이 파손되었을 때 가장 먼저 나타나는 현상은?

☑ **냉각수 비등점이 낮아진다.**
② 냉각수 순환이 불량해진다.
③ 냉각수 순환이 빨라진다.
④ 냉각수 비등점이 높아진다.

[해설]
압력식 라디에이터 캡의 압력 밸브는 냉각장치 내의 압력을 일정하게 유지하여 비등점을 112℃로 높여주는 역할을 하며, 스프링이 파손되면 압력 밸브의 밀착이 불량하여 비등점이 낮아진다.

15 엔진오일이 많이 소비되는 원인이 아닌 것은?

① 피스톤 링의 마모가 심할 때
② 실린더의 마모가 심할 때
❸ **기관의 압축 압력이 높을 때**
④ 밸브 가이드의 마모가 심할 때

해설
피스톤 링이나 실린더 벽이 마모되면 실린더 벽을 타고 오일이 연소실로 들어와 연소되므로 소비가 많아진다.

16 엔진오일이 우유색을 띨 때의 원인으로 적절한 것은?

① 가솔린이 유입되었다.
② 연소 가스가 섞여 있다.
③ 경유가 유입되었다.
❹ **냉각수가 섞여 있다.**

해설
윤활유의 색 변화와 원인
• 검은색 : 심한 오염
• 우유색 : 냉각수 침입
• 붉은색 : 가솔린 유입
• 회색 : 4에틸납, 연소 생성물 혼입

17 건식 공기청정기의 효율 저하를 방지하는 방법으로 적합한 것은?

① 기름으로 닦는다.
② 마른걸레로 닦는다.
❸ **압축공기로 먼지 등을 털어 낸다.**
④ 물로 깨끗이 세척한다.

해설
습식 공기청정기는 세척유로 세척하고, 건식 공기청정기는 압축공기로 털어 낸다.

18 그림과 같이 12V용 축전지 2개를 사용하여 24V용 건설기계를 시동하고자 할 때 연결 방법으로 옳은 것은?

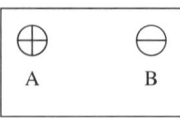 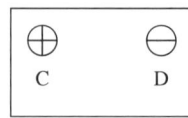

① B와 D를 연결
② A와 C를 연결
③ A와 B를 연결
❹ **B와 C를 연결**

해설
축전지의 (+)선을 먼저 부착하고, (−)선을 나중에 부착한다.

19 축전지 터미널의 식별방법이 아닌 것은?

① 부호(+, −)로 식별
② 굵기로 분별
③ 문자(P, N)로 분별
✔ ④ 요철로 분별

해설
축전지 터미널 단자의 식별방법
- 부호 : 양극은 (+), 음극은 (−)이다.
- 색깔 : 양극은 빨간색, 음극은 검은색이다.
- 굵기 : 양극은 지름이 굵고, 음극은 가늘다.
- 문자 : 양극은 'POS', 음극은 'NEG'이다.
- 부식물 : 많은 쪽이 양극이다.

20 MF 배터리가 아닌 일반 납산축전지를 보관·관리할 경우 며칠마다 정기적으로 충전하는 것이 좋은가?

✔ ① 15일
② 30일
③ 45일
④ 60일

해설
납산 축전지를 보관·관리할 경우 15일마다 정기적으로 충전한다.

21 건설기계에서 사용한 납산 배터리 취급상 적절하지 않은 것은?

① 자연 소모된 전해액은 증류수로 보충한다.
✔ ② 과방전은 축전지의 충전을 위해 필요하다.
③ 사용하지 않는 축전지도 2주에 1회 정도 보충한다.
④ 필요할 시 급속 충전시켜 사용할 수 있다.

해설
과방전
축전지를 실제 사용할 때 그 용량이 허용하는 범위 내의 암페어시 용량 이상으로 많이 방전하는 것으로, 과방전 시 황산화가 일어나기 쉬워 수명을 크게 저하시킨다.

22 동절기에 주로 사용하는 것으로 디젤기관에 흡입된 공기 온도를 상승시켜 시동을 원활하게 하는 장치는?

① 고압분사장치
② 연료장치
③ 충전장치
✔ ④ 예열장치

해설
예열장치의 종류
- 흡기가열식 : 주로 직접분사실식 연소실에 사용
- 예열플러그식 : 주로 복실식(예연소실식, 와류실식, 공기실식) 연소실에 사용

23 건설기계 운전 중 엔진 부조를 하다가 시동이 꺼졌을 때 그 원인이 아닌 것은?

① 연료필터가 막힘
② 연료에 물이 혼입됨
③ 분사노즐이 막힘
✓ ④ 연료장치의 오버플로 호스가 파손됨

해설
건설기계 운전 중 엔진이 부조를 하다가 시동이 꺼지는 것은 연료 공급이 되지 못하기 때문이며, 오버플로 호스가 파손되는 것은 시동을 한 후 남아서 되돌아가는 연료가 회송되지 못했기 때문이다.

24 건설기계장비 작업 시 계기판에서 냉각수의 경고등이 점등되었을 때 운전자로서 가장 적절한 조치는?

① 오일량을 점검한다.
② 작업이 모두 끝나면 곧바로 냉각수를 보충한다.
✓ ③ 작업을 중지하고 점검 및 정비를 받는다.
④ 라디에이터를 교환한다.

해설
냉각수의 경고등이 점등되었을 때 계속 운행하면 엔진이 손상될 염려가 있으므로 시동을 끄고 냉각장치를 점검해야 한다.

25 건설기계에서 스티어링 클러치에 대한 설명으로 틀린 것은?

✓ ① 트랙이 설치된 장비에서 작동 시 동력을 끊은 반대쪽으로 돌게 한다.
② 주행 중 진행 방향을 바꾸기 위한 장치이다.
③ 조향 시 어느 한쪽을 차단하고 다른 쪽의 구동축만 구동시킨다.
④ 조향 클러치라고도 한다.

26 엔진과 직결되어 같은 회전수로 회전하는 토크컨버터의 구성품은?

① 터빈
✓ ② 펌프
③ 스테이터
④ 변속기 출력축

해설
기관에 의해 직접 구동되는 것은 펌프이고 따라 도는 부분은 터빈이다.

27 자동변속기의 메인압력이 떨어지는 이유가 아닌 것은?

① **클러치판 마모**
② 오일 부족
③ 오일필터 막힘
④ 오일펌프 내 공기생성

해설
자동변속기는 오일을 매개체로 동력전달을 하므로 오일의 온도가 과도하게(85℃) 상승하거나, 오일이 부족하거나, 오일필터가 막혔거나, 오일펌프 내에 공기가 생성되면 엔진의 효율이 급격하게 저하된다.

28 유압기기 장치에 사용하는 유압호스로 가장 큰 압력에 견딜 수 있는 것은?

① 고무호스
② **나선 와이어 브레이드**
③ 직물 브레이드
④ 와이어리스 고무 브레이드

해설
나선 와이어 브레이드는 압력이 매우 높은 유압장치에 사용한다.

29 타이어식 건설기계에서 조향 바퀴의 토인을 조정하는 곳은?

① 핸들
② **타이로드**
③ 웜 기어
④ 드래그 링크

해설
타이어식 건설기계에서 조향 바퀴의 토인은 타이로드 엔드의 길이로 조정한다.

30 타이어식 장비에서 캠버가 틀어졌을 때 가장 거리가 먼 것은?

① 핸들의 쏠림 발생
② **로어 암 휨 발생**
③ 타이어 트레드의 편마모 발생
④ 휠 얼라인먼트 점검 필요

해설
캠버 각은 자동차를 정면에서 바라볼 때 타이어 각도가 측면으로 기운 상태를 말한다. 캠버가 틀어졌을 때에는 연비하락, 핸들의 쏠림, 타이어의 편마모 발생 등이 나타나므로 휠 얼라인먼트의 점검이 필요하다.

31 오일의 압력이 낮아지는 원인과 가장 거리가 먼 것은?

① 유압펌프의 성능이 불량할 때
② **오일의 점도가 높아졌을 때**
③ 오일의 점도가 낮아졌을 때
④ 계통 내에서 누설이 있을 때

해설
유압이 낮아지는 원인
• 엔진 베어링의 윤활 간극이 클 때
• 오일펌프가 마모되었거나 회로에서 오일이 누출될 때
• 오일의 점도가 낮을 때
• 오일 팬 내의 오일량이 부족할 때
• 유압조절밸브 스프링의 장력이 쇠약하거나 절손되었을 때
• 엔진 오일이 연료 등의 유입으로 현저하게 희석되었을 때

32 건설기계에 사용되는 유압펌프의 종류가 아닌 것은?

① 베인펌프　② 플런저펌프
❸ 포막펌프　④ 기어펌프

[해설]
포막펌프는 송출 압력이 낮은 펌프로 연료 계통에 사용되고 있다.

33 유압기기의 과부하 방지를 위한 밸브는?

① 분류 밸브　② 방향 제어 밸브
❸ 릴리프 밸브　④ 스로틀 밸브

[해설]
릴리프 밸브는 유압장치 내의 압력을 일정하게 유지하고, 최고압력을 제한하며 회로를 보호해주는 밸브이다.

34 회로 내 유체의 흐름 방향을 제어하는 데 사용되는 밸브는?

① 교축 밸브　❷ 셔틀 밸브
③ 감압 밸브　④ 순차 밸브

[해설]
셔틀 밸브는 방향 제어 밸브이다.
• 유량 제어 밸브 : 교축(스로틀) 밸브, 디바이더 밸브, 플로 컨트롤 밸브
• 압력 제어 밸브 : 감압 밸브, 순차(시퀀스) 밸브, 릴리프 밸브, 언로더 밸브, 카운터밸런스 밸브

35 유압실린더의 구성부품이 아닌 것은?

① 피스톤 로드
② 피스톤
③ 실린더
❹ 암

[해설]
유압실린더의 기본 구성부품은 실린더, 실린더 튜브, 피스톤, 피스톤 로드, 실린더 패킹 등이다.

36 유압모터의 특징이 아닌 것은?

① 소형으로 강력한 힘을 낼 수 있다.
② 과부하에 대해 안전하다.
❸ 정·역회전 변화가 불가능하다.
④ 무단변속이 용이하다.

[해설]
유압모터의 특징
• 소형, 경량이며, 큰 힘을 낼 수 있다.
• 회전체의 관성력이 작으므로 응답성이 빠르다.
• 정·역회전이 가능하다.
• 무단변속으로 회전수를 조정할 수 있다.
• 자동제어의 조작부 및 서보기구의 요소로 적합하다.

37 다음 중 어큐뮬레이터를 나타내는 유압기호는?

① 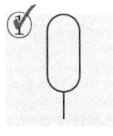 ②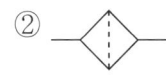

③  ④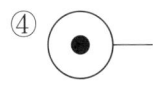

> [해설]
> ① 어큐뮬레이터, ② 필터, ③ 압력계

38 여과기를 설치 위치에 따라 분류할 때, 관로용 여과기에 포함되지 않는 것은?

① 라인 여과기
② 리턴 여과기
③ 압력 여과기
✓ **흡입 여과기**

> [해설]
> 설치 위치에 따른 여과기의 분류
> • 탱크용(펌프 흡입 쪽) : 스트레이너, 흡입 여과기
> • 관로용
> – 펌프 토출 쪽 : 라인 여과기
> – 되돌아오는 쪽 : 리턴 여과기
> – 순환라인 : 순환 여과기

39 건설기계의 등록 전에 임시운행 사유에 해당되지 않는 것은?

✓ **장비 구입 전 이상 유무 확인을 위해 1일간 예비 운행을 하는 경우**
② 등록신청을 하기 위하여 건설기계를 등록지로 운행하는 경우
③ 수출을 하기 위하여 건설기계를 선적지로 운행하는 경우
④ 신개발 건설기계를 시험·연구의 목적으로 운행하는 경우

> [해설]
> 미등록 건설기계의 임시운행(건설기계관리법 시행규칙 제6조)
> • 등록신청을 하기 위하여 건설기계를 등록지로 운행하는 경우
> • 신규등록검사 및 확인검사를 받기 위하여 건설기계를 검사장소로 운행하는 경우
> • 수출을 하기 위하여 건설기계를 선적지로 운행하는 경우
> • 수출을 하기 위하여 등록말소한 건설기계를 점검·정비의 목적으로 운행하는 경우
> • 신개발 건설기계를 시험·연구의 목적으로 운행하는 경우
> • 판매 또는 전시를 위하여 건설기계를 일시적으로 운행하는 경우

40 안전보건표지의 종류가 아닌 것은?

① 안내표지   ✓ **허가표지**
③ 지시표지   ④ 금지표지

> [해설]
> 안전보건표지에는 금지표지, 경고표지, 지시표지, 안내표지가 있다(산업안전보건법 시행규칙 별표 7).

41 건설기계 정기검사를 면제받기 위한 건설기계제동장치정비확인서를 발행하는 것은?

① 건설기계대여회사
✔ ② 건설기계정비업자
③ 건설기계부품업자
④ 건설기계매매업자

해설
정기검사의 일부 면제(건설기계관리법 시행규칙 제32조의2)
건설기계의 제동장치에 대한 정기검사를 면제받으려는 자는 정기검사 신청 시에 해당 건설기계정비업자가 발행한 별도 서식의 건설기계제동장치정비확인서를 시·도지사 또는 검사대행자에게 제출해야 한다.

42 건설기계관리법령상 다음 설명에 해당하는 건설기계사업은?

> 건설기계를 분해·조립 또는 수리하고 그 부분품을 가공제작·교체하는 등 건설기계를 원활하게 사용하기 위한 모든 행위를 업으로 하는 것

✔ ① 건설기계정비업
② 건설기계제작업
③ 건설기계매매업
④ 건설기계해체재활용업

해설
③ 건설기계매매업 : 중고(中古) 건설기계의 매매 또는 그 매매의 알선과 그에 따른 등록사항에 관한 변경신고의 대행을 업으로 하는 것
④ 건설기계해체재활용업 : 폐기 요청된 건설기계의 인수(引受), 재사용 가능한 부품의 회수, 폐기 및 그 등록말소 신청의 대행을 업으로 하는 것

43 등록되지 아니한 건설기계를 사용하거나 운행한 자의 벌칙은?

① 1년 이하의 징역 또는 1천만원 이하의 벌금
✔ ② 2년 이하의 징역 또는 2천만원 이하의 벌금
③ 20만원 이하의 벌금
④ 10만원 이하의 벌금

해설
2년 이하의 징역 또는 2천만원 이하의 벌금 부과 기준(건설기계관리법 제40조)
• 등록되지 아니한 건설기계를 사용하거나 운행한 자
• 등록이 말소된 건설기계를 사용하거나 운행한 자
• 시·도지사의 지정을 받지 아니하고 등록번호표를 제작하거나 등록번호를 새긴 자
• 검사대행자 또는 그 소속 직원에게 재물이나 그 밖의 이익을 제공하거나 제공 의사를 표시하고 부정한 검사를 받은 자
• 건설기계의 주요 구조나 원동기, 동력전달장치, 제동장치 등 주요 장치를 변경 또는 개조한 자
• 무단 해체한 건설기계를 사용·운행하거나 타인에게 유상·무상으로 양도한 자
• 시정명령을 이행하지 아니한 자
• 등록을 하지 아니하고 건설기계사업을 하거나 거짓으로 등록을 한 자
• 등록이 취소되거나 사업의 전부 또는 일부가 정지된 건설기계사업자로서 계속하여 건설기계사업을 한 자

44 사고의 결과로 인하여 인간이 입는 인명 피해와 재산상의 손실을 무엇이라 하는가?

✔ ① 재해   ② 안전
③ 사고   ④ 부상

해설
재해란 안전사고의 결과로 일어난 인명과 재산의 손실이다.

45 수공구 보관 및 사용 방법으로 틀린 것은?

① 해머 작업 시 몸의 자세를 안정되게 한다.
② 담금질한 것은 함부로 두들겨서는 안 된다.
❸ **공구는 적당한 습기가 있는 곳에 보관한다.**
④ 파손, 마모된 것은 사용하지 않는다.

> **해설**
> 수공구를 습기가 있는 곳에 보관하면 녹이 슬기 쉬우므로, 통풍이 잘되는 장소에 수공구별로 보관한다.

46 볼트나 너트를 죄거나 푸는 데 사용하는 렌치(Wrench)에 대한 설명으로 틀린 것은?

① 조정 렌치 : 멍키 렌치라고도 호칭하며, 제한된 범위 내에서 어떠한 규격의 볼트나 너트에도 사용할 수 있다.
② 엘 렌치 : 6각형 봉을 'L' 모양으로 구부려서 만든 렌치이다.
❸ **복스 렌치 : 연료 파이프 피팅 작업에 사용할 수 있다.**
④ 소켓 렌치 : 다양한 크기의 소켓을 바꿔가며 작업할 수 있도록 만든 렌치이다.

> **해설**
> 연료 파이프 피팅 작업에는 끝부분이 열린 오픈 렌치를 사용한다.

47 인력운반과 비교한 기계운반의 특징이 아닌 것은?

① 단순하고 반복적인 작업에 적합하다.
❷ **취급물이 경량물인 작업에 적합하다.**
③ 취급물의 크기, 형상, 성질 등이 일정한 작업에 적합하다.
④ 표준화되어 있어 지속적이고 운반량이 많은 작업에 적합하다.

> **해설**
> 기계운반은 취급물이 중량물인 작업에 적합하다.

48 드릴 작업의 안전수칙이 아닌 것은?

❶ **작업 후에는 드릴을 척에 끼워 둔다.**
② 장갑을 끼고 작업하지 않는다.
③ 칩을 제거할 때는 회전을 중지시킨 상태에서 솔로 제거한다.
④ 일감은 견고하게 고정시키고 손으로 잡고 구멍을 뚫지 않는다.

> **해설**
> 작업이 끝나면 드릴을 척에서 빼놓는다.

49 유류화재 시 소화방법으로 부적절한 것은?

① 모래를 뿌린다.
❷ 다량의 물을 부어 끈다.
③ ABC소화기를 사용한다.
④ B급 화재 소화기를 사용한다.

[해설]
기름으로 인한 화재의 경우 기름과 물은 섞이지 않기 때문에 기름 위의 불이 물을 타고 더 확산된다.

50 건설기계관리법령상 천공기의 구조 및 표시방법에 대한 설명으로 틀린 것은?

① 천공장치를 가진 자주식인 것
② 무한궤도식, 타이어식 또는 굴진식 등 스스로 이동이 가능한 것
③ 실드굴진기의 규격은 최대굴착지름으로 표시
❹ 크롤러식의 규격은 프레트롤 단수와 착암기 대수로 표시

[해설]
천공기의 구조 및 규격표시방법(건설기계관리업무처리규정 별표 1)
무한궤도식, 타이어식 또는 굴진식 등 스스로 이동이 가능한 것으로서 수평 또는 수직으로 천공할 수 있는 장치를 장착한 기계가 이에 속한다.
- 크롤러식 : 착암기의 중량(kg)과 매분당 공기 소비량(m^3/min) 및 유압펌프 토출량(L/min)
- 점보식 : 프레트롤 단수와 착암기 대수(O단×O대)
- 실드굴진기 : 최대굴착지름(mm)
- 터널 보링머신 : 최대굴착지름(mm)
- 오거 등 : 최대천공지름(mm)

51 락드릴 시동 전 점검사항으로 옳지 않은 것은?

① 장비 시동 전 토사, 골재, 암, 건설 폐기물, 광석, 식재 등 작업장 주변 상태를 철저히 점검한다.
② 축전지(배터리)와 엔진 주변에 있는 가연성 물체는 화재를 일으킬 수 있으므로 모두 제거한다.
❸ 공구나 부품을 운전석 내에 가까운 곳에 비치한다.
④ 장비를 편안하고 안전하게 운전할 수 있도록 운전석을 조정한다.

[해설]
공구나 부품을 운전석 내에 두지 말아야 하는 이유 장비 이동 또는 작동 중에 발생하는 진동 등으로 공구나 부품이 떨어져 작동 레버나 스위치 등을 파손시킬 수 있다. 또 부품들이 작동 레버 스위치에 끼어 오작동 또는 작동 불능을 유발하고 사고를 일으킬 수 있다.

52 초기 천공 작업 시 천공 구멍의 자리를 잡기 위한 스위치는?

❶ 천공 스위치
② 앤티재밍 스위치
③ 스트로크 조정장치
④ 가이드 장치

53 회전식 천공기인 어스 오거(Earth Auger)에 대한 설명으로 틀린 것은?

① 작업장치는 리더, 유압모터 또는 전동모터 오거 등으로 구성된다.
② 리더는 오거를 천공 위치와 각도를 정확하게 하여 지중에 들어갈 수 있도록 안내하는 기능을 한다.
③ 유압모터는 오거(스크루 로드, 스크루 비트)를 구동시킨다.
❹ **선단 오거식은 로드 전 부위에 스크루가 설치된 방식이다.**

[해설]
선단 오거식은 로드 끝부분의 일정 부위에만 스크루가 부착되어 있고, 연속 스크루식은 로드 전 부위에 설치되어 있다.

54 항타·항발기 시운전 시 확인 사항으로 틀린 것은?

❶ **겨울철에 연료는 작업종료 후 F선(Full)에서 한 칸 아래까지 채워야 한다.**
② 축전지의 비중은 1.250~1.280 사이면 정상이고 1.190 이하로 떨어지면 충전을 계속해야 한다.
③ 항타·항발기 유압유의 적정 온도 범위인 20~80℃ 내에서 사용해야 한다.
④ 충전이 되지 않을 때는 전압이 24V로 표시되며 28V가 넘으면 과충전 상태이다.

[해설]
겨울철에 연료는 공기 중의 수분 혼입을 막기 위해 작업종료 후 F선(Full)까지 가득 채운다.

55 증기해머의 특징으로 옳지 않은 것은?

① 해머를 들어 올리는 단동식과 들어 올렸다가 내려서 미는 복동식이 있다.
❷ **복동식은 단동식에 비해 배기음과 타격음이 크다.**
③ 복동식은 구조가 복잡하고 1회당 충격에너지가 작다.
④ 단동식은 중력에 의존한다.

[해설]
복동식 증기해머의 장단점
• 장점 : 배기음과 타격음이 작고 타격으로 인한 튀어오름이 적으며 효율적으로 해머 중량을 활용한다.
• 단점 : 구조가 복잡하며 한 번 타격할 때마다 발생하는 충격에너지가 작다.

56 파일 끝의 가공 길이는 파일 지름의 몇 배 정도로 하는가?

❶ **1.5~2.0배**
② 2.0~2.5배
③ 2.5~3.0배
④ 3.0~3.5배

[해설]
파일 끝의 가공 길이는 파일 지름의 1.5~2.0배 정도로 한다.

57 연약한 표토층의 토사가 붕괴되는 것을 방지하기 위한 그라우팅 작업의 목적으로 옳지 않은 것은?

☑ 케이싱 파이프와 파이프 사이의 공백을 메워 시추공을 보호한다.
② 수십m에 케이싱을 연결하면 무게의 하중으로 뒤틀림 현상이 생겨 케이싱이 휘어지는 것을 방지한다.
③ 서로 다른 표토층이 나타나므로 액체의 압력으로 분리되는 것을 방지한다.
④ 지하수가 지나가는 곳에서 유실되는 구간이 생기지 않게 한다.

[해설]
시멘팅은 케이싱 파이프와 표토층 사이의 공간을 막아 시추공 벽의 보호와 지하수의 차단을 통해서 시추공 홀 확보와 공벽을 보호하기 위한 작업이다.

58 기관에서 연료를 압축하여 분사순서에 맞추어 노즐로 압송시키는 장치는?

☑ 연료분사펌프
② 연료공급펌프
③ 프라이밍 펌프
④ 유압펌프

59 엔진오일의 구비조건으로 틀린 것은?

☑ 응고점이 높을 것
② 비중과 점도가 적당할 것
③ 인화점과 발화점이 높을 것
④ 기포 발생과 카본 생성에 대한 저항력이 클 것

[해설]
엔진오일의 구비조건
• 응고점이 낮을 것
• 비중과 점도가 적당할 것
• 인화점과 발화점이 높을 것
• 기포 발생과 카본 생성에 대한 저항력이 클 것
• 열화가 적고 잘 산화되지 않을 것
• 윤활 성능이 우수할 것
• 점도지수가 클 것

60 건설기계의 교류발전기에서 마모성 부품은?

① 스테이터
☑ 슬립 링
③ 다이오드
④ 엔드 프레임

[해설]
슬립 링(Slip Ring)은 교류발전기에서 브러시와 접촉하여 로터에 여자전류를 공급하는 마모성 부품이다.

제7회 기출복원문제

01 디젤기관의 고장 원인과 가장 거리가 먼 것은?

① 각 실린더의 분사압력과 분사량이 다르다.
② 분사시기, 분사간격이 다르다.
❸ 윤활펌프의 유압이 높다.
④ 각 피스톤의 중량차가 크다.

[해설]
윤활펌프의 유압이 높은 것은 유압유의 흐름과 관련하여 누유 등 순환계통의 손상과 관련이 있을 뿐 디젤엔진의 고장 원인이 아니다.

02 겨울철 연료탱크에 연료를 가득 채우는 이유 중 옳은 것은?

① 연료가 적으면 엔진 노킹이 발생한다.
❷ 연료가 적으면 수증기가 응축된다.
③ 연료가 적으면 휘발성이 크다.
④ 연료가 적으면 베이퍼 록이 생긴다.

[해설]
수증기가 쉽게 응결되는 겨울철에는 연료탱크 안의 빈 공간을 작게 하는 것이 수분 응결에 의한 연료 희석을 방지할 수 있다

03 기관 과열의 직접적인 원인으로 부적당한 것은?

① 팬 벨트의 느슨함
② 라디에이터의 코어 막힘
③ 냉각수의 부족
❹ 타이밍 체인(Timing Chain)의 헐거움

[해설]
④ 타이밍 체인이 헐거우면 밸브 개폐 시기에 영향을 준다.
기관의 과열 원인
• 윤활유 부족
• 냉각수 부족
• 물펌프 고장
• 팬 벨트 이완 절손
• 온도조절기가 열리지 않음
• 물 재킷 스케일 누적
• 라디에이터 막힘

04 엔진의 윤활유 압력이 낮은 원인이 아닌 것은?

① 윤활유 펌프의 성능이 좋지 않다.
② 윤활유의 양이 부족하다.
❸ 윤활유의 점도가 너무 높다.
④ 기관 각부의 마모가 심하다.

[해설]
오일의 압력이 낮아지는 원인
오일의 점도 저하, 오일량 부족, 오일펌프 과대 마모, 유압 조절 밸브의 밀착 혹은 스프링 밸브 쇠손, 계통 내에서 누설이 있을 때 등

05 디젤기관의 운전 중 검은색 매연이 심하게 배출될 때 점검하여야 할 사항이 아닌 것은?

① 공기청정기의 막힘 점검
② 분사시기 점검
③ 분사펌프의 점검
✅ 연료 라인에 공기 혼입 여부 점검

해설
디젤기관에서 연료 라인에 공기가 혼입되면 기관 부조 현상이 발생된다.

06 전기가 이동하지 않고 물질에 정지하고 있는 전기는?

① 동전기　　　✅ 정전기
③ 직류전기　　④ 교류전기

해설
정전기 : 서로 다른 두 물체를 마찰시키면 전기가 생기는데 움직이지 않고 한군데 머무른다고 하여 정지해 있는 전기라는 뜻. 이때 한쪽은 양의 전기(+), 다른 쪽은 음의 전기(-)가 생긴다.
※ 동전기 : 정전기의 이동(전류에 의해 생기는 현상)을 동전기라 한다.

07 같은 용량, 같은 전압의 축전지를 병렬로 연결하였을 때 맞는 것은?

① 용량과 전압은 일정하다.
② 용량과 전압이 2배로 된다.
③ 용량은 한 개일 때와 같으나 전압은 2배로 된다.
✅ 용량은 2배이고 전압은 한 개일 때와 같다.

해설
축전지를 병렬로 연결하면 용량은 2배이고 전압은 한 개일 때와 같다. 직렬로 연결하면 전압이 상승한다.

08 전기장치 회로에 사용하는 퓨즈의 재질로 적합한 것은?

① 스틸 합금
② 구리 합금
③ 알루미늄 합금
✅ 납과 주석 합금

해설
④ 전기장치 회로에 사용하는 퓨즈의 재질은 납과 주석의 합금이다.

09 교류발전기에서 회전체에 해당하는 것은?

✅ 로터　　　② 엔드프레임
③ 스테이터　④ 브러시

해설
① 회전체(Rotor)이다. 스테이터는 전류가 발생하는 곳이다.

10 헤드라이트에서 세미 실드빔형은?

① 렌즈, 반사경 및 전구를 분리하여 교환이 가능한 것
② 렌즈, 반사경 및 전구가 일체인 것
③ **렌즈와 반사경은 일체이고, 전구는 교환이 가능한 것** ✓
④ 렌즈와 반사경을 분리하여 제작한 것

> 해설
> 세미 실드빔형 전조등은 렌즈와 반사경은 일체이며, 전구와 반사경을 분리 교환할 수 있다.

11 에어컨 시스템에서 기화된 냉매를 액화하는 장치는?

① **응축기** ✓   ② 건조기
③ 컴프레서   ④ 팽창 밸브

> 해설
> 응축기(콘덴서) : 콘덴서는 컴프레서에서 전달된 고온 고압의 기체 상태 냉매가스의 열을 대기로 방출시켜 액체 상태의 냉매로 변화시킨다.

12 변속기의 필요조건으로 가장 거리가 먼 것은?

① **회전수를 증가시킨다.** ✓
② 기관을 무부하 상태로 한다.
③ 역전이 가능하게 한다.
④ 회전력을 증대시킨다.

> 해설
> 변속기의 필요성
> • 기관을 시동할 때 기관을 무부하 상태로 한다.
> • 자동차를 후진시키기 위하여 필요하다.
> • 기관과 차축 사이에서 회전력을 증대시킨다.

13 브레이크에 페이드 현상이 일어났을 때의 조치 방법으로 적절한 것은?

① 브레이크를 자주 밟아 열을 발생시킨다.
② 속도를 조금 올려준다.
③ **작동을 멈추고 열이 식도록 한다.** ✓
④ 주차 브레이크를 대신 사용한다.

> 해설
> 페이드 현상 : 주행 중 계속해서 브레이크를 사용함으로써 온도상승으로 인해 제동마찰제의 기능이 저하되어 마찰력이 약해지는 현상이다. 페이드 현상이 발생하면 안전한 곳에 주차 후 시동을 끄고 라이닝과 드럼 또는 디스크의 온도가 떨어질 때까지 기다렸다 진행한다.

14 타이어식 건설기계에서 조향 바퀴의 토인을 조정하는 곳은?

① 핸들
② **타이로드** ✓
③ 웜 기어
④ 드래그 링크

> 해설
> 타이어식 건설기계에서 조향 바퀴의 토인은 타이로드 엔드의 길이로 조정한다.

15 타이어에서 고무로 피복된 코드를 여러 겹으로 겹친 층에 해당되며 타이어 골격을 이루는 부분은?

☑ 카커스(Carcass)부
② 트레드(Tread)부
③ 숄더(Shoulder)부
④ 비드(Bead)부

해설
② 트레드(Tread)부 : 직접 노면과 접촉되어 마모에 견디고 적은 슬립으로 견인력을 증대시키는 부분
③ 숄더(Shoulder)부 : 트레드 끝의 각(角) 부분
④ 비드(Bead)부 : 림과 접촉하게 되는 타이어의 내면 부분

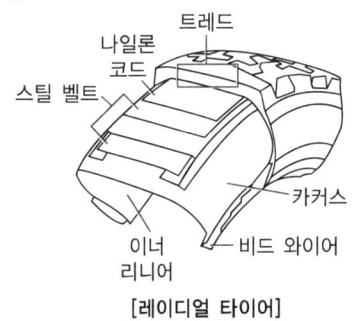
[레이디얼 타이어]

16 기관에서 밸브의 개폐를 돕는 것은?

① 너클 암
② 스티어링 암
☑ 로커 암
④ 피트먼 암

해설
①, ②, ④는 조향장치이다.

17 다음 중에서 유압장치에 주로 사용되지 않는 것은?

① 베인펌프
② 피스톤펌프
☑ 분사펌프
④ 기어펌프

해설
분사펌프는 연료장치에 사용되는 펌프이다.

18 계통 내의 최대 압력을 설정함으로써 계통을 보호하는 밸브는?

☑ 릴리프 밸브
② 릴레이 밸브
③ 리듀싱 밸브
④ 리타더 밸브

해설
릴리프 밸브 : 펌프의 토출 측에 위치하여 회로 전체의 압력을 제어하는 밸브이다.

19 2개 이상의 분기회로가 있을 때 순차적인 작동을 하기 위한 압력 제어 밸브는?

☑ 시퀀스 밸브
② 감압 밸브
③ 릴리프 밸브
④ 리듀싱 밸브

해설
시퀀스 밸브 : 유압회로의 압력에 의해 유압 액추에이터의 작동 순서를 제어하는 밸브

20 유압실린더에서 피스톤 행정이 끝날 때 발생하는 충격을 흡수하기 위해 설치하는 장치는?

☑ **쿠션 기구**
② 스로틀 밸브
③ 압력 보상 장치
④ 서보 밸브

해설
쿠션 기구로 인해 피스톤이 커버와 충돌할 때의 쇼크를 흡수, 실린더 수명을 연장할 뿐 아니라 쇼크로 발생되는 진동 등에 의한 유압장치 기기, 배관 등의 손상을 방지한다.

23 유압오일의 온도가 상승되는 원인이 아닌 것은?

① 고속 및 과부하로의 연속작업
② 오일 냉각기의 불량
③ 오일의 점도가 부적당할 때
☑ **유량의 과다**

해설
유압유의 온도가 상승하는 원인
• 높은 열을 갖는 물체에 유압유가 접촉될 때 온도가 상승한다.
• 과부하로 연속작업을 하는 경우에 온도가 상승한다.
• 오일 냉각기가 불량할 때 온도가 상승한다.
• 유압유에 캐비테이션이 발생할 때 온도가 상승한다.
• 높은 태양열이 작용하면 온도가 상승한다.

21 유압모터를 선택할 때 고려사항과 가장 거리가 먼 것은?

① 부하   ② 효율
③ 동력   ☑ **점도**

24 오일과 오일링의 작용(역할) 중 오일의 작용에 해당되지 않는 것은?

① 방청 작용
② 냉각 작용
③ 응력분산 작용
☑ **오일 제어 작용**

해설
피스톤링의 3대 작용
• 기밀 유지(밀봉) 작용 : 압축링의 주작용
• 오일 제어(실린더 벽의 오일 긁어내기) 작용 : 오일링의 주작용
• 열전도(냉각) 작용

22 압력 스위치를 나타내는 것은?

①   ②

③   ④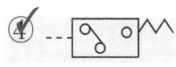

해설
① 압력계, ② 스톱 밸브, ③ 어큐뮬레이터

25 유압펌프에서 발생한 유압을 저장하고 맥동을 소멸시키는 장치는?

① **어큐뮬레이터**
② 언로딩 밸브
③ 릴리프 밸브
④ 스트레이너

> [해설]
> 어큐뮬레이터(Accumulator) : 유압에너지를 가압 상태로 저장하여 유압을 보상해 주는 용기로 유압회로 내의 진동·충격·맥동을 흡수한다.

26 건설기계의 소유자는 다음 어느 령이 정하는 바에 의하여 건설기계의 등록을 하여야 하는가?

① **대통령령**
② 고용노동부령
③ 총리령
④ 행정안전부령

> [해설]
> 건설기계의 소유자는 대통령령으로 정하는 바에 따라 건설기계의 등록을 하여야 한다.

27 건설기계 등록 신청은 건설기계를 취득한 날로부터 얼마의 기간 이내에 하여야 하는가?

① 5일　　② 15일
③ 1월　　④ **2월**

> [해설]
> 건설기계 등록 신청은 건설기계를 취득한 날(판매를 목적으로 수입된 건설기계의 경우에는 판매한 날을 말한다)부터 2월 이내에 하여야 한다. 다만, 전시·사변 기타 이에 준하는 국가비상사태하에 있어서는 5일 이내에 신청하여야 한다.

28 건설기계 정기검사 신청 기간 내에 정기검사를 받은 경우 정기검사의 유효기간 시작일을 바르게 설명한 것은?

① 신청 기간 내에 검사를 받은 다음 날부터
② **종전 검사유효기간 만료일의 다음 날부터**
③ 신청 기간에 관계없이 검사를 받은 날의 다음 날부터
④ 종전 검사유효기간 만료일부터

> [해설]
> 유효기간의 산정은 정기검사 신청 기간까지 정기검사를 신청한 경우에는 종전 검사유효기간 만료일의 다음 날부터, 그 외의 경우에는 검사를 받은 날의 다음 날부터 기산한다.

29 건설기계 정기검사 시 제동장치에 대한 검사를 면제받기 위한 제동장치정비확인서를 발행하는 곳은?

① 건설기계대여회사
❷ 건설기계정비업자
③ 건설기계부품업자
④ 건설기계매매업자

해설
정기검사의 일부 면제(건설기계관리법 시행규칙 제32조의2)
건설기계의 제동장치에 대한 정기검사를 면제받으려는 자는 정기검사 신청 시에 해당 건설기계정비업자가 발행한 건설기계 제동장치정비확인서를 시·도지사 또는 검사대행자에게 제출해야 한다.

30 건설기계조종사면허 적성검사 기준으로 틀린 것은?

① 두 눈의 시력이 각각 0.3 이상
② 시각은 150° 이상
❸ 청력은 10m의 거리에서 60dB을 들을 수 있을 것
④ 두 눈을 동시에 뜨고 잰 시력이 0.7 이상

해설
청력은 55dB(보청기를 사용하는 사람은 40dB)의 소리를 들을 수 있고, 언어분별력이 80% 이상일 것

31 건설기계관리법령상 건설기계조종사면허의 종류가 아닌 것은?

❶ 콘크리트피니셔
② 천공기
③ 준설선
④ 공기압축기

해설
① 콘크리트피니셔는 롤러 면허에 포함된다.
건설기계조종사면허의 종류(건설기계관리법 시행규칙 별표 21)

면허의 종류	조종할 수 있는 건설기계
① 불도저	불도저
② 5t 미만의 불도저	5t 미만의 불도저
③ 굴착기	굴착기
④ 3t 미만의 굴착기	3t 미만의 굴착기
⑤ 로더	로더
⑥ 3t 미만의 로더	3t 미만의 로더
⑦ 5t 미만의 로더	5t 미만의 로더
⑧ 지게차	지게차
⑨ 3t 미만의 지게차	3t 미만의 지게차
⑩ 기중기	기중기
⑪ 롤러	롤러, 모터그레이더, 스크레이퍼, 아스팔트피니셔, 콘크리트피니셔, 콘크리트살포기 및 골재살포기
⑫ 이동식 콘크리트 펌프	이동식 콘크리트펌프
⑬ 쇄석기	쇄석기, 아스팔트믹싱플랜트 및 콘크리트배칭플랜트
⑭ 공기압축기	공기압축기
⑮ 천공기	천공기(타이어식, 무한궤도식 및 굴진식을 포함. 단, 트럭적재식은 제외), 항타 및 항발기
⑯ 5t 미만의 천공기	5t 미만의 천공기(트럭적재식은 제외)
⑰ 준설선	준설선 및 자갈채취기
⑱ 타워크레인	타워크레인
⑲ 3t 미만의 타워크레인	3t 미만의 타워크레인 중 세부규격에 적합한 타워크레인

32 다음 중 건설기계사업이 아닌 것은?

① 건설기계대여업
☑ **건설기계수출업**
③ 건설기계해체재활용업
④ 건설기계정비업

[해설]
건설기계사업 : 건설기계대여업, 건설기계정비업, 건설기계매매업 및 건설기계해체재활용업을 말한다.

33 등록되지 아니한 건설기계를 사용하거나 운행한 자의 벌칙은?

① 1년 이하의 징역 또는 1백만원 이하의 벌금
☑ **2년 이하의 징역 또는 2천만원 이하의 벌금**
③ 20만원 이하의 벌금
④ 10만원 이하의 벌금

[해설]
다음의 어느 하나에 해당하는 자는 2년 이하의 징역 또는 2천만원 이하의 벌금에 처한다.
• 등록되지 아니한 건설기계를 사용하거나 운행한 자
• 등록이 말소된 건설기계를 사용하거나 운행한 자
• 시·도지사의 지정을 받지 아니하고 등록번호표를 제작하거나 등록번호를 새긴 자
• 검사대행자 또는 그 소속 직원에게 재물이나 그 밖의 이익을 제공하거나 제공 의사를 표시하고 부정한 검사를 받은 자
• 건설기계의 주요 구조나 원동기, 동력전달장치, 제동장치 등 주요 장치를 변경 또는 개조한 자
• 무단 해체한 건설기계를 사용·운행하거나 타인에게 유상·무상으로 양도한 자
• 시정명령을 이행하지 아니한 자
• 등록을 하지 아니하고 건설기계사업을 하거나 거짓으로 등록을 한 자
• 등록이 취소되거나 사업의 전부 또는 일부가 정지된 건설기계사업자로서 계속하여 건설기계사업을 한 자

34 정비 명령을 이행하지 아니한 자에 대한 벌칙은?

☑ **1년 이하의 징역 또는 1천만원 이하의 벌금**
② 1백만원 이하의 벌금
③ 50만원 이하의 벌금
④ 30만원 이하의 과태료

[해설]
1년 이하의 징역 또는 1천만원 이하의 벌금에 처한다.

35 건설기계 운전자가 운전 위치를 이탈할 때 안전측면에서 조치사항으로 가장 거리가 먼 것은?

① 일시 작업을 멈춘다.
② 원동기를 정지시킨다.
③ 브레이크를 확실히 건다.
☑ **작업장치를 올리고 버팀목을 받친다.**

[해설]
운전 위치 이탈 시의 조치(산업안전보건기준에 관한 규칙)
① 사업주는 차량계 하역운반기계 등, 차량계 건설기계의 운전자가 운전 위치를 이탈하는 경우 해당 운전자에게 다음의 사항을 준수하도록 하여야 한다.
  ㉠ 포크, 버킷, 디퍼 등의 장치를 가장 낮은 위치 또는 지면에 내려 둘 것
  ㉡ 원동기를 정지시키고 브레이크를 확실히 거는 등 차량계 하역운반기계 등, 차량계 건설기계의 갑작스러운 이동을 방지하기 위한 조치를 할 것
  ㉢ 운전석을 이탈하는 경우에는 시동키를 운전대에서 분리시킬 것. 다만, 운전석에 잠금장치를 하는 등 운전자가 아닌 사람이 운전하지 못하도록 조치한 경우에는 그러하지 아니하다.
② 차량계 하역운반기계 등, 차량계 건설기계의 운전자는 운전 위치에서 이탈하는 경우 ①의 조치를 하여야 한다.

36 안전관리상 감전의 위험이 있는 곳의 전기를 차단하여 수리점검을 할 때의 조치와 관계가 없는 것은?

☑ 스위치에 통전장치를 한다.
② 기타 위험에 대한 방지장치를 한다.
③ 스위치에 안전장치를 한다.
④ 통전 금지기간에 관한 사항이 있을 때 필요한 곳에 게시한다.

> **해설**
> 전원을 차단하여 정전으로 시행하는 작업 시 통전장치를 하면 안 된다.

37 다음 중 보호구를 선택할 때의 유의사항으로 틀린 것은?

① 작업 행동에 방해되지 않을 것
☑ 사용 목적에 구애받지 않을 것
③ 보호구 성능기준에 적합하고 보호 성능이 보장될 것
④ 착용이 용이하고 크기 등 사용자에게 편리할 것

> **해설**
> ② 사용 목적 또는 작업에 적합한 보호구일 것

38 안전보건표지에서 안내표지의 바탕색은?

① 백색   ☑ 녹색
③ 흑색   ④ 적색

> **해설**
> 안전표지 바탕색 중 녹색은 안내, 적색은 금지, 노랑은 경고표지이다.

39 수공구 사용 시 안전사고의 원인에 해당되지 않는 것은?

① 힘에 맞지 않는 공구를 사용하였다.
☑ 수공구의 성능을 알고 선택하였다.
③ 사용 방법이 미숙하였다.
④ 사용 공구의 점검 및 정비를 소홀히 하였다.

40 작업에 필요한 수공구의 보관에 알맞지 않은 것은?

① 공구함을 준비하여 종류와 크기별로 보관한다.
② 공구는 소정의 장소에 보관한다.
③ 날이 있거나 뾰족한 물건은 위험하므로 뚜껑을 씌워 둔다.
☑ 사용한 수공구는 녹슬지 않도록 손잡이 부분에 오일을 발라서 보관한다.

> **해설**
> 공구 보관 시 손잡이를 청결하게 유지한다(기름이 묻은 손잡이는 사고를 유발할 수 있다).

41 간단한 장비 점검 및 수리를 위해 스패너를 사용하려고 한다. 맞는 것은?

① 스패너는 볼트, 너트에 관계없이 아무거나 사용한다.
② 크기가 맞지 않으면 쐐기를 박아서 사용한다.
③ 파이프를 스패너 자루에 끼워서 사용한다.
❹ 스패너는 볼트, 너트에 맞는 것을 사용한다.

해설
④ 스패너는 너트에 잘 맞는 것을 사용한다.

43 해머 작업에 대한 내용으로 잘못된 것은?

❶ 작업자가 서로 마주 보고 두드린다.
② 녹슨 재료 사용 시 보안경을 사용한다.
③ 타격 범위에 장해물이 없도록 한다.
④ 작게 시작하여 차차 큰 행정으로 작업하는 것이 좋다.

해설
① 해머 작업 시 작업자와 마주 보고 일을 하면 사고의 우려가 있다.

42 6각 볼트/너트를 조이고 풀 때 가장 적합한 공구는?

① 바이스
② 플라이어
③ 드라이버
❹ 복스 렌치

해설
복스 소켓 렌치는 상자(Box) 모양으로 되어 있어 볼트, 너트의 6각 6면을 감싸는 상태로 사용하기 때문에 미끄러지거나 벗겨지는 일이 없어 정비작업에 많이 사용된다.

44 장비 점검 및 정비 작업에 대한 안전수칙과 가장 거리가 먼 것은?

① 알맞은 공구를 사용해야 한다.
② 기관을 시동할 때 소화기를 비치하여야 한다.
❸ 차체 용접 시 배터리가 접지된 상태에서 한다.
④ 평탄한 위치에서 한다.

해설
차체 용접 시 배터리가 접지된 상태는 위험하다.

45 기계장치의 재해를 방지하기 위해 선풍기 날개에 의한 위험방지 조치로서 가장 적합한 것은?

① **망 또는 울 설치** ✓
② 이탈 방지장치 부착
③ 과부하 방지장치 부착
④ 반발 방지장치 설치

해설
선풍기 날개에 의한 위험방지 조치로는 망을 설치하는 것이 좋다.

46 대형건설기계 특별표지판을 부착하지 않아도 되는 건설기계는?

① 너비 2.5m 이상인 건설기계
② **길이 16m인 건설기계** ✓
③ 최소 회전반경 13m인 건설기계
④ 총중량 40ton 이상인 건설기계

해설
특별표지판 부착하는 대형건설기계의 범위(건설기계 안전기준에 관한 규칙 제2조, 168조)
- 길이가 16.7m를 초과하는 건설기계
- 너비가 2.5m를 초과하는 건설기계
- 높이가 4.0m를 초과하는 건설기계
- 최소회전반경이 12m를 초과하는 건설기계
- 총중량이 40ton을 초과하는 건설기계(굴착기, 로더 및 지게차는 운전중량이 40ton을 초과하는 경우)
- 총중량 상태에서 축하중이 10ton을 초과하는 건설기계(굴착기, 로더 및 지게차는 운전중량 상태에서 축하중이 10ton을 초과하는 경우)

47 가동하고 있는 엔진에서 화재가 발생하였다. 불을 끄기 위한 조치 방법으로 올바른 것은?

① 원인 분석을 하고, 모래를 뿌린다.
② 포말소화기를 사용 후, 엔진 시동스위치를 끈다.
③ **엔진 시동스위치를 끄고, ABC 소화기를 사용한다.** ✓
④ 엔진을 급가속하여 팬의 강한 바람을 일으켜 불을 끈다.

해설
점화원을 먼저 차단한다.

48 작업장의 안전사항 중 틀린 것은?

① 공구는 제자리에 정리한다.
② **기름 묻은 걸레는 한쪽에 쌓아 둔다.** ✓
③ 무거운 구조물은 반드시 사람의 힘으로 옮기지 않아도 된다.
④ 작업이 끝나면 모든 사용 공구는 정위치에 정리정돈한다.

해설
사업주는 기름 또는 인쇄용 잉크류 등이 묻은 천조각이나 휴지 등은 뚜껑이 있는 불연성 용기에 담아두는 등 화재예방을 위한 조치를 하여야 한다(산업안전보건기준에 관한 규칙 제238조).

49 파일 항타기를 이용한 파일 작업 중 지하에 매설된 전력케이블 외피가 손상되었다. 다음 중 맞는 것은?

① 케이블 내에 있는 동선에 손상이 없으면 전력공급에 지장이 없다.
② 케이블 외피를 마른 헝겊으로 감아 놓았다.
③ 인근 한국전력사업소에 통보하고 손상 부위를 절연테이프로 감은 후 흙으로 덮었다.
④ 인근 한국전력사업소에 연락하여 한전 직원이 조치토록 하였다.

> 해설
> ④ 파일 작업 중 지하에 매설된 전력케이블 손상은 반드시 한국전력사업소에 연락하여 지시를 받아야 한다.

50 락드릴 엔진 시동 시 주의사항으로 옳지 않은 것은?

① 운전석 탑승 전 장비 주변의 누유 흔적, 볼트 풀림, 부품 간 조립 상태 등을 점검한다.
② 만일 장비가 유지보수 또는 분해 조립 중이라는 표시가 붙어 있으면, 주의하여 시동을 걸어야 한다.
③ 장비를 최근 사용한 적이 없거나 극한 시 사용할 경우에는 시동 전 장비 예열이 필요할 수 있다.
④ 장비 시동 전, 경보음 스위치를 눌러서 주변 사람들에게 알려 주어야 한다.

> 해설
> ② 만일 장비가 유지보수 또는 분해 조립 중이라는 표시가 붙어 있으면, 모든 사실이 확인되기 전에는 절대 시동을 걸면 안 된다.

51 천공기의 종류에 대한 설명으로 옳지 않은 것은?

① 운동 방식에 따라 타격식, 회전식, 타격회전식이 있다.
② 타격식(Piston Type)은 타격에 의하여 암석을 파괴하여 천공하는 방식이다.
③ 회전식은 비트(Bit)에 회전과 압력을 가하여 암석을 천공하는 방식으로 연암에 적합하다.
④ 타격회전식에는 로터리 드릴(Rotary Drill), 자주식 크롤러 드릴(Crawler Drill) 등이 있다.

> 해설
> 운동 방식에 의한 천공기의 분류
> • 타격식 : 브레이커(Breaker), 픽 해머(Pick Hammer), 픽 스틸
> • 회전식 : 로터리 드릴(Rotary Drill), 자주식 크롤러 드릴(Crawler Drill)
> • 타격회전식 : 왜건 드릴(Wagon Drill), 크롤러 드릴(Crawler Drill), 점보 드릴(Jumbo Drill), 레그 드릴(Leg Drill)

52 락드릴의 엔진오일, 냉각수, 연료 그리고 유압유, 공기압축기 오일 등의 오일량 점검으로 옳지 않은 것은?

① 엔진오일을 주입한 상태에서 오일량 측정 게이지(딥스틱)를 빼낸다
② 오일량을 오일량 측정 게이지(딥스틱)에서 Add와 Full 사이로 유지한다.
③ 냉각수가 라디에이터 주입구 부근까지 유지되는지 확인한다.
❹ **공기압축기(에어 컴프레서) 점검 시 오일 게이지가 노란색에 있으면 오일량 부족이다.**

[해설]
공기 압축기(에어 컴프레서) 오일 게이지를 이용하여 오일량을 점검한다.
• 녹색 : 오일량 충분
• 붉은색 : 오일량 부족
• 노란색 : 오일량 과충전

53 천공 작업 전 천공 패턴(Drilling Pattern)이 결정되는 작업은?

① 어스 앵커링(Earth Anchoring) 작업
② 할암(Rock-splitting) 작업
❸ **벤치 블라스팅(Bench Blasting) 작업**
④ 락 볼트(Rock Bolting) 작업

[해설]
굴착에 앞서 발파 계획을 수립하며 일반적으로 벤치 블라스팅을 하게 되는데 이는 저항선(버든, Burden)과 공간격(Space)의 관계로 천공 패턴이 결정되며, 여기에 맞추어 모암 단위 m^3당 사용 화약량을 장전할 수 있는 천공 지름이 결정된다.

54 암반 상태 및 천공 속도에 맞추어 드리프터 타격, 피드 및 회전 압력을 최적화하여 조정한다. 잘못된 압력 세팅의 결과로 옳지 않은 것은?

① 천공 홀의 직진성을 나쁘게 한다.
❷ **드리프터가 자동으로 후진하게 된다.**
③ 비트와 로드의 마모 및 파손을 일으킬 수 있다.
④ 장비 및 드리프터 부품의 과도한 외력을 유발할 수 있다.

[해설]
드리프터의 공타를 유발한다.

55 지반조사 시 토질 분류 방법의 설명으로 옳지 않은 것은?

① 흙을 육안으로 관찰하여 흙의 입자 크기, 입도와 특성을 파악하여 구분한다.
❷ **육안구분법에서 흙은 모래, 자갈, 실트, 점토 등으로 나눈다.**
③ 지질조사를 위한 표준 암반의 종류에는 풍화암, 연암, 중경암, 경암, 극경암 등이 있다.
④ 토질의 종류에는 성토 또는 자연 지반에 따라 자갈 섞인 모래, 모래, 모래질 흙, 점성토 등이 있다.

[해설]
육안구분법에서 흙은 모래, 실트질 모래, 실트, 점토 등으로 나눈다

56 시추 작업 전 확인측량의 내용으로 옳지 않은 것은?

① 공사 시작 전에 이의 제기가 없는 경우는 작업시방서에 따른다.
❷ 확인측량 시 기준점에 번호를 부여하고 기록하면서 표시한다.
③ 기본적인 시방서에 따라 말뚝을 확인하고 목록을 작성하여 작업시방서와 대조한다.
④ 시방서와 확인측량 내용이 맞을 때는 확인측량을 마무리한다.

해설
② 확인측량 시 말뚝에 번호를 부여하고 기록하면서 표시한다.

57 타격식 시추기 설치 시 옳지 않은 것은?

❶ 시추기로 고압선 인근에서 작업하게 되는 경우에는 고압선에 절연 덮개를 씌우고 작업한다.
② 시추기의 안전한 작업환경 확보를 위해 인원 및 장비의 작업 반경 내 출입을 철저히 통제한다.
③ 작업현장 내 시추기 이동 구간에 배수로 등 안전 덮개의 안전성을 확인하여야 한다.
④ 취약 지반은 시추기 설치 및 운전 중 아웃트리거의 침하 방지를 위해서 아웃트리거 받침을 넓게 설치한다.

해설
① 시추기로 고압선 인근에서 작업하게 되는 경우에는 고압선에 절연 덮개를 씌우고 반드시 안전 이격거리를 유지하여야 한다.

58 그라우팅의 목적과 거리가 먼 것은?

① 지하수 오염 방지 및 오염수 유입 방지
② 보어홀 붕괴 방지
③ 원활한 열전달 촉진
❹ 토사·전석층의 붕괴 방지를 위하여

해설
④ 토사층 구간은 천공 보어홀의 붕괴를 방지하기 위하여 지면에서 기반암이 확인될 때까지 굴착한 후 아웃 케이싱(Out Casing)을 삽입한다.
그라우팅 : 보어홀(Bore Hole)과 지중 열교환기 파이프 사이의 빈 공간을 채우는 것이다. 재료로 적절한 열전도도를 지니고 있다.

59 항타·항발기 조립 장소 선정 시 유의사항으로 옳지 않은 것은?

① **연약 지반의 경우는 원래의 지반이 수평이 되도록 복공판을 깔고 작업에 임한다.**
② 평탄 작업 시 굴삭기, 롤러, 불도저 등의 장비를 이용하여 원래 토양을 깊이 파지 않고, 굴곡이 생기지 않도록 평평하게 작업한다.
③ 평탄 작업은 장비의 폭과 길이보다 넓어야 하며, 복공판을 깔고 장비가 안착될 수 있는 반경보다 여유 있게 작업한다.
④ 관계자 외의 인원은 통제하고 안전등화 장치와 주변 통제선을 설치한다.

[해설]
항타·항발기 조립 장소 선정 시 유의사항
- 일반 지반(표면 건조, 함수율이 낮은 지반)의 경우 : 파내고 다시 메우지 않은 원래의 지반이면서 지표가 건조하여 함수율이 낮은 일반 지반인 경우는 원래의 지반이 수평이 되도록 복공판을 깔고 작업에 임한다.
- 연약 지반(팠다가 다시 메운 땅이나 함수율이 높은 지반)의 경우 : 표토를 굴삭하거나 장해물 등을 철거하고 다시 지반, 혹은 원래의 지반이라도 함수율이 높은 지반은 내부까지 모래, 쇄석 등을 넣고 다짐 작업 후 일반 지반 정도로 양생한 후, 복공판을 깔고 작업에 임한다.

60 굴착작업 중 줄파기 작업에서 줄파기 1일 시공량 결정은 어떻게 하도록 되어 있는가?

① **시공속도가 가장 느린 천공 작업에 맞추어 결정한다.**
② 시공속도가 가장 빠른 천공 작업에 맞추어 결정한다.
③ 공사관리감독기관에 보고한 날짜에 맞추어 결정한다.
④ 공사시방서에 명기된 일정에 맞추어 결정한다.

교육은 우리 자신의 무지를 점차 발견해 가는 과정이다.

– 윌 듀란트 –

PART 02

모의고사

제1회~제7회 모의고사
정답 및 해설

지식에 대한 투자가 가장 이윤이
많이 남는 법이다.

– 벤자민 프랭클린 –

제1회 | 모의고사

정답 및 해설 p.187

01 디젤기관의 장점을 설명한 것은?

① 저속 시 진동이 크다.
② 소음이 크다.
③ 가솔린기관보다 엔진 각 부분의 구조가 튼튼해야 한다.
④ 가솔린기관보다 연료 소비율이 적다.

02 다음 중 커먼레일 연료분사장치의 저압계통이 아닌 것은?

① 연료 스트레이너
② 1차 연료공급펌프
③ 연료필터
④ 커먼레일

03 고장진단 및 테스트용 출력단자를 갖추고 있으며, 항상 시스템을 감시하고, 필요하면 운전자에게 경고 신호를 보내주거나 고장점검 테스트용 단자가 있는 것은?

① 제어유닛 기능
② 주파수 신호처리 기능
③ 피드백 기능
④ 자기진단 기능

04 피스톤의 운동 방향이 바뀔 때 실린더 벽에 충격을 주는 현상을 무엇이라고 하는가?

① 피스톤 스틱(Stick) 현상
② 피스톤 슬랩(Slap) 현상
③ 블로 바이(Blow-by) 현상
④ 슬라이드(Slide) 현상

05 기관의 연소실 모양과 관련이 적은 것은?

① 기관출력
② 열효율
③ 엔진속도
④ 운전 정숙도

06 디젤엔진에서 연소실에 연료를 공급하는 방법은?

① 기화기와 같은 기구를 사용하여 연료를 공급한다.
② 노즐로 연료를 안개와 같이 분사한다.
③ 가솔린엔진과 같은 연료공급펌프로 공급한다.
④ 액체 상태로 공급한다.

07 기관에서 엔진오일이 연소실로 올라오는 이유는?

① 피스톤 링 마모
② 피스톤 핀 마모
③ 커넥팅 로드 마모
④ 크랭크축 마모

08 일반적으로 기관의 크랭크축이 회전하지 않아도 작동되는 것은?

① 발전기
② 캠 샤프트
③ 워터펌프
④ 와이퍼 모터

09 디젤 연료장치에서 공기를 빼는 부분이 아닌 것은?

① 노즐 상단의 피팅 부분
② 분사펌프의 에어블리드 스크루
③ 연료여과기의 벤트 플러그
④ 연료탱크의 드레인 플러그

10 분사펌프의 플런저와 배럴 사이를 윤활하는 것은?

① 유압유
② 경유
③ 그리스
④ 기관 오일

11 디젤기관의 노킹 발생 방지 대책에 해당되지 않는 것은?

① 착화성이 좋은 연료를 사용한다.
② 분사 시 공기 온도를 높게 유지한다.
③ 연소실 벽 온도를 높게 유지한다.
④ 압축비를 낮게 유지한다.

12 작업 중 엔진 온도가 급상승하였을 때 먼저 점검하여야 할 것은?

① 윤활유 수준 점검
② 고부하 작업
③ 장기간 작업
④ 냉각수의 양 점검

13 라디에이터의 구비조건으로 틀린 것은?

① 공기 흐름 저항이 적을 것
② 냉각수 흐름 저항이 적을 것
③ 가볍고 강도가 클 것
④ 단위면적당 방열량이 적을 것

14 팬 벨트의 점검과정으로 적합하지 않은 것은?

① 팬 벨트는 눌러(약 10kgf) 처짐이 약 13~20mm 정도여야 한다.
② 팬 벨트는 풀리의 밑부분에 접촉되어야 한다.
③ 팬 벨트의 조정은 발전기를 움직이면서 한다.
④ 팬 벨트가 너무 헐거우면 기관 과열의 원인이 된다.

15 밀봉 압력식 냉각 방식에서 보조탱크 내의 냉각수가 라디에이터로 빨려 들어갈 때 개방되는 압력 캡의 밸브는?

① 릴리프 밸브
② 진공 밸브
③ 압력 밸브
④ 리듀싱 밸브

16 4행정 기관에서 일반적으로 사용되는 윤활방식은?

① 혼합식
② 분리식
③ 중력식
④ 압송식

17 오일량은 정상이나 오일 압력계의 압력이 규정치보다 높을 경우 조치사항으로 맞는 것은?

① 오일을 보충한다.
② 오일을 배출한다.
③ 유압 조절 밸브를 조인다.
④ 유압 조절 밸브를 푼다.

18 디젤기관에서 부조 발생의 원인이 아닌 것은?

① 발전기 고장
② 거버너 작용 불량
③ 분사시기 조정 불량
④ 연료의 압송 불량

19 전기장치 회로에 사용하는 퓨즈의 재질로 적합한 것은?

① 스틸 합금
② 구리 합금
③ 알루미늄 합금
④ 납과 주석 합금

20 작업장이 예고 없이 정전되었을 경우 전기로 작동하던 기계 기구의 조치방법으로 틀린 것은?

① 즉시 스위치를 끈다.
② 안전을 위해 작업장을 정리해 놓는다.
③ 퓨즈의 단선 여부를 검사한다.
④ 전기가 들어오는 것을 알기 위해 스위치를 켜둔다.

21 축전지 터미널의 부식을 방지하는 조치로 가장 옳은 것은?

① 전해액을 발라 놓는다.
② 헝겊으로 감아 놓는다.
③ 그리스를 발라 놓는다.
④ 비닐 테이프를 감아 놓는다.

22 축전지가 완전충전이 잘되지 않는 원인으로 적절하지 않은 것은?

① 전기장치 합선
② 배터리 어스선 접속 이완
③ 본선 연결부 접속 이완
④ 발전기 브러시 스프링 장력 과다

23 배터리의 충전상태를 측정할 수 있는 게이지는?

① 그로울러 테스터
② 압력계
③ 비중계
④ 스러스트 게이지

24 기동전동기의 마그넷 스위치는?

① 기동전동기용 전자석 스위치이다.
② 기동전동기용 전류 조절기이다.
③ 기동전동기용 전압 조절기이다.
④ 기동전동기용 저항 조절기이다.

25 시동스위치를 시동 위치로 했을 때, 솔레노이드 스위치는 작동되나 기동전동기는 작동되지 않는 원인과 관계 없는 것은?

① 축전지 용량의 1/2 방전
② 시동스위치 불량
③ 엔진 내부 피스톤 고착
④ 전기자 코일 개회로

26 교류발전기에서 작동 중 소음 발생의 원인으로 가장 거리가 먼 것은?

① 고정 볼트가 풀렸다.
② 벨트 장력이 약하다.
③ 베어링이 손상되었다.
④ 축전지가 방전되었다.

27 다음 그림과 같은 운전석 계기판의 경고등은?

① 엔진오일 압력 경고등
② 엔진오일 온도 경고등
③ 냉각수 배출 경고등
④ 냉각수 온도 경고등

28 클러치가 미끄러질 때의 영향으로 틀린 것은?

① 견인력 감소
② 연료 소비량 증가
③ 속도 감소
④ 기관의 과랭

29 토크컨버터에서 회전력이 최댓값이 될 때를 무엇이라 하는가?

① 토크 변환비
② 회전력
③ 스톨 포인트
④ 유체 충돌 손실비

30 기계식 변속기가 설치된 건설기계에서 클러치판의 비틀림 코일 스프링의 역할은?

① 클러치판이 더욱 세게 부착되도록 한다.
② 클러치 작동 시 충격을 흡수한다.
③ 클러치의 회전력을 증가시킨다.
④ 클러치판과 압력판의 마멸을 방지한다.

31 공기 브레이크에서 브레이크 슈를 직접 작동시키는 것은?

① 릴레이 밸브
② 브레이크 페달
③ 캠
④ 유압

32 트랙을 구성하는 부품이 아닌 것은?

① 링크
② 핀
③ 로드
④ 부싱

33 타이어식 건설기계장비에서 타이어 접지압을 바르게 표현한 것은?

① 공차상태의 무게(kgf) / 접지면적(cm^2)
② 공차상태의 무게(kgf) / 접지길이(cm)
③ 작업장치의 무게(kgf) / 접지면적(cm^2)
④ 공차상태의 무게+예비타이어 무게(kgf) / 접지길이(cm)

34 유압유의 주요 기능이 아닌 것은?

① 필요한 요소 사이를 밀봉한다.
② 움직이는 기계요소를 마모시킨다.
③ 열을 흡수한다.
④ 동력을 전달한다.

35 온도 변화에 따라 점도 변화가 큰 오일의 점도지수는?

① 점도지수가 높은 것이다.
② 점도지수가 낮은 것이다.
③ 점도지수는 변하지 않는 것이다.
④ 점도 변화와 점도지수는 무관하다.

36 유압회로에서 입구 압력을 감압하여 유압 실린더 출구 설정 압력으로 유지하는 밸브는?

① 릴리프 밸브
② 리듀싱 밸브
③ 언로드 밸브
④ 카운터밸런스 밸브

37 유압유의 흐름을 한쪽으로만 허용하고 반대 방향의 흐름을 제어하는 밸브는?

① 릴리프 밸브
② 체크(Check) 밸브
③ 카운터밸런스 밸브
④ 매뉴얼 밸브

38 유압실린더의 종류에 해당하지 않는 것은?

① 단동 실린더
② 복동 실린더
③ 다단 실린더
④ 회전 실린더

39 유압모터의 용량을 나타내는 것은?

① 입구 압력(kgf/cm^2)당 토크
② 유압 작동부 압력(kgf/cm^2)당 토크
③ 주입된 동력(HP)
④ 체적(cm^3)

40 다음 중 체크 밸브를 나타낸 그림은?

①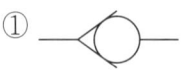
②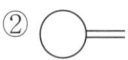
③
④

41 오일탱크 내의 오일을 전부 배출시킬 때 사용하는 것은?

① 리턴 라인
② 배플
③ 어큐뮬레이터
④ 드레인 플러그

42 건설기계관리법상 제작자로부터 건설기계를 구입한 자가 무상으로 사후관리를 받을 수 있는 법정기간은?(단, 주행거리 및 사용시간은 사후관리 기간 내에 있음)

① 6개월
② 12개월
③ 18개월
④ 24개월

43 건설기계 구조변경검사의 신청은 주요 구조를 변경한 날로부터 며칠 이내에 해야 하는가?

① 30일 이내
② 20일 이내
③ 10일 이내
④ 7일 이내

44 종합건설기계정비업자만이 할 수 있는 사업이 아닌 것은?

① 롤러·링크·트랙 슈의 재생
② 유압장치 정비
③ 변속기의 분해·정비
④ 프레임 조정

45 건설기계관리법령상 건설기계를 도로에 계속하여 방치하거나 정당한 사유 없이 타인의 토지에 방치한 자에 대한 벌칙은?

① 2년 이하의 징역 또는 1천만원 이하의 벌금
② 1년 이하의 징역 또는 1천만원 이하의 벌금
③ 2백만원 이하의 벌금
④ 1백만원 이하의 벌금

46 안전사고와 부상의 종류에서 중상해란?

① 부상으로 1주 이상의 노동손실을 가져온 상해 정도
② 부상으로 2주 이상의 노동손실을 가져온 상해 정도
③ 부상으로 3주 이상의 노동손실을 가져온 상해 정도
④ 부상으로 4주 이상의 노동손실을 가져온 상해 정도

47 다음 그림의 산업안전보건표지가 표시하는 것은?

① 독극물 경고
② 폭발물 경고
③ 고압전기 경고
④ 낙하물 경고

48 수공구 사용 시 유의사항으로 맞지 않는 것은?

① 토크 렌치는 볼트를 풀 때 사용한다.
② 무리한 공구 취급을 금한다.
③ 공구를 사용하고 나면 일정한 장소에 관리·보관한다.
④ 수공구는 사용법을 숙지하여 사용한다.

49 토크 렌치의 가장 올바른 사용법은?

① 렌치 끝을 한 손으로 잡고 돌리면서 눈은 게이지 눈금을 확인한다.
② 렌치 끝을 양손으로 잡고 돌리면서 눈은 게이지 눈금을 확인한다.
③ 왼손은 렌치 끝을 잡고 돌리고 오른손은 지지점을 누르고 게이지 눈금을 확인한다.
④ 오른손은 렌치 끝을 잡고 돌리고 왼손은 지지점을 누르고 게이지 눈금을 확인한다.

50 작업장 화재 발생 시 조치사항으로 적절하지 않은 것은?

① 소화기를 사용하여 초기진화를 한다.
② 작업장의 주변을 청소한다.
③ 주변 작업자에게 알려 대피를 유도한다.
④ 신속히 화재 신고를 한다.

51 작업 시 안전거리를 가장 크게 유지하여야 하는 기계는?

① 프레스
② 절단기
③ 선반
④ 전동 띠톱 기계

52 유류화재 시 소화기 이외의 소화재료로 가장 적당한 것은?

① 모래
② 시멘트
③ 진흙
④ 물

53 천공기의 작업장치인 드리프터의 구성부품과 거리가 먼 것은?

① 프런트 헤드(Front Head)
② 진동 해머
③ 어큐뮬레이터(Accumulator)
④ 피스톤

54 락드릴 주차 시 주의사항으로 옳지 않은 것은?

① 장비의 엔진 정지 전에 30초간 공회전해야 한다.
② 장비를 평평하고 단단한 지반에 위치시켜야 안전하다.
③ 마스트는 단단한 지반에 수평으로 올려 놓아야 한다.
④ 기름, 종이, 낙엽 등 가연물이나 위험물 근처에 두면 안 된다.

55 점보 드릴의 천공 패턴 중 자유면을 형성하기 위해 가장 먼저 발파하는 부분은?

① 컷 홀(Cut Holes, 심발공)
② 스토핑 홀(Stoping Holes, 확대공)
③ 루프 월 홀(Roof Wall Holes, 외곽공)
④ 플로어 홀(Floor Holes, 바닥공)

56 터널 보링머신(TBM ; Tunnel Boring Machine)의 구성 중 갱내의 환기를 위한 장치(System)는?

① Advance Cylinder
② Deduct System
③ Ventilation System
④ Air Compressor

57 항타기 작업공정에 대한 설명으로 옳지 않은 것은?

① 말뚝의 두부는 15cm 이내로 편심되거나 지름의 25% 이내가 되도록 피칭한다.
② 정확한 피칭이 어려울 때는 프리 드릴(Pre-drill)을 한다.
③ 말뚝을 편심 타격하면 쿠션 등에 손상이 생기고 기울어지므로 항상 동일 선상에서 타격한다.
④ 최종 타격 근입량 총 타격수 표준은 강관 말뚝일 때 약 1,000회이다.

58 디젤 해머의 특징으로 옳지 않은 것은?

① 설비비용이 많이 든다.
② 연료 소비가 적다.
③ 분당 타격수가 50회 이상으로 파일을 박는 속도가 빠르다.
④ 운전조작이 간단하다.

59 항타·항발기의 일상점검 사항이 아닌 것은?

① 와이어로프 마모 상태 확인
② 크롤러의 장력 확인
③ 주행 장치 이상 마모 및 소음 확인
④ 오거 기어박스, 감속기 박스 오일 교환

60 지하층의 토양을 채취하는 측정방식으로 원위치시험에서 주로 사용되는 사운딩(Sounding)에서 정적인 관입시험방법이 아닌 것은?

① 샘플링 시험
② 베인 전단시험(Vane Shear Test)
③ 스웨덴식 사운딩(Sounding) 시험
④ 원추 관입시험기(Piezo Cone Penetro Meter)

제2회 모의고사

정답 및 해설 p.192

01 4행정 기관에서 엔진이 4,000rpm일 때 분사펌프의 회전수는?

① 4,000rpm
② 2,000rpm
③ 8,000rpm
④ 1,000rpm

02 우수식 크랭크축이 설치된 4행정 6실린더 기관의 폭발순서는?

① 1 → 3 → 2 → 5 → 6 → 4
② 1 → 4 → 3 → 5 → 2 → 6
③ 1 → 5 → 3 → 6 → 2 → 4
④ 1 → 6 → 2 → 5 → 3 → 4

03 기관에서 압축가스가 누설되어 압축압력이 저하될 수 있는 원인은?

① 냉각팬의 벨트 유격 과대
② 매니폴드 개스킷의 불량
③ 워터펌프의 불량
④ 실린더 헤드 개스킷의 불량

04 전자제어 디젤 분사장치에서 연료를 제어하기 위해 센서로부터 각종 정보(가속페달의 위치, 기관속도, 분사시기, 흡기·냉각수·연료 온도 등)를 입력받아 전기적 출력신호로 변환하는 것은?

① 자기진단(Self Diagnosis)
② 컨트롤 슬리브 액추에이터
③ 컨트롤 로드 액추에이터
④ 전자제어유닛(ECU)

05 내연기관의 동력전달 순서를 바르게 나타낸 것은?

① 피스톤 → 커넥팅 로드 → 클러치 → 크랭크축
② 피스톤 → 클러치 → 크랭크축 → 커넥팅 로드
③ 피스톤 → 크랭크축 → 커넥팅 로드 → 클러치
④ 피스톤 → 커넥팅 로드 → 크랭크축 → 클러치

06 기관의 커넥팅 로드가 부러지면 직접적인 영향을 받는 곳은?

① 오일팬
② 밸브
③ 실린더
④ 실린더 헤드

07 건설기계 연료탱크에서 연료잔량 센서를 설명한 것으로 맞는 것은?

① 서미스터가 연료에 잠겨 있다면 인디케이터의 펌프는 점등된다.
② 서미스터가 노출되면 저항이 감소하여 인디케이터의 펌프는 소등된다.
③ 서미스터가 연료에 잠겨 있으면 저항이 상승되어 전류가 커진다.
④ 온도가 상승하면 저항값이 감소하는 부특성 서미스터를 이용한다.

08 방열기에 물이 가득 차 있는데도 기관이 과열되는 원인으로 적절한 것은?

① 팬 벨트의 장력이 세기 때문
② 사계절용 부동액을 사용했기 때문
③ 정온기가 열린 상태로 고장 났기 때문
④ 라디에이터 팬이 고장 났기 때문

09 기관에 장착된 팬 벨트의 장력 점검 방법으로 적당한 것은?

① 벨트 길이 측정 게이지로 측정 점검
② 벨트의 중심을 엄지손가락으로 눌러서 점검
③ 엔진을 가동하여 점검
④ 발전기의 고정 볼트를 느슨하게 하여 점검

10 압력식 라디에이터 캡을 사용함으로써 얻을 수 있는 이점은?

① 냉각수의 비등점을 올릴 수 있다.
② 냉각팬의 크기를 작게 할 수 있다.
③ 물펌프의 성능을 향상시킬 수 있다.
④ 라디에이터의 구조를 간단하게 할 수 있다.

11 엔진의 윤활유 소비량이 과대해지는 가장 큰 원인은?

① 기관의 과열
② 피스톤 링 마멸
③ 오일 여과기 불량
④ 냉각펌프 손상

12 다음 중 착화성이 가장 좋은 연료는?

① 가솔린
② 경유
③ 등유
④ 중유

13 겨울철에 연료탱크를 가득 채우는 이유는?

① 연료가 적으면 증발하여 손실되므로
② 연료가 적으면 출렁거리기 때문에
③ 공기 중의 수분이 응축되어 물이 생기기 때문에
④ 연료 게이지에 고장이 발생하기 때문에

14 디젤기관에서 노킹이 일어나는 원인으로 맞는 것은?

① 흡입 공기의 온도가 너무 높을 때
② 착화지연 기간이 짧을 때
③ 연료에 공기가 혼입되었을 때
④ 연소실에 누적된 연료가 많아 일시에 연소할 때

15 현재 가장 많이 사용되고 있는 수온 조절기의 형식은?

① 펠릿형
② 바이메탈형
③ 벨로즈형
④ 블래더형

16 엔진의 윤활유 압력이 높아지는 이유는?

① 윤활유의 점도가 너무 높다.
② 윤활유 펌프의 성능이 좋지 않다.
③ 기관 각부의 마모가 심하다.
④ 윤활유량이 부족하다.

17 윤활방식 중 오일펌프로 급유하는 방식은?

① 비산식
② 압송식
③ 분사식
④ 비산분무식

18 디젤기관에서 연료 라인에 공기가 혼입되었을 때의 현상은?

① 분사압력이 높아진다.
② 디젤 노크가 일어난다.
③ 연료 분사량이 많아진다.
④ 기관 부조 현상이 발생된다.

19 디젤기관 운전 중 흑색의 배기가스가 배출되는 원인으로 틀린 것은?

① 공기청정기 막힘
② 압축 불량
③ 노즐 불량
④ 오일팬 내 유량 과다

20 퓨즈에 대한 설명 중 틀린 것은?

① 퓨즈는 정격용량을 사용한다.
② 퓨즈 용량은 A로 표시한다.
③ 퓨즈는 철사로 대용하여도 된다.
④ 퓨즈는 표면이 산화되면 끊어지기 쉽다.

21 축전지의 용량을 나타내는 단위는?

① Amp
② Ω
③ V
④ Ah

22 다음 ( ) 안에 들어갈 용어로 옳은 것은?

> 축전지의 방전은 어느 한도 내에서 단자전압이 급격히 저하하여 그 이후는 방전능력이 없어지게 된다. 이때의 전압을 ( )이라고 한다.

① 충전전압
② 방전전압
③ 방전종지전압
④ 누전전압

23 축전지를 교환 및 장착할 때 연결순서로 맞는 것은?

① (+)나 (−)선 중 편리한 것부터 연결하면 된다.
② 축전지의 (−)선을 먼저 부착하고, (+)선을 나중에 부착한다.
③ 축전지의 (+), (−)선을 동시에 부착한다.
④ 축전지의 (+)선을 먼저 부착하고, (−)선을 나중에 부착한다.

24 기관 시동장치에서 링기어를 회전시키는 구동 피니언이 부착된 곳은?

① 클러치
② 변속기
③ 기동전동기
④ 뒷차축

25 건설기계에 주로 사용되는 기동전동기로 맞는 것은?

① 직류 분권전동기
② 직류 직권전동기
③ 직류 복권전동기
④ 교류전동기

26 교류발전기에서 발생되는 유도기전력의 크기와 관계 없는 것은?

① 전자력의 크기
② 스테이터 코일의 권수
③ 발전기의 회전속도
④ 콘덴서 수

27 운전 중 운전석 계기판에 그림과 같은 등이 갑자기 점등되었을 때의 의미는?

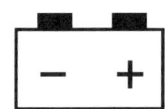

① 배터리 완전 충전
② 전원차단 경고
③ 전기 계통 작동 표시
④ 충전 경고

28 기관의 플라이휠과 항상 같이 회전하는 부품은?

① 압력판
② 릴리스 베어링
③ 클러치 축
④ 디스크

29 토크컨버터가 구조상 유체 클러치와 다른 점은?

① 임펠러
② 터빈
③ 스테이터
④ 펌프

30 정상 작동되었던 변속기에서 심한 소음이 나는 원인이 아닌 것은?

① 점도지수가 높은 오일 사용
② 변속기 오일의 부족
③ 변속기 베어링의 마모
④ 변속기 기어의 마모

31 진공식 제동 배력 장치의 설명 중에서 옳은 것은?

① 릴레이 밸브의 다이어프램이 파손되면 브레이크가 듣지 않는다.
② 하이드롤릭 피스톤의 체크 볼이 밀착 불량이면 브레이크가 듣지 않는다.
③ 진공 밸브가 새면 브레이크가 전혀 듣지 않는다.
④ 릴레이 밸브 피스톤 컵이 파손되어도 브레이크는 듣는다.

32 트랙장치의 구성품 중 주유를 하지 않아도 되는 곳은?

① 상부 롤러
② 트랙 슈
③ 아이들러
④ 하부 롤러

35 유압오일의 온도에 따른 점도 변화 정도를 표시하는 것은?

① 점도 분포
② 관성력
③ 윤활성
④ 점도지수

33 타이어에서 트레드 패턴과 관련 없는 것은?

① 조향성, 안정성
② 제동력, 구동력 및 견인력
③ 편평률
④ 타이어의 배수효과

34 다음 보기에서 유압 작동유가 갖추어야 할 조건을 모두 고른 것은?

┤보기├
ㄱ. 압력에 대해 비압축성일 것
ㄴ. 밀도가 작을 것
ㄷ. 열팽창 계수가 작을 것
ㄹ. 체적탄성 계수가 작을 것
ㅁ. 점도지수가 낮을 것
ㅂ. 발화점이 높을 것

① ㄱ, ㄴ, ㄷ, ㄹ
② ㄴ, ㄷ, ㅁ, ㅂ
③ ㄴ, ㄹ, ㅁ, ㅂ
④ ㄱ, ㄴ, ㄷ, ㅂ

36 다음 보기에서 분기 회로에 사용되는 밸브만 골라 나열한 것은?

┤보기├
ㄱ. 릴리프 밸브(Relief Valve)
ㄴ. 리듀싱 밸브(Reducing Valve)
ㄷ. 시퀀스 밸브(Sequence Valve)
ㄹ. 언로더 밸브(Unloader Valve)
ㅁ. 카운터밸런스 밸브(Counterbalance Valve)

① ㄱ, ㄴ
② ㄴ, ㄷ
③ ㄷ, ㄹ
④ ㄹ, ㅁ

37 방향 제어 밸브에서 내부누유에 영향을 미치는 요소가 아닌 것은?

① 관로의 유량
② 밸브 간극의 크기
③ 밸브 양단의 압력 차
④ 유압유의 점도

38 다음 보기 중 유압실린더에서 발생되는 실린더 자연 하강 현상(Cylinder Drift)의 원인을 모두 고른 것은?

┌보기┐
ㄱ. 작동압력이 높을 때
ㄴ. 실린더 내부가 마모되었을 때
ㄷ. 컨트롤 밸브의 스풀이 마모되었을 때
ㄹ. 릴리프 밸브가 불량할 때

① ㄱ, ㄴ, ㄷ
② ㄱ, ㄴ, ㄹ
③ ㄴ, ㄷ, ㄹ
④ ㄱ, ㄷ, ㄹ

39 유체의 에너지를 기계적인 일로 변환하는 기기는?

① 유압모터
② 유압펌프
③ 오일탱크
④ 원동기

40 가변용량형 유압펌프의 기호는?

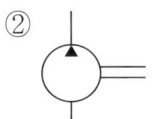

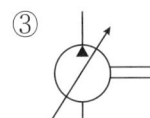

41 유압탱크의 주요 구성요소가 아닌 것은?

① 유압계
② 분리판
③ 주유구
④ 유면계

42 시·도지사로부터 등록번호표 제작통지를 받은 건설기계소유자는 며칠 이내에 등록번호표 제작자에게 제작 신청을 하여야 하는가?

① 3일
② 10일
③ 20일
④ 30일

43 건설기계 구조변경 범위에 속하지 않는 것은?

① 건설기계 길이, 너비, 높이의 변경
② 적재함의 용량 증가를 위한 변경
③ 조종장치의 형식변경
④ 수상작업용 건설기계의 선체의 형식변경

44 원동기 전문건설기계정비업의 사업범위에 속하지 않는 것은?

① 실린더 헤드의 탈착 정비
② 연료펌프 분해·정비
③ 크랭크 샤프트 분해·정비
④ 변속기 분해·정비

45 건설기계관리법상 건설기계조종사 면허를 받지 아니하고 건설기계를 조종한 자에 대한 벌칙은?

① 1년 이하의 징역 또는 70만원 이하의 벌금
② 1년 이하의 징역 또는 1백만원 이하의 벌금
③ 1년 이하의 징역 또는 5백만원 이하의 벌금
④ 1년 이하의 징역 또는 1천만원 이하의 벌금

46 건설기계가 고압전선에 근접 또는 접촉함으로써 가장 많이 발생될 수 있는 사고 유형은?

① 감전
② 화재
③ 화상
④ 절전

47 다음 안전보건표지가 사용되는 곳은?

① 방사능 물질이 있는 장소
② 발전소나 고전압이 흐르는 장소
③ 폭발성 물질이 있는 장소
④ 레이저광선에 노출될 우려가 있는 장소

48 정비용 일반 공구의 설명으로 맞는 것은?

① 마이크로미터(Micrometer)는 소형 부품의 무게를 측정하는 데 사용한다.
② 플라이어(Pliers)는 판재의 구멍을 뚫거나, 곡선을 따라 절단할 때 사용한다.
③ 플라스틱 해머(Plastic Hammer)는 내용물에 손상을 주지 않고, 외형만을 파손할 때 사용한다.
④ 드라이버(Driver)는 나사를 죄거나 푸는 데 사용하는 데 일반적으로 일자(一)형과 십자(十)형이 있다.

49 해머 작업에서 안전작업 방법에 위배되는 것은?

① 장갑을 끼고 해머를 사용하지 말 것
② 해머 작업 중에는 수시로 해머 상태를 확인할 것
③ 해머의 공동작업은 호흡을 맞출 것
④ 해머 작업에서 열처리된 것은 강하게 때릴 것

50 다음은 재해가 발생하였을 때 조치요령이다. 올바른 순서대로 나열한 것은?

> ㉠ 운전정지
> ㉡ 2차 재해 방지
> ㉢ 피해자 구조
> ㉣ 응급처치

① ㉠ → ㉢ → ㉡ → ㉣
② ㉠ → ㉢ → ㉣ → ㉡
③ ㉢ → ㉣ → ㉠ → ㉡
④ ㉢ → ㉣ → ㉡ → ㉠

51 동력 전달장치 중 재해가 가장 많이 일어날 수 있는 곳은?

① 기어   ② 차축
③ 벨트   ④ 커플링

52 소화 작업의 기본요소가 아닌 것은?

① 가연물질을 제거하면 된다.
② 산소를 차단하면 된다.
③ 점화원을 냉각시키면 된다.
④ 연료를 기화시키면 된다.

53 천공기의 구성품 중 소모성 부품에 해당하지 않는 것은?

① 섕크 어댑터(Shank Adapter)
② 커플링(Coupling)
③ 어큐뮬레이터(Accumulator)
④ 드릴 비트(Drill Bit)

54 락드릴의 트랙 장력 점검요령으로 옳지 않은 것은?

① 직선 판이나 막대기를 트랙 위에 올려놓고 트랙과의 최대높이 차(처짐량)를 점검한다.
② 처짐은 일반적인 상태에서 약 20~30mm를 유지해야 한다.
③ 장력이 느슨한 경우에는 커버를 열고 그리스 주입구에 그리스를 주입하여 장력을 조정한다.
④ 장력이 너무 과도할 때 체크 밸브를 반시계방향으로 풀면 장력 조정용 그리스가 밖으로 빠져나와 느슨하게 된다.

55 터널 발파공법에 따른 천공 패턴 중 번 컷(Burn-cut) 발파공법의 특징으로 틀린 것은?

① 굴진 방향에 대해 수평으로 천공하므로 발파당 굴진 길이를 늘일 수 있다.
② 버력(硏石)의 비산거리가 짧고, 폭음이 작다.
③ 장공 발파와 경암 발파에 유리하다.
④ 발파 시 진동이 작아 시가지에서의 발파 작업에 유리하다.

56 터널 보링머신(TBM ; Tunnel Boring Machine)에 쓰이는 커터의 종류가 아닌 것은?

① 바이트형
② 롤러형
③ 디스크형
④ 원형

57 항타기 말뚝박기 작업 안전사항으로 옳지 않은 것은?

① 관계자 이외의 출입을 금지하여 안전표지를 부착하고, 보호구를 착용하고 신호에 따라 작동한다.
② 크레인의 이동 시 권상 장치에 하중을 건 채로 붐을 회전시키거나 크레인을 이동한다.
③ 항타기의 리더에는 사다리를 달아야 하고, 해머가 작동하는 동안 리더나 사다리는 비워 둔다.
④ 항타기 이동 시에는 반드시 해머와 리더를 내린다.

58 디젤 해머의 특징으로 옳지 않은 것은?

① 설비비용과 유지비용이 적게 든다.
② 수중작업이 곤란하고 정비가 어렵다.
③ 다른 해머에 비해 단단한 지반에서도 작업이 어렵다.
④ 타격 중심이 정확하고 말뚝 두부를 손상시키는 일도 적다.

59 시추기 설치 계획안 작성 시 고려사항으로 옳지 않은 것은?

① 설계도면을 통해서 설계 설명서를 작성한다.
② 침전물·부유물로 인한 오염을 방지하는 시설을 계획한다.
③ 물탱크 및 용수의 확보 방안을 제시한다.
④ 발주자의 부적합 판단을 받은 계획안을 수정하여 대안을 제시한다.

60 표준관입시험을 통한 시추조사 방법의 특징으로 옳지 않은 것은?

① 국제적인 표준화를 적용한다.
② 정확한 측정이 가능하다.
③ 시료 채취가 가능하다.
④ 다량의 축적도, 데이터 및 N값을 광범위하게 활용하며 가장 많이 사용한다.

제3회 | 모의고사

정답 및 해설 p.197

01 4행정 디젤엔진에서 흡입행정 시 실린더 내에 흡입되는 것은?

① 스파크
② 연료
③ 혼합기
④ 공기

02 다음 중 커먼레일 연료분사장치의 고압연료펌프에 부착된 것은?

① 커먼레일 압력 센서
② 압력 제어 밸브
③ 압력 제한 밸브
④ 유량 제한기

03 커먼레일 디젤기관의 공기 유량 센서(AFS)에서 많이 사용하는 방식은?

① 칼만 와류 방식
② 열막 방식
③ 맵 센서 방식
④ 베인 방식

04 건설기계기관에서 크랭크축(Crank Shaft)의 구성부품이 아닌 것은?

① 크랭크 암(Crank Arm)
② 크랭크 핀(Crank Pin)
③ 저널(Journal)
④ 플라이휠(Flywheel)

05 엔진오일이 많이 소비되는 원인이 아닌 것은?

① 피스톤 링의 마모가 심할 때
② 실린더의 마모가 심할 때
③ 기관의 압축 압력이 높을 때
④ 밸브 가이드의 마모가 심할 때

06 기관에서 압축 압력이 저하되는 주원인은?

① 오일량의 과다
② 냉각수 부족
③ 실린더 벽의 마모
④ 점화 시기의 빠름

07 다음 중 피스톤 링에서 절개부 간극이 가장 큰 곳은?

① 1번 링
② 2번 링
③ 3번 링
④ 4번 링

08 디젤엔진에서 연료 계통의 공기빼기 순서로 맞는 것은?

① 공기펌프 → 분사노즐 → 분사펌프
② 공기여과기 → 분사펌프 → 공급펌프
③ 공급펌프 → 연료여과기 → 분사펌프
④ 분사펌프 → 연료여과기 → 공급펌프

09 디젤기관 노즐(Nozzle) 연료 분사의 3대 요건이 아닌 것은?

① 무화
② 착화
③ 분포
④ 관통력

10 기관에서 팬 벨트의 장력이 너무 강할 경우에 발생할 수 있는 현상은?

① 기관이 과열된다.
② 충전 부족 현상이 생긴다.
③ 발전기 베어링이 손상된다.
④ 기관이 과랭된다.

11 노킹이 발생했을 때 기관에 미치는 영향이 아닌 것은?

① 기관 회전수가 높아진다.
② 엔진이 과열된다.
③ 흡기효율이 저하된다.
④ 출력이 저하된다.

12 기관에서 냉각 계통으로 배기가스가 누설되는 원인은?

① 실린더 헤드 개스킷 불량
② 매니폴드의 개스킷 불량
③ 워터펌프의 불량
④ 냉각팬의 벨트 유격 과대

13 정상적인 기관의 냉각수 온도로 가장 적절한 것은?

① 20~35℃
② 35~60℃
③ 75~95℃
④ 110~120℃

14 가압식 라디에이터의 장점이 아닌 것은?

① 방열기를 작게 할 수 있다.
② 냉각수의 비등점을 높일 수 있다.
③ 냉각수의 순환속도가 빠르다.
④ 냉각장치의 효율을 높일 수 있다.

15 디젤기관에서 조속기의 기능은?

① 분사량 조정
② 분사시기 조정
③ 부하량 조정
④ 부하시기 조정

16 4행정 사이클 기관의 윤활방식 중 피스톤과 피스톤 핀까지 윤활유를 압송하여 윤활하는 방식은?

① 전압력식
② 전압송식
③ 전비산식
④ 압송 비산식

17 윤활유의 점도가 너무 높은 것을 사용했을 때의 설명으로 맞는 것은?

① 좁은 공간에 잘 침투하므로 충분한 주유가 된다.
② 엔진 시동을 할 때 필요 이상의 동력이 소모된다.
③ 점차 묽어지므로 경제적이다.
④ 겨울철에 특히 사용하기 좋다.

18 디젤기관에 사용하는 에어클리너가 막혔을 때 발생하는 현상으로 가장 적절한 것은?

① 배기 색은 무색이며, 출력은 정상이다.
② 배기 색은 흰색이며, 출력은 증가한다.
③ 배기 색은 검은색이며, 출력은 저하된다.
④ 배기 색은 흰색이며, 출력은 저하된다.

19 기관에서 완전연소 시 배출되는 가스 중에서 인체에 가장 무해한 가스는?

① NO_x
② HC
③ CO
④ CO_2

20 다음 회로에서 퓨즈에는 몇 A가 흐르는가?

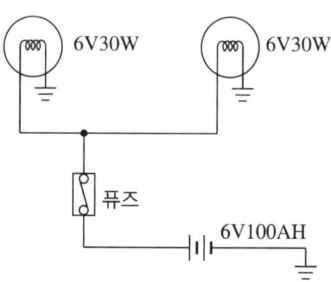

① 5A
② 10A
③ 50A
④ 100A

21 납산 축전지의 용량은 어떻게 결정되는가?

① 극판의 크기, 극판의 수, 황산의 양에 의해 결정된다.
② 극판의 크기, 극판의 수, 셀의 수에 의해 결정된다.
③ 극판의 수, 셀의 수, 발전기의 충전능력에 따라 결정된다.
④ 극판의 수와 발전기의 충전능력에 따라 결정된다.

22 12V용 납산 축전지의 방전종지전압은?

① 12V
② 10.5V
③ 7.5V
④ 1.75V

23 축전지의 일반적인 충전방법으로 가장 많이 사용되는 것은?

① 정전류 충전
② 정전압 충전
③ 단별전류 충전
④ 급속 충전

24 기관이 작동되는 상태에서 점검 가능한 사항이 아닌 것은?

① 냉각수의 온도
② 충전 상태
③ 기관오일의 압력
④ 엔진오일량

25 직류 직권전동기에 대한 설명 중 틀린 것은?

① 기동 회전력이 분권 전동기에 비해 크다.
② 회전속도의 변화가 크다.
③ 부하가 걸렸을 때, 회전속도가 낮아진다.
④ 회전속도가 거의 일정하다.

26 교류발전기(Alternator)의 특징으로 틀린 것은?

① 소형 경량이다.
② 출력이 크고 고속 회전에 잘 견딘다.
③ 불꽃 발생으로 충전량이 일정하다.
④ 컷아웃 릴레이 및 전류 제한기를 필요로 하지 않는다.

27 엔진 정지상태에서 계기판 전류계의 지침이 정상에서 (−) 방향을 지시하고 있을 때 원인이 아닌 것은?

① 전조등 스위치가 점등 위치에서 방전되고 있다.
② 배선에서 누전되고 있다.
③ 시동 시 엔진 예열장치를 동작시키고 있다.
④ 발전기에서 축전지로 충전되고 있다.

28 클러치에서 압력판의 역할은?

① 클러치판을 밀어서 플라이휠에 압착시킨다.
② 동력차단을 용이하게 한다.
③ 릴리스 베어링의 회전을 용이하게 한다.
④ 엔진의 동력을 받아 속도를 조절한다.

29 동력전달장치에서 토크컨버터에 대한 설명 중 틀린 것은?

① 조작이 용이하고 엔진에 무리가 없다.
② 기계적인 충격을 흡수하여 엔진의 수명을 연장한다.
③ 부하에 따라 자동적으로 변속한다.
④ 일정 이상의 과부하가 걸리면 엔진이 정지한다.

30 브레이크 장치의 베이퍼 로크 발생 원인이 아닌 것은?

① 긴 내리막길에서 과도한 브레이크 사용
② 엔진 브레이크를 장기간 사용
③ 드럼과 라이닝의 끌림에 의한 가열
④ 오일의 변질에 의한 비등점의 저하

31 주행 중 트랙 전면에서 오는 충격을 완화하여 차체 파손을 방지하고, 운전을 원활하게 해주는 것은?

① 트랙 롤러
② 상부 롤러
③ 리코일 스프링
④ 댐퍼 스프링

32 타이어의 트레드에 대한 설명으로 가장 옳지 못한 것은?

① 트레드가 마모되면 구동력과 선회능력이 저하된다.
② 트레드가 마모되면 지면과 접촉면적이 크게 되어 마찰력이 크게 된다.
③ 타이어의 공기압이 높으면 트레드의 양단부보다 중앙부의 마모가 크다.
④ 트레드가 마모되면 열의 발산이 불량하게 된다.

33 유압회로에서 작동유의 적정 온도는?

① 2~5℃
② 45~80℃
③ 95~115℃
④ 125~250℃

34 유압회로 내의 유압유 점도가 너무 낮을 때 생기는 현상이 아닌 것은?

① 회로 압력이 떨어진다.
② 펌프 효율이 떨어진다.
③ 시동 저항이 커진다.
④ 오일 누설에 영향이 있다.

35 2개 이상의 분기회로를 갖는 회로 내에서 작동 순서를 회로의 압력 등에 의하여 제어하는 밸브는?

① 체크 밸브(Check Valve)
② 시퀀스 밸브(Sequence Valve)
③ 한계 밸브(Limit Valve)
④ 서보 밸브(Servo Valve)

36 방향 제어 밸브를 동작시키는 방식이 아닌 것은?

① 수동식
② 전자 유압 파일럿식
③ 전자식
④ 스프링식

37 유압실린더의 숨돌리기 현상이 생겼을 때 일어나는 현상이 아닌 것은?

① 작동 지연 현상이 생긴다.
② 서지압이 발생한다.
③ 오일의 공급이 과대해진다.
④ 피스톤 작동이 불안정해진다.

38 유압모터와 유압실린더의 설명으로 맞는 것은?

① 모터는 회전운동, 실린더는 직선운동을 한다.
② 둘 다 왕복운동을 한다.
③ 둘 다 회전운동을 한다.
④ 모터는 직선운동, 실린더는 회전운동을 한다.

39 다음 중 정용량형 유압펌프의 기호는?

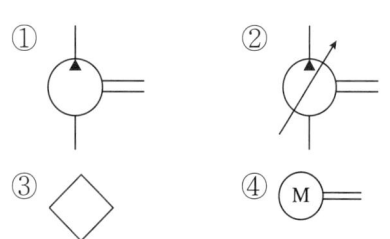

40 유압장치에서 오일탱크의 구비조건이 아닌 것은?

① 유면은 적정위치 'F'에 가깝게 유지하여야 한다.
② 발생한 열을 발산할 수 있어야 한다.
③ 공기 및 이물질을 오일로부터 분리할 수 있어야 한다.
④ 탱크의 크기가 정지할 때 되돌아오는 오일량이 용량과 동일하게 한다.

41 건설기계소유자가 관련법에 의하여 등록번호표를 반납하고자 할 때 누구에게 하여야 하는가?

① 국토교통부장관
② 구청장
③ 시·도지사
④ 동장

42 성능이 불량하거나 사고가 자주 발생하는 건설기계의 성능을 점검하기 위하여 시·도지사의 명령에 따라 수시로 실시하는 검사는?

① 신규등록검사
② 정기검사
③ 수시검사
④ 구조변경검사

43 건설기계 운전의 국가기술자격소지자가 해당 건설기계조종사 면허를 받지 않고 건설기계를 조종할 경우는?

① 무면허이다.
② 사고 발생 시에만 무면허이다.
③ 도로주행만 하지 않으면 괜찮다.
④ 면허를 가진 것으로 본다.

44 건설기계관리법상 건설기계가 국토교통부장관이 실시하는 검사에 불합격하여 정비명령을 받았음에도 불구하고 건설기계 소유자가 이 명령을 이행하지 않았을 때의 벌칙은?

① 1년 이하의 징역 또는 5백만원 이하의 벌금
② 1년 이하의 징역 또는 1천만원 이하의 벌금
③ 1년 이하의 징역 또는 3백만원 이하의 벌금
④ 1년 이하의 징역 또는 1백만원 이하의 벌금

45 하인리히의 사고예방원리 5단계를 순서대로 나열한 것은?

① 조직, 사실의 발견, 평가분석, 시정책의 선정, 시정책의 적용
② 시정책의 적용, 조직, 사실의 발견, 평가분석, 시정책의 선정
③ 사실의 발견, 평가분석, 시정책의 선정, 시정책의 적용, 조직
④ 시정책의 선정, 시정책의 적용, 조직, 사실의 발견, 평가분석

46 안전한 작업을 하기 위하여 작업 복장을 선정할 때의 유의사항으로 가장 거리가 먼 것은?

① 화기사용 장소에서 방염성·불연성의 것을 사용하도록 한다.
② 착용자의 취미·기호 등에 중점을 두고 선정한다.
③ 작업복은 몸에 맞고 동작이 편하도록 제작한다.
④ 상의의 소매나 바짓자락 끝부분이 안전하고 작업하기 편리하게 잘 처리된 것을 선정한다.

47 다음 안전보건표지의 종류는?

① 지시표지
② 금지표지
③ 경고표지
④ 안내표지

48 스크루(Screw) 또는 머리에 틈이 있는 볼트를 박거나 뺄 때 사용하는 스크루 드라이버의 크기는 무엇으로 표시하는가?

① 손잡이를 포함한 전체 길이
② 섕크(Shank)의 두께
③ 포인트(Tip)의 너비
④ 손잡이를 제외한 길이

49 연삭기의 안전한 사용 방법으로 틀린 것은?

① 숫돌 측면 사용 제한
② 숫돌 덮개 설치 후 작업
③ 보안경과 방진 마스크 사용
④ 숫돌과 받침대 간격을 가능한 한 넓게 유지

50 사고로 인하여 위급한 환자가 발생하였다. 의사의 치료를 받기 전까지 응급처치를 실시할 때, 응급처치 실시자의 준수사항으로 가장 거리가 먼 것은?

① 의식 확인이 불가능하여도 생사를 임의로 판정하지 않는다.
② 사고현장 조사를 실시한다.
③ 원칙적으로 의약품의 사용은 피한다.
④ 정확한 방법으로 응급처치를 한 후에 반드시 의사의 치료를 받도록 한다.

51 운반 작업 시의 안전수칙으로 틀린 것은?

① 무거운 물건을 이동할 때 호이스트 등을 활용한다.
② 화물의 중심은 가능한 한 높게 한다.
③ 어깨보다 높이 들어 올리지 않는다.
④ 무리한 자세로 장시간 운반하지 않는다.

52 전선로 부근에서 작업할 때의 안전사항으로 틀린 것은?

① 전선은 바람에 흔들리므로 간격 거리를 증가시켜 작업한다.
② 전선은 바람이 강할수록 많이 흔들린다.
③ 전선은 철탑 또는 전주에서 멀어질수록 많이 흔들린다.
④ 전선은 자체 무게가 있어 바람에는 흔들리지 않는다.

53 천공기의 주요 장치 중 타격 실린더와 회전용 오일 모터 및 기어박스로 구성되며 타격력과 회전력을 발생하는 장치는?

① 센트럴라이저(Centralizer)
② 드리프터(Drifter)
③ 스토퍼(Stoper)
④ 잭 해머(Jack Hammer)

54 락드릴에 사용되는 그리스에 대한 설명으로 틀린 것은?

① 그리스는 기유(50%), 증조제(10%), 첨가제(5%) 등으로 구성된다.
② 그리스의 기유에는 광유, 실리콘유, 지에스텔유 등의 합성유가 사용된다.
③ 그리스의 증조제에는 각종 금속비누, 벤토나이트 등 무기질 증조제, 우레아 불소화합물 등 내열성 유기질 증조제 등이 사용된다.
④ 그리스의 첨가제에는 산화방지제, 방청제, 극압제 등이 사용되고 있다.

55 그리스 취급·보관 요령으로 옳지 않은 것은?

① 제품의 청정도와 상태가 검증되지 않은 상태에서 장기 보관한 그리스는 사용하지 않는다.
② 이종의 그리스 혼합이 의심되면, 그리스 공급자에게 문의하거나 혼용성 시험을 실시한다.
③ 그리스 보관장소는 서늘하고 통풍이 잘 되어야 한다.
④ 각 제품 용기에는 잘 보이는 위치에 수령 날짜, 그리스 종류 및 공급사 등을 분명하게 표기한다.

56 터널 발파공법에 따른 천공 패턴 중 브이 컷(V-cut, 경사 천공) 발파공법의 특징으로 틀린 것은?

① 심발공은 각도(60°) 천공을 하므로 심 빼기 용적이 크다.
② 버력(䂳石) 암석이 커서 비산(飛散) 거리가 짧다.
③ 다양한 암질에 적용하기 어렵다.
④ 드릴 천공 작업이 쉽고, 한 종류의 비트만 사용하므로 드리프터 고장이 적다.

57 터널 보링머신(TBM ; Tunnel Boring Machine) 작업 시 본체가 굴진해야 할 방향의 지질조사를 위하여 미리 시추공을 뚫어보는 장치는?

① Gripper Cylinder
② Probe Drill
③ Advance Cylinder
④ 유압장치

58 실드 머신(Shield Machine)에 대한 설명으로 틀린 것은?

① 커터 헤드로 굴착하면서 굴착된 갱부를 실드로 복공하는 기계이다.
② 굴진기 전면에 커터 헤드가 설치되어 있다.
③ 절삭된 토사는 벨트 컨베이어로 운반한다.
④ 암반 지반의 굴착에 우수하다.

59 천공을 하는 장비는 오거로 크게 상부와 하부로 나뉜다. 오거와 비트에 대한 설명으로 옳지 않은 것은?

① 상부에 위치한 오거에는 스크루가 장착되고 스크루의 아래에는 땅을 파기 위한 비트가 장착된다.
② 파일의 규격에 따라 스크루 외경을 보강하며, 파일의 길이에 따라 스크루의 길이를 연장한다.
③ 비트는 일반적인 암반층에 사용되며 토사층에는 DTH(Down The Hole) 해머를 사용하기도 한다.
④ 하부 오거는 케이싱을 장착하여 상부 오거의 천공 진입 시에 주변의 토사가 무너져 들어오지 못하도록 홀을 형성해 준다.

60 디젤 해머의 특징으로 옳지 않은 것은?

① 디젤 파일 해머는 45°까지 항타가 가능하다.
② 취급이 쉽고 구조가 간단하며, 기동성이 좋고, 비교적 고장이 적다.
③ 연약 지반에서는 작업능률이 떨어진다.
④ 설비가 크고 무거우나, 큰 소음과 진동이 적다.

제4회 | 모의고사

정답 및 해설 p.202

01 4행정 사이클 디젤기관의 동력행정에 관한 설명 중 틀린 것은?

① 피스톤이 상사점에 도달하기 전 소요의 각도 범위 내에서 분사를 시작한다.
② 디젤기관의 진각에는 연료의 착화 능률이 고려된다.
③ 연료는 분사됨과 동시에 연소를 시작한다.
④ 연료분사 시작점은 회전속도에 따라 진각된다.

02 커먼레일 디젤기관의 연료장치 시스템에서 출력요소는?

① 공기 유량 센서
② 인젝터
③ 엔진 ECU
④ 브레이크 스위치

03 커먼레일 디젤기관의 연료 압력 센서(RPS)에 대한 설명 중 맞지 않는 것은?

① 고장이면 시동이 꺼진다.
② 반도체 피에조 소자 방식이다.
③ ECU는 RPS의 신호를 받아 연료 분사량을 조정한다.
④ ECU는 RPS의 신호를 받아 연료 분사 시기를 조정한다.

04 기관에서 크랭크축의 역할은?

① 직선운동을 회전운동으로 변환시키는 역할이다.
② 기관의 진동을 줄이는 장치이다.
③ 원활한 직선운동을 하는 장치이다.
④ 원운동을 직선운동으로 변환시키는 장치이다.

05 배기행정 초기에 배기밸브가 열려 실린더 내의 연소 가스가 스스로 배출되는 현상은?

① 피스톤 슬랩
② 블로 바이
③ 블로 다운
④ 피스톤 행정

06 기관 과열의 직접적인 원인이 아닌 것은?

① 팬 벨트의 느슨함
② 라디에이터의 코어 막힘
③ 냉각수의 부족
④ 타이밍 체인(Timing Chain)의 헐거움

07 다음 중 팬 벨트와 연결되지 않는 것은?

① 크랭크축 풀리
② 발전기 풀리
③ 워터펌프 풀리
④ 기관 오일펌프 풀리

08 기관에서 워터펌프의 역할로 맞는 것은?

① 정온기 고장 시 자동으로 작동하는 펌프이다.
② 기관의 냉각수 온도를 일정하게 유지한다.
③ 기관의 냉각수를 순환시킨다.
④ 냉각수 수온을 자동으로 조절한다.

09 다음 빈칸에 들어갈 수치로 알맞은 것은?

> 냉각장치의 수온 조절기는 냉각수 수온이 약 (a)℃일 때 열리기 시작하여 (b)℃에서 완전히 열린다.

① a : 35, b : 55
② a : 65, b : 85
③ a : 45, b : 65
④ a : 95, b : 112

10 디젤기관에서 압축압력이 저하되는 가장 큰 원인은?

① 냉각수 부족
② 엔진오일 과다
③ 기어오일의 열화
④ 피스톤 링의 마모

11 피스톤과 실린더 간격이 클 때 일어나는 현상으로 맞는 것은?

① 기관의 회전속도가 빨라진다.
② 블로 바이 가스가 생긴다.
③ 기관의 출력이 증가한다.
④ 엔진이 과열된다.

12 디젤기관의 연료분사노즐에서 섭동면의 윤활을 하는 것은?

① 윤활유
② 연료
③ 그리스
④ 기어오일

13 디젤엔진의 연료탱크에서 분사노즐까지 연료의 순환 순서로 맞는 것은?

① 연료탱크 → 연료공급펌프 → 분사펌프 → 연료필터 → 분사노즐
② 연료탱크 → 연료필터 → 분사펌프 → 연료공급펌프 → 분사노즐
③ 연료탱크 → 연료공급펌프 → 연료필터 → 분사펌프 → 분사노즐
④ 연료탱크 → 분사펌프 → 연료필터 → 연료공급펌프 → 분사노즐

14 디젤기관에서 흡입공기 압축 시 압축온도는?

① 약 200~300℃
② 약 500~550℃
③ 약 1,500~2,000℃
④ 약 900~950℃

15 부동액에 대한 설명으로 옳은 것은?

① 에틸렌글리콜과 글리세린은 단맛이 있다.
② 부동액 100%인 원액 사용을 원칙으로 한다.
③ 온도가 낮아지면 화학적 변화를 일으킨다.
④ 부동액은 냉각 계통에 부식을 일으키는 특징이 있다.

16 윤활유의 성질 중 가장 중요한 것은?

① 온도
② 점도
③ 습도
④ 건도

17 윤활유 공급펌프에서 공급된 윤활유 전부가 엔진오일필터를 거쳐 윤활부로 가는 방식은?

① 분류식
② 자력식
③ 전류식
④ 션트식

18 건식 공기청정기의 장점이 아닌 것은?

① 작은 입자의 먼지나 오물을 여과할 수 있다.
② 설치 또는 분해·조립이 간단하다.
③ 기관 회전속도의 변동에도 안정된 공기 청정 효율을 얻을 수 있다.
④ 구조가 간단하고 여과망을 세척하여 사용할 수 있다.

19 흡·배기밸브의 구비조건이 아닌 것은?

① 열에 대한 저항력이 작을 것
② 열전도성이 좋을 것
③ 열에 대한 팽창률이 작을 것
④ 가스에 견디고, 고온에 잘 견딜 것

20 전기장치에 관한 설명으로 틀린 것은?

① 계기 사용 시에는 최대한 측정범위를 초과해서 사용하지 말아야 한다.
② 전류계는 부하에 병렬로 접속해야 한다.
③ 축전지는 전원 결선 시에는 합선되지 않도록 유의해야 한다.
④ 절연된 전극이 접지되지 않도록 하여야 한다.

21 축전지 전해액이 자연 감소되었을 때 보충에 가장 적합한 것은?

① 증류수
② 황산
③ 경수
④ 수돗물

22 급속 충전을 할 때 유의사항으로 틀린 것은?

① 통풍이 되지 않는 곳에서 한다.
② 충전 중인 축전지에 충격을 가하지 않도록 한다.
③ 전해액의 온도가 45℃를 넘지 않도록 특별히 주의한다.
④ 충전시간은 가급적 빨라야 한다.

23 축전지가 과충전될 경우 발생하는 현상으로 틀린 것은?

① 전해액이 갈색을 띤다.
② 양극판 격자가 산화된다.
③ 양극 단자 쪽의 셀 커버가 볼록하게 부푼다.
④ 축전지에 지나치게 많은 물이 생성된다.

24 디젤기관에서 시동이 되지 않는 원인으로 맞는 것은?

① 연료공급펌프의 연료공급 압력이 높다.
② 가속페달을 밟고 시동하였다.
③ 배터리 방전으로 교체가 필요한 상태이다.
④ 크랭크축 회전속도가 빠르다.

25 장비 점검 시 운전상태에서 점검해야 하는 것은?

① 볼트・너트의 풀림 상태
② 벨트의 장력 상태
③ 급유 상태
④ 클러치의 작동 상태

26 다음 중 AC와 DC 발전기의 조정기가 공통으로 가지고 있는 것은?

① 전압 조정기
② 전류 조정기
③ 컷아웃 릴레이
④ 전력 조정기

27 에어컨 장치에서 환경보존을 위한 대체물질로 신냉매가스에 해당하는 것은?

① R-12
② R-22
③ R-12a
④ R-134a

28 클러치판(Clutch Plate)의 변형을 방지하는 것은?

① 압력판(Pressure Plate)
② 쿠션(Cushion) 스프링
③ 토션(Torsion) 스프링
④ 릴리스 레버 스프링

29 유체 클러치에서 가이드 링의 역할은?

① 유체 클러치의 와류를 증가시킨다.
② 유체 클러치의 유격을 조정한다.
③ 유체 클러치의 와류를 감소시킨다.
④ 유체 클러치의 마찰을 증대시킨다.

30 수동 변속기에서 변속할 때 기어가 끌리는 소음이 발생하는 원인으로 맞는 것은?

① 브레이크 라이닝의 마모
② 클러치판의 마모
③ 변속기 출력축의 속도계 구동 기어 마모
④ 클러치 유격이 과도함

31 기관정비 작업 시 엔진 블록에 찌든 기름 때를 깨끗이 세척하려 할 때 가장 좋은 용해액은?

① 냉각수
② 절삭유
③ 솔벤트
④ 엔진오일

32 트랙에서 스프로킷이 이상 마모되는 원인은?

① 트랙의 이완
② 유압유의 부족
③ 유압이 높음
④ 댐퍼 스프링의 장력 약화

33 타이어의 구조 중 직접 노면과 접촉되어 마모에 견디고 적은 슬립으로 견인력을 증대시키는 것은?

① 트레드(Tread)
② 브레이커(Breaker)
③ 카커스(Carcass)
④ 비드(Bead)

34 유압 계통의 오일장치 내에 생긴 슬러지 등을 용해하여 장치 내를 깨끗이 하는 작업은?

① 플러싱
② 트램핑
③ 서징
④ 코킹

35 유압회로에서 유압유의 점도가 높을 때 발생할 수 있는 현상이 아닌 것은?

① 관 내의 마찰손실이 커진다.
② 동력손실이 커진다.
③ 열 발생의 원인이 될 수 있다.
④ 유압이 낮아진다.

36 유압회로 내의 압력이 일정 압력에 도달하면 펌프에서 토출된 오일 전량을 직접 탱크로 돌려보내 펌프를 무부하 운전시킬 목적으로 사용하는 밸브는?

① 체크 밸브
② 시퀀스 밸브
③ 언로드 밸브
④ 카운터밸런스 밸브

37 유압장치에서 방향 제어 밸브에 해당하는 것은?

① 셔틀 밸브
② 릴리프 밸브
③ 시퀀스 밸브
④ 언로드 밸브

38 유압실린더의 움직임이 느리거나 불규칙할 때의 원인이 아닌 것은?

① 피스톤 링이 마모되었다.
② 유압유의 점도가 너무 높다.
③ 회로 내에 공기가 혼입되고 있다.
④ 체크 밸브의 방향이 반대이다.

39 실린더에 마모가 생겼을 때 나타나는 현상이 아닌 것은?

① 압축효율 저하
② 크랭크실 내의 윤활유 오염 및 소모
③ 출력 저하
④ 조속기의 작동 불량

40 다음 그림의 유압기호가 나타내는 것은?

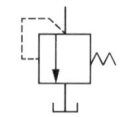

① 체크 밸브
② 시퀀스 밸브
③ 릴리프 밸브
④ 리듀싱 밸브

41 다음 보기에서 유압오일탱크의 기능을 모두 고른 것은?

┌보기─────────────────┐
ㄱ. 계통 내의 필요한 유량 확보
ㄴ. 격판에 의한 기포 분리 및 제거
ㄷ. 계통 내의 필요한 압력 설정
ㄹ. 스트레이너 설치로 회로 내 불순물 혼입 방지
└─────────────────────┘

① ㄱ, ㄴ, ㄷ ② ㄱ, ㄴ, ㄹ
③ ㄴ, ㄷ, ㄹ ④ ㄱ, ㄷ, ㄹ

42 건설기계 등록자를 변경한 때(단, 시·도 간의 변경이 있었음)는 등록번호표를 시·도지사에게 며칠 이내에 반납하여야 하는가?

① 10일   ② 5일
③ 20일   ④ 30일

43 시·도지사가 수시검사를 명령하고자 하는 때에는 수시검사를 받아야 할 날로부터 며칠 이내에 건설기계소유자에게 명령서를 교부하여야 하는가?

① 5일   ② 7일
③ 31일   ④ 20일

44 건설기계 조종사의 적성검사 기준으로 틀린 것은?

① 보청기를 사용하는 사람은 40dB의 소리를 들을 수 있을 것
② 시각은 150° 이상일 것
③ 두 눈을 동시에 뜨고 잰 시력은 0.7 이상일 것
④ 두 눈 중 한쪽 눈의 시력은 0.6 이상일 것

45 건설기계등록번호표를 가리거나 훼손하여 알아보기 곤란하게 한 자 또는 그러한 건설기계를 운행한 자에게 부과하는 과태료 기준으로 옳은 것은?

① 50만원 이하
② 1백만원 이하
③ 3백만원 이하
④ 1천만원 이하

46 기계의 회전 부분(기어, 벨트, 체인)에 덮개를 설치하는 이유는?

① 좋은 품질의 제품을 얻기 위하여
② 제품의 제작과정을 숨기기 위하여
③ 회전 부분과 신체의 접촉을 방지하기 위하여
④ 회전 부분의 속도를 높이기 위하여

47 다음 안전보건표지의 의미는?

① 안전복 착용
② 안전모 착용
③ 보안면 착용
④ 출입금지

48 드라이버(Driver)의 올바른 사용법으로 가장 적절하지 않은 것은?

① 날 끝이 재료의 홈에 맞는 것을 사용한다.
② 공작물을 바이스(Vise)에 고정시킨다.
③ 강하게 조여 있는 작은 공작물은 손으로 단단히 잡고 조인다.
④ 전기 작업 시 절연된 손잡이를 사용한다.

49 폭발의 우려가 있는 가스 또는 분진이 발생하는 장소에서 지켜야 할 사항이 아닌 것은?

① 화기의 사용금지
② 인화성 물질 사용금지
③ 점화의 원인이 될 수 있는 기계 사용금지
④ 불연성 재료의 사용금지

50 전기용접의 아크 빛으로 인해 눈이 혈안이 되고 부었을 때 응급조치 사항으로 가장 적절한 것은?

① 눈을 잠시 감고 안정을 취한다.
② 안약을 넣고 계속 작업을 한다.
③ 소금물로 눈을 세정한 후 작업한다.
④ 냉습포를 눈 위에 올려놓고 안정을 취한다.

51 중량물을 들어 올리는 방법 중 안전상 가장 올바른 것은?

① 최대한 힘을 모아 들어 올린다.
② 지렛대를 이용한다.
③ 로프로 묶고 잡아당긴다.
④ 체인블록을 이용하여 들어 올린다.

52 가공전선로의 위험 정도를 판별하는 지표로 가장 올바른 것은?

① 전선의 굵기
② 지지물의 높이
③ 애자의 개수
④ 지지물과 지지물 사이의 간격

53 드리프터의 압력 세팅을 잘못하였을 경우 나타나는 현상으로 옳지 않은 것은?

① 천공기 유압장치의 작동이 나빠진다.
② 드리프터의 공타가 유발된다.
③ 비트와 로드가 마모 및 파손된다.
④ 장비 및 드리프터 부품에 과도한 외력을 유발한다.

54 터널 발파 공법에 따른 천공 패턴 중 스페스컷(Supex-cut, 경사+평행 천공법) 발파공법의 특징으로 틀린 것은?

① 발파공해인 진동, 비산, 소음, 폭음이 덜 발생한다.
② 막장면과 주변 암반이 덜 손상되어 여굴률이 낮고 터널의 안전성이 확보된다.
③ 발파 효율이 높다.
④ 천공수(穿孔數)가 적어서 천공 시간이 짧다.

55 로드 헤더(Road Header)에 대한 설명으로 틀린 것은?

① 부분단면 또는 자유단면 굴착기로 불린다.
② TBM과 달리 형상에 따른 큰 제약이 없이 굴착한다.
③ 로더 헤드 전방에 부착된 커팅 헤드에는 디스크 커터가 사용된다.
④ 압축강도가 최대 170MPa인 경암 굴착도 가능하다.

56 항타·항발기는 수직의 리더를 장착하고 파일을 삽입하는데, 파일 삽입 시 주의사항으로 옳지 않은 것은?

① 파일을 매다는 각도는 10° 이하로 한다.
② 가능하면 파일을 들어 파일을 삽입하는 것을 우선으로 하고 부득이한 경우 보조 크레인의 도움을 받아 파일을 삽입한다.
③ 파일을 묶어 잡아당기는 작업을 할 때는 앞쪽에 파일을 놓고 당겨야 안전하다.
④ 파일을 매단 상태에서는 주행하면 안되며 해머 및 작업장치는 가능한 한 아래로 내리고 선회는 금지된다.

57 유압 해머에 대한 설명으로 틀린 것은?

① 디젤 해머에 비해 타격력이 적다.
② 램의 낙하 높이 조정이 가능하다.
③ 파일을 박는 속도가 빠르다.
④ 디젤 해머에 비해 비산 먼지와 소음을 저감할 수 있다.

58 회전식 시추기의 시추 형식에 의한 분류 방법에 속하지 않은 것은?

① 변위형 시추
② 수세식형 시추
③ 충격형 시추
④ 리더형 시추

59 표준관입시험(Standard Penetration Test)의 문제점으로 틀린 것은?

① 표준관입시험을 전문적으로 측정하는 자를 위한 자격 기준이 없다.
② 표준관입시험을 인증할 수 있는 기관이 없고 감독이 소홀하다.
③ 현장과 동떨어진 설계 관행 등을 개선할 국제적인 기준이 모호하다.
④ 일반적인 관행이 표준관입시험으로 보편적으로 받아들여지고 있지 않다.

60 시추 시에는 슬라임의 배제, 비트 팁의 냉각, 로드의 회전 저항 감소 등을 위하여 니수(순환수)를 보내며 굴착하여야 한다. 니수의 구비조건으로 옳지 않은 것은?

① 탈수량이 적고, 니벽이 엷고 강하게 있을 것
② 벤토나이트 기타의 점토류, 실트 등의 고비중 고형물이 적당량 있으며 사분이 많을 것
③ 지층의 붕괴와 니화를 억제하는 기능이 우수할 것
④ 윤활성이 우수하고 점성, 강도 등이 적당할 것

제5회 | 모의고사

정답 및 해설 p.208

01 4행정으로 1사이클을 완성하는 기관에서 각 행정의 순서는?

① 압축 → 흡입 → 폭발 → 배기
② 흡입 → 압축 → 폭발 → 배기
③ 흡입 → 압축 → 배기 → 폭발
④ 흡입 → 폭발 → 압축 → 배기

02 2행정 사이클 디젤기관의 흡입과 배기행정에 관한 설명으로 틀린 것은?

① 압력이 낮아진 나머지 연소 가스가 압출되어 실린더 내는 와류를 동반한 새로운 공기로 가득 차게 된다.
② 연소 가스가 자체의 압력에 의해 배출되는 것을 블로 바이라고 한다.
③ 동력행정의 끝부분에서 배기밸브가 열리고 연소 가스가 자체의 압력으로 배출되기 시작한다.
④ 피스톤이 하강하여 소기 포트가 열리면 예압된 공기가 실린더 내로 유입된다.

03 6기통 기관이 4기통 기관보다 좋은 점이 아닌 것은?

① 가속이 원활하고 신속하다.
② 저속회전이 용이하고 출력이 높다.
③ 기관 진동이 적다.
④ 구조가 간단하여 제작비가 싸다.

04 커먼레일 디젤기관의 센서에 대한 설명으로 틀린 것은?

① 연료 온도 센서는 연료 온도에 따른 연료량 보정 신호로 사용된다.
② 크랭크 포지션 센서는 밸브 개폐 시기를 감지한다.
③ 수온 센서는 기관의 온도에 따른 냉각팬 제어신호로 사용된다.
④ 수온 센서는 기관의 온도에 따른 연료량을 증감하는 보정신호로 사용된다.

05 기관의 피스톤 벽이 마멸되었을 때 발생하는 현상은?

① 압축압력의 저하
② 폭발압력의 증가
③ 기관 회전수 증가
④ 열효율의 상승

06 피스톤과 실린더 사이의 간극이 너무 클 때 일어나는 현상으로 옳은 것은?

① 엔진오일의 수명 단축
② 압축압력 증가
③ 실린더 소결
④ 출력 증가

07 디젤기관에서 타이머의 역할로 가장 적당한 것은?

① 분사량 조절
② 자동변속 조절
③ 분사시기 조절
④ 기관속도 조절

08 다음 중 충전장치의 발전기를 구동시키는 축은?

① 크랭크축
② 캠축
③ 추진축
④ 변속기 입력축

09 펌프로부터 보내진 고압의 연료를 미세한 안개 모양으로 연소실에 분사하는 부품은?

① 커먼레일
② 분사펌프
③ 분사노즐
④ 공급펌프

10 디젤기관에서 연료장치의 구성부품이 아닌 것은?

① 분사펌프
② 연료필터
③ 기화기
④ 연료탱크

11 기관에 온도를 일정하게 유지하기 위해 설치된 물 통로는?

① 오일팬
② 밸브
③ 워터 재킷
④ 실린더 헤드

12 냉각장치에서 밀봉 압력식 라디에이터 캡을 사용할 때는?

① 엔진온도를 높일 때
② 엔진온도를 낮게 할 때
③ 압력밸브가 고장일 때
④ 냉각수의 비점을 높일 때

13 다음 중 디젤기관만이 가지고 있는 부품은?

① 인젝션 펌프(Injection Pump)
② 연료펌프(Fuel Pump)
③ 오일펌프(Oil Pump)
④ 인젝터(Injector)

14 부동액의 주요성분이 될 수 없는 것은?

① 그리스
② 글리세린
③ 메탄올
④ 에틸렌글리콜

15 동절기를 대비한 기관의 예방 정비사항이 아닌 것은?

① 윤활유 점도는 하절기에 비해 낮은 것을 사용한다.
② 작업 후 사용 연료를 탱크에 가득 채운다.
③ 부동액은 사계절용 부동액을 사용한다.
④ 연료 분사압력을 높게 조정한다.

16 엔진 윤활유에 대한 설명으로 틀린 것은?

① 온도에 의하여 점도가 변하지 않아야 한다.
② 유막이 끊어지지 않아야 한다.
③ 인화점이 낮아야 한다.
④ 응고점이 낮아야 한다.

17 윤활장치에서 오일 여과기의 역할은?

① 오일의 역순환 방지 작용
② 오일에 필요한 방청 작용
③ 오일에 포함된 불순물 제거 작용
④ 오일계통에 압송 작용

18 배기관이 불량하여 배압이 높을 때 기관에 생기는 현상이 아닌 것은?

① 기관이 과열된다.
② 냉각수 온도가 내려간다.
③ 기관의 출력이 감소된다.
④ 피스톤의 운동이 방해된다.

19 공기청정기의 설치목적은?

① 연료의 여과와 가압작용
② 공기의 가압작용
③ 공기의 여과와 소음방지
④ 연료의 여과와 소음방지

20 퓨즈의 접촉이 나쁠 때 나타나는 현상으로 옳은 것은?

① 연결부의 저항이 떨어진다.
② 전류의 흐름이 좋아진다.
③ 연결부가 끊어진다.
④ 전압이 과도하게 흐른다.

21 축전지의 전해액으로 알맞은 것은?

① 순수한 물
② 과산화납
③ 해면상납
④ 묽은 황산

22 축전지를 건설기계에 설치한 채 급속 충전 시 주의사항으로 가장 거리가 먼 것은?

① 축전지의 (+)와 (-) 케이블을 잘 고정하고 충전한다.
② 작업시간 등으로 충전할 수 있는 시간이 충분하지 않을 때만 한다.
③ 충전 중 전해액의 온도가 45℃ 이상이 되지 않도록 한다.
④ 충전전류는 축전지 용량의 1/2이 좋다.

23 축전지 커버에 붙은 전해액을 세척할 때 사용하는 중화제로 가장 좋은 것은?

① 증류수
② 비눗물
③ 암모니아수
④ 베이킹소다수

24 디젤기관의 시동을 용이하게 하는 방법이 아닌 것은?

① 압축비를 높인다.
② 흡기온도를 상승시킨다.
③ 겨울철에는 예열장치를 사용한다.
④ 시동 시 회전속도를 낮춘다.

25 발전기 출력 및 축전지 전압이 낮을 때의 원인이 아닌 것은?

① 조정 전압이 낮음
② 다이오드의 단락
③ 축전지 케이블의 접속 불량
④ 충전 회로에 부하가 작음

26 교류발전기의 특징으로 틀린 것은?

① 속도 변화에 따른 적용 범위가 넓고 소형, 경량이다.
② 저속 시에도 충전이 가능하다.
③ 정류자를 사용한다.
④ 다이오드를 사용하기 때문에 정류 특성이 좋다.

27 에어컨 시스템에서 기화된 냉매를 액화하는 장치는?

① 응축기
② 건조기
③ 컴프레서
④ 팽창밸브

28 디스크식 클러치판에 있는 토션 스프링의 역할로 가장 적절한 것은?

① 압력판의 마멸을 방지한다.
② 클러치 작용 시의 충격을 흡수한다.
③ 클러치판의 밀착을 좋게 한다.
④ 클러치판의 마멸을 방지한다.

29 유체 클러치에 대한 설명으로 틀린 것은?

① 터빈은 변속기 입력축에 설치되어 있다.
② 오일의 맴돌이 흐름(와류)을 방지하기 위하여 가이드 링을 설치한다.
③ 펌프는 기관의 크랭크축에 설치되어 있다.
④ 오일의 흐름 방향을 바꾸어주기 위하여 스테이터를 설치한다.

30 수동변속기가 장착된 건설기계장비에서 클러치가 연결된 상태에서 기어변속을 하였을 때 발생할 수 있는 현상으로 맞는 것은?

① 클러치 디스크가 마멸된다.
② 변속 레버가 마모된다.
③ 기어에서 소리가 나고 손상된다.
④ 종감속기어가 손상된다.

31 유압장치에 사용되는 밸브 부품의 세척유로 적절한 것은?

① 엔진오일
② 물
③ 경유
④ 합성세제

32 트랙장치의 트랙 유격이 너무 커 느슨해졌을 때 발생하는 현상으로 적합한 것은?

① 주행속도가 빨라진다.
② 슈 판의 마모가 급격해진다.
③ 주행속도가 아주 느려진다.
④ 트랙이 벗겨지기 쉬워진다.

33 타이어에서 고무로 피복된 코드를 여러 겹으로 겹친 층으로 타이어 골격을 이루는 부분은?

① 카커스(Carcass)부
② 트레드(Tread)부
③ 숄더(Shoulder)부
④ 비드(Bead)부

34 작동유 온도가 과열되었을 때 유압계통에 미치는 영향으로 틀린 것은?

① 열화가 촉진된다.
② 점도의 저하로 누유되기 쉽다.
③ 유압펌프 등의 효율이 좋아진다.
④ 온도 변화로 유압기기가 열변형되기 쉽다.

35 유압유에 점도가 서로 다른 두 종류의 오일을 혼합하였을 때의 설명으로 옳은 것은?

① 오일 첨가제의 좋은 부분만 작동하므로 오히려 좋다.
② 점도가 달라지나 사용에는 전혀 지장이 없다.
③ 혼합은 권장 사항이며, 사용에는 전혀 지장이 없다.
④ 열화 현상을 촉진시킨다.

36 자체중량에 의한 자유낙하 등을 방지하기 위하여 회로에 배압을 유지하는 밸브는?

① 감압 밸브
② 체크 밸브
③ 릴리프 밸브
④ 카운터밸런스 밸브

37 유압장치에서 방향 제어 밸브에 대한 설명으로 틀린 것은?

① 유체의 흐름 방향을 변환한다.
② 액추에이터의 속도를 제어한다.
③ 유체의 흐름 방향을 한쪽으로 허용한다.
④ 유압실린더나 유압모터의 작동 방향을 바꾸는 데 사용된다.

38 유압장치의 부품을 교환 후 가장 먼저 시행하여야 할 작업은?

① 최대부하 상태의 운전
② 유압의 점검
③ 유압장치의 공기빼기
④ 유압 오일쿨러 청소

39 기관에서 실린더 마모 원인이 아닌 것은?

① 실린더 벽과 피스톤 및 피스톤 링의 접촉에 의한 마모
② 희박한 혼합기에 의한 마모
③ 연소 생성물(카본)에 의한 마모
④ 흡입 공기 중의 먼지, 이물질 등에 의한 마모

40 다음 유압기호가 나타내는 것은?

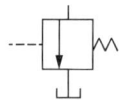

① 릴리프 밸브
② 감압 밸브
③ 순차 밸브
④ 무부하 밸브

41 일반적으로 유압계통을 수리할 때마다 항상 교환해야 하는 것은?

① 샤프트 실(Shaft Seals)
② 커플링(Couplings)
③ 밸브 스풀(Valve Spools)
④ 터미널 피팅(Terminal Fittings)

42 시·도지사가 건설기계등록번호표 제작 등을 할 것을 통지하거나 명령하여야 하는 경우가 아닌 것은?

① 신규등록을 하였을 때
② 등록사항의 변경신고를 받아 등록번호표의 용도 구분을 변경한 때
③ 등록번호표의 재부착 신청이 없을 때
④ 등록번호의 식별이 곤란한 때

45 건설기계의 등록사항 중 변경사항이 있는 건설기계의 소유자가 거짓으로 신고를 한 경우의 과태료 기준은?

① 5만원 이하
② 10만원 이하
③ 20만원 이하
④ 50만원 이하

43 건설기계 정기검사를 연기할 수 있는 사유가 아닌 것은?

① 천재지변이 발생했을 때
② 건설기계를 건설현장에 투입했을 때
③ 건설기계를 도난당했을 때
④ 31일 이상에 걸친 정비를 하고 있을 때

44 국토교통부령으로 정하는 소형건설기계가 아닌 것은?

① 5ton 미만의 불도저
② 5ton 미만의 로더
③ 3ton 미만의 굴착기
④ 5ton 미만의 덤프트럭

46 동력 기계장치의 표준 방호 덮개의 설치목적이 아닌 것은?

① 주유나 경사의 편리성
② 동력전달장치와 신체의 접촉 방지
③ 방음이나 집진
④ 가공물 등의 낙하에 의한 위험방지

47 다음 그림과 같은 안전보건표지판이 나타내는 것은?

① 비상구
② 출입금지
③ 보안경 착용
④ 인화성물질 경고

48 드라이버 사용 시 안전사항으로 틀린 것은?

① 드라이버 날 끝이 나사 홈의 너비와 길이에 맞는 것을 사용한다.
② 일자 드라이버 날 끝은 평평해야 한다.
③ 이가 빠지거나 둥글게 된 것은 사용하지 않는다.
④ 필요에 따라서 정 대신 사용한다.

49 최고주행속도가 15km/h 미만인 타이어식 건설기계가 갖추지 않아도 되는 조명은?

① 전조등
② 번호등
③ 후부반사판
④ 제동등

50 화상을 입었을 때 응급조치로 가장 옳은 것은?

① 빨리 찬물에 담갔다가 아연화연고를 바른다.
② 빨리 메틸알코올에 담근다.
③ 빨리 옥도정기를 바른다.
④ 빨리 아연화연고를 바르고 붕대를 감는다.

51 중량물 운반에 대한 설명으로 맞지 않는 것은?

① 무거운 물건을 운반할 경우 주위 사람에게 인지하게 한다.
② 무거운 물건을 상승시킨 채 오랫동안 방치하지 않는다.
③ 규정 용량을 초과해서 운반하지 않는다.
④ 흔들리는 화물은 사람이 붙잡아서 이동한다.

52 가스누설 검사에 가장 좋고 안전한 것은?

① 아세톤
② 성냥불
③ 순수한 물
④ 비눗물

53 집진기(Dust Collector)의 구성과 작동에 대한 설명으로 틀린 것은?

① 집진기는 장비의 우측 뒤편 엔진룸 커버에 볼트로 고정되어 있다.
② 전기장치에 의해 작동되는 펄스(Pulsing) 장치는 규칙적·순차적으로 필터에 붙은 먼지를 배출한다.
③ 집진장치는 공기압축기에서 공급된 압축공기로 작동하게 된다.
④ 집진기의 끝단에는 먼지 배출구가 있고 석분의 날림을 막기 위한 스커트가 장착되어 있다.

54 충격식 천공기인 드리프터(Drifter)에 대한 설명으로 틀린 것은?

① 일반적으로 차대에 설치하고 수동·자동이송장치에 의하여 적당한 토압을 비트에 주어 작업한다.
② 피드(Feed) 장치에 의하여 이송되는 드리프터(Drifter)는 에어 모터(Air Motor)에 의하여 구동된다.
③ 타격기구와 회전기구를 독립시켜 암질에 따라 타격과 회전을 조절하는 파워 로테이션식(Power Rotation)이 있다.
④ 차량식(Wagon)에 장착하면 무한궤도식보다 기동성과 안전성이 좋다.

55 천공기 중 점보 드릴(Jumbo Drill Equipment)의 종류와 특징에 대한 설명으로 틀린 것은?

① 종류에는 드리프터, 레그, 래더, 샤프트 점보 드릴이 있다.
② 드리프터 점보 드릴은 대형으로 드리프터가 다수 장착되어 있다.
③ 레그 점보 드릴은 주행 차대에 레그 드릴을 한 대 장착한 것이다.
④ 샤프트 점보 드릴은 점보 드릴의 최상부에 와이어로프를 달아 올리는 구조이다.

56 리버스 서큘레이션 드릴(Reverse Circulation Drill)에 대한 설명으로 옳지 않은 것은?

① 정순환 천공기이다.
② 굴착토를 배출하는 방식에 따라 석션식과 공기식이 있다.
③ 대구경 장착의 천공이 가능하다.
④ 무소음, 무진동으로 암반 천공이 가능하다.

57 항타 및 항발기의 종류와 거리가 먼 것은?

① 드롭 해머
② 증기 해머
③ 디젤 해머
④ 화력 해머

58 유압 해머의 구성으로 옳지 않은 것은?

① 유압 해머는 항타·항발기의 리더에 부착한다.
② 해머 내부의 고중량의 램을 실린더가 끌어 올리는데, 이때 필요한 동력을 항타·항발기의 뒤쪽의 파워팩에서 얻는다.
③ 운전석에는 컨트롤 박스가 부착되며 운전석에서 낙하 높이, 타격 속도 등을 조정할 수 있다.
④ 해머의 하부에는 리더에 해머를 장착할 수 있는 가이드가 부착된다.

59 변위형 시추방법의 특징으로 옳지 않은 것은?

① 가장 단순한 방법으로 케이싱을 사용하지 않는다.
② 시추 시 선단을 폐쇄하고 동적 혹은 정적으로 관입하며 샘플 작업 시에는 선단을 개방한다.
③ 관입량에 대한 타격 또는 압입 하중을 측정하여 지층을 판정한다.
④ 지하수량 조사 시 사용한다.

60 항타·천공 작업 시 유의사항으로 옳지 않은 것은?

① 감아올리기, 회전, 이동 등을 동시에 해서는 안 된다.
② 인접 건물 및 주위에 소음, 진동 등의 영향을 파악하고 방진, 방음 등 필요한 조치를 취한다.
③ 운전자가 운전석을 이탈할 경우 하중을 건 상태에서 이탈하여야 한다.
④ 말뚝을 뽑을 때는 항발기의 붐을 60° 이내로 하고, 뽑을 수 없을 때는 인발 장치를 따로 보강해야 한다.

제6회 | 모의고사

› 정답 및 해설 p.214

01 고속 디젤기관의 장점으로 틀린 것은?

① 열효율이 가솔린기관보다 높다.
② 인화점이 높은 경유를 사용하므로 취급이 용이하다.
③ 가솔린기관보다 최고 회전수가 빠르다.
④ 연료 소비량이 가솔린기관보다 적다.

02 엔진의 회전수를 나타낼 때 rpm이란?

① 시간당 엔진 회전수
② 분당 엔진 회전수
③ 초당 엔진 회전수
④ 10분간 엔진 회전수

03 디젤기관에서 실화할 때 나타나는 현상으로 옳은 것은?

① 기관이 과랭한다.
② 기관 회전이 불량해진다.
③ 연료 소비가 감소한다.
④ 냉각수가 유출된다.

04 다음 중 커먼레일 디젤엔진의 연료장치 구성부품이 아닌 것은?

① 커먼레일
② 공급 펌프
③ 고압 펌프
④ 인젝터

05 건설기계기관의 압축압력 측정방법으로 틀린 것은?

① 습식시험을 먼저하고 건식시험을 나중에 한다.
② 배터리의 충전 상태를 점검한다.
③ 기관을 정상온도로 작동시킨다.
④ 기관의 분사노즐(또는 점화플러그)은 모두 제거한다.

06 기관의 피스톤이 고착되는 주요 원인이 아닌 것은?

① 피스톤 간극이 적을 때
② 기관오일이 부족하였을 때
③ 기관이 과열되었을 때
④ 기관오일이 너무 많았을 때

07 크랭크축의 비틀림 진동에 대한 설명 중 틀린 것은?

① 회전 부분의 질량이 클수록 크다.
② 강성이 클수록 크다.
③ 크랭크축이 길수록 크다.
④ 각 실린더의 회전력 반동이 클수록 크다.

08 연료 취급에 관한 설명으로 가장 거리가 먼 것은?

① 연료 주입은 운전 중에 하는 것이 효과적이다.
② 연료 주입 시 물이나 먼지 등의 불순물이 혼합되지 않도록 주의한다.
③ 정기적으로 드레인 콕을 열어 연료 탱크 내의 수분을 제거한다.
④ 연료를 취급할 때에는 화기에 주의한다.

09 분사노즐의 요구조건으로 틀린 것은?

① 고온, 고압의 가혹한 조건에서 장기간 사용할 수 있을 것
② 분무를 연소실의 구석구석까지 뿌려지게 할 것
③ 연료의 분사 끝에서 후적이 일어나게 할 것
④ 연료를 미세한 안개 모양으로 분사하여 쉽게 착화하게 할 것

10 다음 중 냉각장치에서 냉각수가 줄어드는 원인과 정비방법으로 틀린 것은?

① 서모스탯 하우징 불량 : 개스킷 및 하우징 교체
② 라디에이터 캡 불량 : 부품 교환
③ 워터펌프 불량 : 조절
④ 히터 혹은 라디에이터 호스 불량 : 수리 및 부품 교환

11 냉각장치의 수온 조절기가 완전히 열리는 온도가 낮을 때의 현상으로 적절한 것은?

① 엔진의 회전속도가 빨라진다.
② 엔진이 과열되기 쉽다.
③ 워밍업 시간이 길어지기 쉽다.
④ 물펌프에 부하가 걸리기 쉽다.

12 엔진 과열 시 일어나는 현상이 아닌 것은?

① 각 작동 부분이 열팽창으로 고착될 수 있다.
② 윤활유 점도 저하로 유막이 파괴될 수 있다.
③ 금속이 빨리 산화되고 변형되기 쉽다.
④ 연료 소비율이 줄고 효율은 향상된다.

13 기관의 냉각장치에 해당되지 않는 부품은?

① 수온 조절기
② 릴리프 밸브
③ 방열기
④ 팬 및 벨트

14 부동액이 구비하여야 할 조건이 아닌 것은?

① 물과 쉽게 혼합될 것
② 침전물의 발생이 없을 것
③ 부식성이 없을 것
④ 비등점이 물보다 낮을 것

15 윤활유의 기능으로 맞는 것은?

① 마찰 감소, 스러스트 작용, 밀봉 작용, 냉각 작용
② 마멸 방지, 수분 흡수, 밀봉 작용, 마찰 증대
③ 마찰 감소, 마멸 방지, 밀봉 작용, 냉각 작용
④ 마찰 증대, 냉각 작용, 스러스트 작용, 응력분산

16 다음 설명 중 올바르지 않은 것은?

① 장비의 그리스 주입은 정기적으로 하는 것이 좋다.
② 엔진오일을 교환할 때 여과기도 같이 교환한다.
③ 최근의 부동액은 사계절 모두 사용하여도 무방하다.
④ 장비 운전·작업 시 기관 회전수를 낮추어 운전한다.

17 유압계가 부착된 건설기계에서 유압계 지침이 정상적으로 상승되지 않았을 때의 원인으로 틀린 것은?

① 오일 파이프 파손
② 오일펌프 고장
③ 유압계의 고장
④ 연료 파이프 파손

18 디젤기관에서 사용되는 공기청정기에 관한 설명으로 틀린 것은?

① 공기청정기는 실린더 마멸과 관계없다.
② 공기청정기가 막히면 배기 색은 흑색이 된다.
③ 공기청정기가 막히면 출력이 감소한다.
④ 공기청정기가 막히면 연사가 나빠진다.

19 다음 중 흡·배기밸브의 구비조건이 아닌 것은?

① 열전도율이 좋을 것
② 열에 대한 팽창률이 적을 것
③ 열에 대한 저항력이 적을 것
④ 가스에 견디고 고온에 잘 견딜 것

20 이동하지 않고 물질에 정지하고 있는 전기는?

① 동전기
② 정전기
③ 직류전기
④ 교류전기

21 배터리가 완전충전된 상태의 화학반응식으로 맞는 것은?

① $PbSO_4$(황산납) + $2H_2O$(물) + $PbSO_4$(황산납)
② $PbSO_4$(황산납) + $2H_2SO_4$(묽은 황산) + Pb(순납)
③ PbO_2(과산화납) + $2H_2SO_4$(묽은 황산) + Pb(순납)
④ PbO_2(과산화납) + $2H_2SO_4$(묽은 황산) + $PbSO_4$(황산납)

22 축전지를 충전기에 의해 충전 시 정전류 충전 범위로 틀린 것은?

① 최소충전전류 : 축전지 용량의 5%
② 표준충전전류 : 축전지 용량의 10%
③ 최대충전전류 : 축전지 용량의 50%
④ 최대충전전류 : 축전지 용량의 20%

23 축전지 외부의 청소에 가장 적합한 것은?

① 비누와 물
② 소다와 물
③ 소금과 물
④ 가솔린과 물

24 디젤엔진이 잘 시동되지 않거나 시동이 되더라도 출력이 약한 원인으로 맞는 것은?

① 플라이휠이 마모되었을 때
② 냉각수 온도가 100℃ 정도 되었을 때
③ 연료분사펌프의 기능이 불량할 때
④ 연료탱크 상부에 공기가 들어있을 때

25 건설기계 차량에서 가장 큰 전류가 흐르는 것은?

① 콘덴서
② 발전기 로터
③ 배전기
④ 시동모터

26 건설기계장비의 충전장치에 주로 사용하는 발전기는?

① 직류발전기
② 단상 교류발전기
③ 3상 교류발전기
④ 와전류 발전기

27 에어컨 시스템에서 기화된 냉매를 압축하는 장치는?

① 증발기
② 컴프레서
③ 실외기
④ 압축기

28 클러치 차단이 불량한 원인이 아닌 것은?

① 릴리스 레버의 마멸
② 클러치판의 흔들림
③ 페달 유격의 과대
④ 토션 스프링의 약화

29 현가장치에 사용되는 공기스프링의 특징이 아닌 것은?

① 차체의 높이가 항상 일정하게 유지된다.
② 작은 진동을 흡수하는 효과가 있다.
③ 다른 기구보다 간단하고 값이 싸다.
④ 고유진동을 낮게 할 수 있다.

30 수동식 변속기가 장착된 장비에서 클러치 페달에 유격을 두는 이유는?

① 클러치 용량을 크게 하기 위해
② 클러치의 미끄럼을 방지하기 위해
③ 엔진 출력을 증가시키기 위해
④ 제동 성능을 증가시키기 위해

31 일반적으로 정밀한 부속품을 세척할 때 가장 안전한 것은?

① 와이어 브러시
② 걸레
③ 수건
④ 에어건

32 동력 조향장치의 장점으로 적절하지 않은 것은?

① 작은 조작력으로 조향 조작을 할 수 있다.
② 조향 기어비는 조작력에 관계없이 선정할 수 있다.
③ 굴곡 노면에서의 충격을 흡수하여 조향 핸들에 전달되는 것을 방지한다.
④ 조작이 서툴러도 엔진이 정지되지 않는다.

33 튜브리스 타이어의 장점이 아닌 것은?

① 펑크 수리가 간단하다.
② 못이 박혀도 공기가 잘 새지 않는다.
③ 고속 주행하여도 발열이 적다.
④ 타이어 수명이 길다.

34 유압유의 첨가제가 아닌 것은?

① 마모 방지제
② 유동점 강하제
③ 산화방지제
④ 점도지수 방지제

35 유압유의 점도에 대한 설명으로 틀린 것은?

① 온도가 상승하면 점도는 저하된다.
② 점성의 정도를 나타내는 척도이다.
③ 온도가 내려가면 점도는 높아진다.
④ 점성계수를 밀도로 나눈 값이다.

36 유압장치에서 고압 소용량, 저압 대용량 펌프를 조합 운전할 경우, 작동압력이 규정 압력 이상으로 상승할 때 동력 절감을 하기 위해 사용하는 밸브는?

① 감압 밸브
② 릴리프 밸브
③ 시퀀스 밸브
④ 무부하 밸브

37 유량 제어 밸브가 아닌 것은?

① 속도 제어 밸브
② 체크 밸브
③ 교축 밸브
④ 급속배기 밸브

38 유압펌프에서 사용되는 GPM의 의미는?

① 분당 토출하는 작동유의 양
② 복동 실린더의 치수
③ 계통 내에서 형성되는 압력의 크기
④ 흐름에 대한 저항

39 실린더에 마모가 생겼을 때 나타나는 현상이 아닌 것은?

① 압축효율 저하
② 크랭크실 내의 윤활유 오염 및 소모
③ 출력 저하
④ 조속기의 작동 불량

40 다음 그림의 공유압 기호가 나타내는 것은?

▶

① 공기압 동력원
② 원동기
③ 전동기
④ 유압 동력원

41 유압장치에서 피스톤 로드에 있는 먼지 또는 오염 물질 등이 실린더 내로 혼입되는 것을 방지하는 것은?

① 필터(Filter)
② 더스트 실(Dust Seal)
③ 밸브(Valve)
④ 실린더 커버(Cylinder Cover)

42 건설기계의 등록을 말소할 수 있는 사유에 해당하지 않는 것은?

① 건설기계를 폐기한 경우
② 건설기계를 수출하는 경우
③ 건설기계를 장기간 운행하지 않게 된 경우
④ 건설기계를 교육·연구 목적으로 사용하는 경우

43 건설기계등록번호표의 색칠 기준으로 틀린 것은?

① 자가용 : 흰색 바탕에 검은색 문자
② 대여사업용 : 주황색 바탕에 검은색 문자
③ 관용 : 흰색 바탕에 검은색 문자
④ 수입용 : 적색 판에 흰색 문자

44 건설기계관리법상 건설기계조종사면허를 받을 수 있는 자는?

① 뇌전증 환자
② 마약 또는 알코올중독자
③ 듣지 못하는 자
④ 파산자로서 복권되지 아니한 자

45 정기검사를 받지 아니하고, 정기검사 신청기간 만료일로부터 30일 이내인 때의 과태료는?

① 20만원
② 10만원
③ 5만원
④ 2만원

46 보호구의 구비조건으로 가장 거리가 먼 것은?

① 착용이 복잡할 것
② 유해 위험요소에 대한 방호성능이 충분할 것
③ 재료의 품질이 우수할 것
④ 외관상 보기가 좋을 것

47 산업안전보건법령상 안전보건표지 중 다음 그림은?

① 산화성물질 경고
② 인화성물질 경고
③ 폭발성물질 경고
④ 급성독성물질 경고

48 스패너 작업방법으로 옳은 것은?

① 몸쪽으로 당길 때 힘이 걸리도록 한다.
② 볼트 머리보다 큰 스패너를 사용하도록 한다.
③ 스패너 자루에 조합렌치를 연결해서 사용하여도 된다.
④ 스패너 자루에 파이프를 끼워서 사용한다.

49 특별표지 부착대상인 대형건설기계의 기준으로 맞는 것은?

① 너비 2.3m 이상
② 높이 3.5m 이상
③ 총중량 40ton 초과
④ 축하중 8ton 이상

50 소화하기 힘든 정도로 화재가 진행된 현장에서 가장 먼저 취하여야 할 조치사항으로 올바른 것은?

① 소화기 사용
② 화재 신고
③ 인명 구조
④ 경찰서에 신고

51 이동식 기계 작업 종료 후 준수사항으로 가장 거리가 먼 것은?

① 심한 오염이 있는 경우에는 경유로 씻는다.
② 점검은 정해진 항목에 의해서 행한다.
③ 각 회전부를 점검하여 필요한 경우 급유한다.
④ 각종 핀 부위에 적당량의 그리스를 급유한다.

52 감전재해 발생 시 취해야 할 행동순서가 아닌 것은?

① 전원을 끄지 못했을 때는 고무장갑이나 고무장화를 착용하고 피해자를 구출한다.
② 설비의 전기 공급원 스위치를 내린다.
③ 피해자가 지닌 금속체가 전선 등에 접촉되었는가를 확인한다.
④ 피해자 구출 후 상태가 심할 경우 인공호흡 등 응급조치를 한 후 작업을 직접 마무리하도록 도와준다.

53 유압식 크롤러 드릴의 구조에 대한 설명으로 옳지 않은 것은?

① 동력은 엔진에서 유압펌프를 회전시켜 발생시킨다.
② 주행 장치는 무한궤도이며 유압모터가 좌측에 2개 장착되어 있다.
③ 유압식 드리프터에 의해 회전, 타격, 이송으로 천공 작업을 수행한다.
④ 천공 후 발생되는 암석 가루(Chip)는 엔진에 부착된 공기압축기의 압력을 통해 밖으로 배출한다.

54 충격식 천공기인 드리프터(Drifter)에 대한 설명으로 틀린 것은?

① 크롤러 드릴, 드리프터 점보라고 부른다.
② 수평에서 35° 이내의 상향이나 하향 천공이 가능하여 터널이나 광산 등에 많이 사용되고 공기나 주수(注水)로 암분을 배출한다.
③ 기복장치를 유압으로 조절하며 선회가 자유로우나, 부정지(不整地)에서의 주행과 천공 시에 안정을 기할 수 없다는 단점이 있다.
④ 장공에 따른 채석 작업, 넓은 절단면의 굴진 작업, 댐 굴착 시의 대구경 천공 등에 사용된다.

55 락드릴 천공 작업 전 확인사항으로 옳지 않은 것은?

① 비탈면 부위의 천공 각도는 비탈면의 경사와 반대 방향으로 한다.
② 이전에 발파된 구멍에는 다시 장약하지 않는다.
③ 뇌관은 전기뇌관 사용을 원칙으로 하되 전기적인 위험이 존재할 때는 비전기식 뇌관을 사용한다.
④ 전기뇌관의 각 선의 길이는 천공 길이보다 1m 이상 긴 것으로 한다.

56 리버스 서큘레이션 드릴(Reverse Circulation Drill)의 구성으로 옳지 않은 것은?

① 펌프 유닛
② 스위블 조인트
③ 켈리 바
④ 센트럴라이저

57 건설기계관리법상 항타 및 항발기의 규정 기준은?

① 원동기를 가진 것으로 해머 또는 뽑는 장치의 중량이 0.5ton 이상인 것
② 원동기를 가진 것으로 해머 또는 뽑는 장치의 중량이 1ton 이상인 것
③ 원동기를 가진 것으로 해머 또는 뽑는 장치의 중량이 2ton 이상인 것
④ 원동기를 가진 것으로 해머 또는 뽑는 장치의 중량이 0.3ton 이상인 것

58 진동 해머(Vibro Hammer)에 대한 설명으로 틀린 것은?

① 파일 두부에 진동기를 설치하여 고주파 진동을 전달해 파일을 박는다.
② 진동기 및 파일의 중량으로 지중에 관입시키는 장비이다.
③ 파일의 설치 작업이 간단하다.
④ 램의 중량으로 규격을 표시한다.

59 시추장비의 부품으로 맞지 않는 것은?

① 케이싱(Casing)
② 로드(Rod)
③ 드릴(Drill)
④ 리밍 셸(Reaming Shell)

60 시추의 정밀성을 높이기 위해 아웃케이싱의 수직도 검사를 수시로 하면서 시추공의 휨을 검사할 때, 시추공 휨의 방지 대책으로 옳지 않은 것은?

① 적정한 비트 회전수와 하중에 맞게 무리하지 않고 굴착한다.
② 항상 절삭이 양호한 비트를 사용하며, 절삭이 약한 것은 교환한다.
③ 로드, 코어 튜브는 보어홀 지름과 가까운 것으로 사용한다.
④ 코어 튜브는 가능한 한 짧은 것을 사용한다.

제7회 | 모의고사

01 디젤기관에서 실화할 때 나타나는 현상으로 옳은 것은?

① 기관이 과랭한다.
② 기관회전이 불량해진다.
③ 연료 소비가 감소한다.
④ 냉각수가 유출된다.

02 디젤기관에서 연료장치의 구성 요소가 아닌 것은?

① 예열플러그
② 분사노즐
③ 연료공급펌프
④ 연료여과기

03 엔진 과열의 원인이 아닌 것은?

① 히터스위치의 고장
② 수온조절기의 고장
③ 헐거워진 냉각팬 벨트
④ 물 통로 내의 물때(Scale)

04 건설기계기관에서 사용하는 윤활유의 주요 기능이 아닌 것은?

① 기밀 작용
② 방청 작용
③ 냉각 작용
④ 산화 작용

05 디젤기관 운전 중 흑색의 배기가스를 배출하는 원인으로 틀린 것은?

① 공기청정기 막힘
② 압축 불량
③ 노즐 불량
④ 오일팬 내 유량 과다

06 전류의 3대 작용이 아닌 것은?

① 발열작용
② 자기작용
③ 물리작용
④ 화학작용

07 야간작업 시 전구를 병렬로 규정 이상으로 더 많이 연결하여 사용하였다면, 발생할 수 있는 문제점으로 가장 거리가 먼 것은?

① 전류가 많이 소모된다.
② 퓨즈가 소손된다.
③ 전구가 자주 소손된다.
④ 회로의 배선이 열을 받는다.

08 안전한 퓨즈의 사용법으로 틀린 것은?

① 산화된 퓨즈는 미리 교환한다.
② 전류 용량에 맞는 퓨즈를 사용한다.
③ 예비용 퓨즈가 없으면 임시로 철사를 감아서 사용한다.
④ 끊어진 퓨즈는 과열된 부분을 먼저 수리한다.

09 AC 발전기의 출력은 무엇을 변화시켜 조정하는가?

① 축전지 전압
② 발전기의 회전속도
③ 로터 전류
④ 스테이터 전류

10 조명에 관련된 용어의 설명으로 틀린 것은?

① 조도의 단위는 루멘이다.
② 피조면의 밝기는 조도로 나타낸다.
③ 광도의 단위는 cd이다.
④ 빛의 밝기를 광도라 한다.

11 에어컨 장치에서 환경보존을 위한 대체물질로 신냉매가스에 해당하는 것은?

① R-12
② R-22
③ R-12a
④ R-134a

12 장비에 부하가 걸릴 때 토크컨버터의 터빈 속도는 어떻게 되는가?

① 빨라진다.
② 느려진다.
③ 일정하다.
④ 관계없다.

13 유압식 브레이크 장치에서 제동이 풀리지 않는 원인은?

① 브레이크 오일의 점도가 낮기 때문
② 파이프 내의 공기 침입
③ 체크 밸브의 접촉 불량
④ 마스터 실린더의 리턴 구멍 막힘

14 타이어식 건설기계 장비에서 평소에 비하여 조작력이 더 요구될 때(핸들이 무거울 때) 점검해야 할 사항으로 가장 거리가 먼 것은?

① 기어박스 내 오일
② 타이어 공기압
③ 타이어 트레드 모양
④ 앞바퀴 정렬

15 타이어의 트레드에 대한 설명으로 가장 옳지 못한 것은?

① 트레드가 마모되면 구동력과 선회능력이 저하한다.
② 트레드가 마모되면 지면과 접촉면적이 크게 되어 마찰력이 크게 된다.
③ 타이어의 공기압이 높으면 트레드의 양단부보다 중앙부의 마모가 크다.
④ 트레드가 마모되면 열의 발산이 불량하게 된다.

16 쇼크 업소버의 역할 중 가장 거리가 먼 것은?

① 좌우 스프링의 힘을 균등하게 한다.
② 스프링의 상하 운동에너지를 열에너지로 바꾸는 일을 한다.
③ 주행 중 충격에 의하여 발생된 진동을 흡수한다.
④ 스프링의 피로를 적게 한다.

17 기어펌프의 특징이 아닌 것은?

① 외접식과 내접식이 있다.
② 베인펌프에 비해 소음이 비교적 크다.
③ 펌프의 발생 압력이 가장 높다.
④ 구조가 간단하고 흡입성이 우수하다.

18 유압장치의 과부하 방지와 유압기기의 보호를 위하여 최고 압력을 규제하고 유압회로 내의 필요한 압력을 유지하는 밸브는?

① 압력 제어 밸브
② 유량 제어 밸브
③ 방향 제어 밸브
④ 온도 제어 밸브

19 릴리프 밸브에서 포핏 밸브를 밀어 올려 기름이 흐르기 시작할 때의 압력은?

① 설정 압력
② 허용 압력
③ 크랭킹 압력
④ 전량 압력

20 건설기계에 사용되는 유압실린더의 구성 부품이 아닌 것은?

① 어큐뮬레이터(축압기)
② 로드
③ 피스톤
④ 실(Seal)

21 유압모터와 유압실린더의 설명으로 맞는 것은?

① 둘 다 회전운동을 한다.
② 모터는 직선운동, 실린더는 회전운동을 한다.
③ 둘 다 왕복운동을 한다.
④ 모터는 회전운동, 실린더는 직선운동을 한다.

22 유압장치의 기호 회로도에 사용되는 유압 기호의 표시방법으로 적합하지 않은 것은?

① 기호에는 흐름의 방향을 표시한다.
② 각 기기의 기호는 정상상태 또는 중립상태를 표시한다.
③ 기호는 어떠한 경우에도 회전하여서는 안 된다.
④ 기호에는 각 기기의 구조나 작용압력을 표시하지 않는다.

23 유압오일이 과열되는 경우에 우선적으로 점검해야 할 부분은?

① 호스
② 컨트롤 밸브
③ 오일쿨러
④ 필터

24 유압장치에서 오일탱크의 구비조건이 아닌 것은?

① 유면은 적정위치 "F"에 가깝게 유지하여야 한다.
② 발생한 열을 발산할 수 있어야 한다.
③ 공기 및 이물질을 오일로부터 분리할 수 있어야 한다.
④ 탱크의 크기가 정지할 때 되돌아오는 오일량의 용량과 동일하게 한다.

25 유압장치에 사용되는 오일 실(Seal)의 종류 중 O-링이 갖추어야 할 조건은?

① 체결력이 작을 것
② 압축변형이 작을 것
③ 작동 시 마모가 클 것
④ 오일의 입·출입이 가능할 것

26 콘크리트펌프의 건설기계 범위에서 콘크리트 배송능력이 매 시간당 몇 m³ 이상인가?

① 5
② 10
③ 15
④ 20

27 건설기계관리법상 건설기계의 등록신청은 누구에게 하여야 하는가?

① 사용본거지를 관할하는 경찰서장
② 사용본거지를 관할하는 검사대행자
③ 사용본거지를 관할하는 검사소
④ 사용본거지를 관할하는 시·도지사

28 건설기계의 구조변경 검사는 누구에게 신청하여야 하는가?

① 건설기계정비업소
② 자동차검사소
③ 검사대행자(건설기계검사소)
④ 건설기계폐기업소

29 시·도지사가 수시검사를 명령하고자 하는 때에는 수시검사를 명령의 이행을 위한 검사의 신청기간을 며칠 이내로 정하여 건설기계소유자에게 건설기계 수시검사명령서를 서면으로 통지해야 하는가?

① 5일
② 7일
③ 10일
④ 31일

30 건설기계관리법령상 자동차 1종 대형 면허로 조종할 수 없는 건설기계는?

① 5ton 굴삭기
② 노상안정기
③ 콘크리트펌프
④ 아스팔트살포기

31 해당 건설기계 운전의 국가기술자격소지자가 건설기계조종사면허를 받지 않고 건설기계를 조종할 경우는?

① 무면허이다.
② 사고 발생 시만 무면허이다.
③ 도로주행만 하지 않으면 괜찮다.
④ 면허를 가진 것으로 본다.

32 건설기계사업을 하려는 자는 누구에게 신고하여야 하는가?

① 시장·군수·구청장
② 전문건설기계정비업자
③ 건설교통부장관
④ 건설기계폐기업자

33 건설기계관리법상 건설기계조종사면허를 받지 아니하고 건설기계를 조종한 자에 대한 벌금은?

① 70만원 이하
② 1백만원 이하
③ 5백만원 이하
④ 1천만원 이하

34 시·도지사의 지정을 받지 아니하고 등록번호표를 제작한 자에 대한 벌칙은?

① 2년 이하의 징역 또는 2천만원 이하의 벌금
② 1년 이하의 징역 또는 3백만원 이하의 벌금
③ 2백만원 이하의 벌금
④ 1백만원 이하의 벌금

35 안전관리에서 산업재해의 원인과 가장 거리가 먼 것은?

① 방호장치 결함
② 불안전한 조명
③ 불안전한 환경
④ 안전수칙 준수

36 전기기기에 의한 감전사고를 막기 위하여 필요한 설비로 가장 중요한 것은?

① 고압계 설비
② 접지설비
③ 방폭등 설비
④ 대지 전위 상승 장치 설비

37 작업장에서 방진마스크를 착용해야 할 경우는?

① 소음이 심한 작업장
② 분진이 많은 작업장
③ 온도가 낮은 작업장
④ 산소가 결핍되기 쉬운 작업장

38 안전보건표지의 종류와 형태에서 그림의 안전표지판이 사용되는 곳은?

① 방사능 물질이 있는 장소
② 발전소나 고전압이 흐르는 장소
③ 폭발성 물질이 있는 장소
④ 레이저광선에 노출될 우려가 있는 장소

39 수공구 취급 시 안전에 관한 사항으로 틀린 것은?

① 해머 자루의 해머 고정 부분 끝에 쐐기를 박아 사용 중 해머가 빠지지 않도록 한다.
② 렌치 사용 시 본인의 몸쪽으로 당기지 않는다.
③ 스크루 드라이버 사용 시 공작물을 손으로 잡지 않는다.
④ 스크레이퍼 사용 시 공작물을 손으로 잡지 않는다.

40 다음 중 수공구 사용 방법으로 옳지 않은 것은?

① KS 품질규격에 맞는 것을 사용한다.
② 무리한 공구 취급을 금한다.
③ 알맞은 것이 없으면 유사한 것을 사용해도 무방하다.
④ 정확한 힘으로 조여야 할 때는 토크 렌치를 사용한다.

41 축전지 충전 중에 화기를 가까이하거나 충전상태를 점검하기 위하여 드라이버 등으로 스파크를 시키면 위험한 이유는?

① 축전지 케이스가 타기 때문이다.
② 전해액이 폭발하기 때문이다.
③ 축전지 터미널이 손상되기 때문이다.
④ 발생하는 가스가 폭발하기 때문이다.

42 디젤기관 예방정비 시 고압 파이프 연결부에서 연료가 샐 때 조임 공구로 가장 적합한 것은?

① 복스 렌치
② 오픈 렌치
③ 파이프 렌치
④ 옵셋 렌치

43 해머 작업 시 틀린 것은?

① 장갑을 끼지 않는다.
② 작업에 알맞은 무게의 해머를 사용한다.
③ 해머는 처음부터 힘차게 때린다.
④ 자루가 단단한 것을 사용한다.

44 작업장에서 지켜야 할 안전수칙이 아닌 것은?

① 작업 중 입은 부상은 즉시 응급조치하고 보고한다.
② 밀폐된 실내에서는 장비의 시동을 걸지 않는다.
③ 통로나 마룻바닥에 공구나 부품을 방치하지 않는다.
④ 기름걸레나 인화물질은 나무상자에 보관한다.

45 감전재해 사고 발생 시 취해야 할 행동순서가 아닌 것은?

① 피해자 구출 후 상태가 심할 경우 인공호흡 등 응급조치를 한 후 작업을 직접 마무리하도록 도와준다.
② 설비의 전기 공급원 스위치를 내린다.
③ 피해자가 지닌 금속체가 전선 등에 접촉되었는가를 확인한다.
④ 전원을 끄지 못했을 때는 고무장갑이나 고무장화를 착용하고 피해자를 구출한다.

46 특별표지판 부착 대상인 대형건설기계가 아닌 것은?

① 길이가 15m인 건설기계
② 너비가 2.8m인 건설기계
③ 높이가 6m인 건설기계
④ 총중량 45ton인 건설기계

47 시속 15km 이하의 건설기계가 갖추지 않아도 되는 조명은?

① 전조등　　② 번호등
③ 후부반사판　④ 제동등

48 운반에 대한 기계운반의 특징이 아닌 것은?

① 단순하고 반복적인 작업에 적합
② 취급물이 경량물인 작업에 적합
③ 취급물의 크기, 형상 성질 등이 일정한 작업에 적합
④ 표준화되어 있어 지속적이고 운반량이 많은 작업에 적합

49 도로에서 파일 항타, 굴착 작업 중 지하에 매설된 전력케이블이 손상되었을 때 전력공급에 파급되는 영향 중 가장 맞는 것은?

① 케이블이 절단되어도 전력공급에는 지장이 없다.
② 케이블은 외피 및 내부에 철그물망으로 되어 있어 절대로 절단되지 않는다.
③ 케이블을 보호하는 관은 손상되어도 전력공급에는 지장이 없으므로 별도의 조치는 필요 없다.
④ 전력케이블에 충격 또는 손상이 가해지면 즉각 전력공급이 차단되거나 일정 시일 경과 후 부식 등으로 전력공급이 중단될 수 있다.

50 장비 이동 시 주의사항으로 옳지 않은 것은?

① 장비 이동 중에 갑자기 시동을 끄는 일이 없어야 한다.
② 험지를 이동할 경우 속도는 줄이고, 갑작스러운 방향 변경은 금한다.
③ 마스트는 보닛 상부 스토퍼에 확실하게 올려놓아서 이동 중 진동에 의해 움직이지 않도록 해야 한다.
④ 장비가 장애물 또는 슬로프를 넘는 경우 좌우로 30° 이상의 장애물 및 슬로프는 피해서 이동한다.

51 다음 중 수평 천공용 착암기는?

① 드리프터(Drifter)
② 싱커(Sinker)
③ 스토퍼(Stopper)
④ 잭 해머(Jack Hammer)

52 천공 방법과 능률의 설명으로 옳지 않은 것은?

① 천공 방향 : 최소저항선과 평행하게 하지 않고 어느 정도 각도를 주는 것이 유리하다.
② 천공 치수 : 연암은 지름이 작고 깊이는 깊게 천공한다.
③ 천공 속도(VT) = α(C1・C2)V
④ 시간당 작업량(Q) = (LNE / BH)・(m³/h)

53 작업환경 파악 중 작업지시서(계획서) 검토의 설명으로 옳지 않은 것은?

① 작업지시서(계획서)를 검토하여 작업 현장의 지형지물과 지반을 확인한다.
② 작업 전 작업지시서(계획서)를 검토하여 작업 현장 내의 지장물을 파악한다.
③ 파악한 작업 방법과 현장이 작업지시서와 상이할 경우 작업지시서를 다시 작성한다.
④ 작업 장소 균열, 용수(湧水), 법면 낙석, 슬라이딩 상태 등을 점검한다.

54 흙 막기의 토압 지지 등에 사용되는 천공 작업의 종류에 해당하는 것은?

① 어스 앵커링(Earth Anchoring) 작업
② 할암(Rock-splitting) 작업
③ 소일 네일링(Soil Nailing) 작업
④ 락 볼트(Rock Bolting) 작업

55 지반조사 시 토질 분류 방법 중 통일분류법의 설명으로 옳지 않은 것은?

① 통일분류법이란 흙의 밀도나 입자의 크기에 따라 조립토, 세립토, 유기질토로 분류하는 것이다.
② 통일분류법에서 토질의 종류로 조립토, 세립토, 유기질토 등으로 나눈다.
③ 조립토는 실트, 점토, 유기질의 실트 및 점토 등이 해당한다.
④ 토질의 분류에서 가장 널리 사용되는 방법에는 통일분류법과 육안분류법 등이 있다.

56 시추 작업의 효율성과 안전성을 확보하기 위한 안전관리 내용으로 옳지 않은 것은?

① 감독자를 선임 배치한다.
② 안내간판 및 제반 안전시설을 설치하여 안전사고를 예방한다.
③ 작업자의 안전모 및 안전화를 착용한다.
④ 정기적으로 안전교육을 실시하며 시추 장비에 대한 안전진단을 수시로 점검하고 확인한다.

57 지열 시추 작업 시 사용하는 회전수세식 시추기의 특징으로 옳지 않은 것은?

① 균등한 공경 및 공벽을 유지하고 원위치 시험에 적합하다.
② 굳은 지반이나 암반 지역 시추 시 사용된다.
③ 지반조사에 널리 사용된다.
④ 적용 범위가 넓고 다양하게 사용한다.

58 타격식 표토처리 작업 등의 설명으로 옳지 않은 것은?

① 토사층 구간은 지면에서 기반암이 확인될 때까지 굴착 후 아웃케이싱(Out Casing)을 삽입한다.
② 토사층은 매립층, 퇴적층, 붕적층, 풍화층, 기반암으로 구분한다.
③ 토사층과 암반층이 맞닿은 형태로 되어 있는 표토층은 굴착 후 용접 연결용 케이싱을 넣어야 한다.
④ 아웃케이싱 재료는 배관용 탄소강관, 압력 배관용 탄소강관, 일반 구조용 탄소강관 및 기계 구조용 탄소강관 등이 사용된다.

59 그라우팅 유의사항으로 옳지 않은 것은?

① 보어홀 중간에 그라우팅이 비는 공간이 발생하지 않도록 주의하여야 한다.
② 그라우팅 재료의 물성표(팽윤량, 열전도도), 그라우팅 재료의 전체 소요량 등을 감독관에게 제출하여야 한다.
③ 물과 그라우팅재가 골고루 섞이는 즉시 천공 홀의 지하 바닥부터 트레미관을 이용하여 그라우팅을 시작한다.
④ 그라우팅의 양은 상부에서 1m 충진되는 양을 테스트하여 산정한다

60 항타기는 부득이한 경우를 제외하고 가스 배관과의 수평거리를 최소한 몇 m 이상 이격하여 설치해야 하는가?

① 2m
② 4m
③ 6m
④ 10m

제1회 | 모의고사 정답 및 해설

◎ 모의고사 p.103

01	④	02	④	03	④	04	②	05	③	06	②	07	①	08	④	09	④	10	②
11	④	12	④	13	④	14	④	15	②	16	②	17	①	18	①	19	④	20	④
21	③	22	④	23	③	24	①	25	②	26	④	27	①	28	④	29	③	30	②
31	④	32	③	33	①	34	②	35	②	36	②	37	②	38	④	39	①	40	①
41	④	42	②	43	②	44	②	45	②	46	②	47	③	48	①	49	④	50	②
51	④	52	①	53	②	54	③	55	①	56	③	57	④	58	①	59	④	60	①

01 디젤엔진과 가솔린엔진의 장단점

구분	디젤엔진	가솔린엔진
장점	• 연료비가 저렴하고 열효율이 높으며, 운전 경비가 적게 든다. • 이상연소가 일어나지 않고 고장이 적다. • 토크 변동이 적고, 운전이 용이하다. • 대기오염 성분이 적다. • 인화점이 높아서 화재의 위험성이 적다.	• 배기량당 출력의 차이가 없고 제작이 쉽다. • 제작비가 적게 든다. • 가속성이 좋고 운전이 정숙하다.
단점	• 마력당 중량이 크다. • 소음 및 진동이 크다. • 연료분사장치 등이 고급 재료이고, 정밀 가공해야 한다. • 배기 중에 SO_2, 유리 탄소가 포함되고, 매연으로 인하여 대기 중 스모그 현상이 크다. • 시동전동기 출력이 커야 한다.	• 전기점화장치의 고장이 많다. • 기화기식은 회로가 복잡하고, 조정이 곤란하다. • 연료 소비율이 높아서 연료비가 많이 든다. • 배기 중에 CO, HC, NO_x 등 유해성분이 많이 포함되어 있다. • 연료의 인화점이 낮아서 화재의 위험성이 크다.

02
커먼레일 연료분사장치의 저압 연료 계통은 연료탱크(스트레이너 포함), 1차 연료공급펌프(저압 연료펌프), 연료필터, 저압 연료 라인으로 구성되어 있다.

※ 고압 연료 계통은 고압 연료펌프(압력 제어 밸브 부착), 고압 연료라인, 커먼레일 압력센서, 압력 제한 밸브, 유량 제한기, 인젝터 및 어큐뮬레이터로서의 커먼레일, 연료 리턴 라인으로 구성되어 있다.

03 자기진단 기능
엔진의 성능, 연료 소모율, 배기가스 정화장치 계통의 이상을 자체 진단하여 결함 발생 내용을 계기판에 부착된 경고등을 점등하여 운전자에게 알려 준다.

04
실린더와 피스톤 간극이 클 때, 피스톤이 운동 방향을 바꿀 때 축압에 의하여 실린더 벽을 때리는 현상(피스톤 슬랩)이 발생한다.

06
디젤기관은 압축된 고온의 공기 중에 연료를 고압으로 분사하여 자연 착화시키는 기관이다.

07 기관에서 엔진오일이 연소실로 올라오는 이유는 실린더나 피스톤 링이 마모되었기 때문이다.

08 와이퍼 모터는 축전지의 전류가 흘러 작동된다.

09 라디에이터의 밑에 있는 드레인 플러그는 오래된 냉각수를 빼내는 기구이다.

11 노킹 발생 방지 대책 비교

구분	가솔린	디젤
착화점	높게	낮게
착화지연	길게	짧게
압축비	낮게	높게
흡입온도	낮게	높게
흡입압력	낮게	높게
회전수	높게	낮게
와류	많이	많이

12 냉각수는 엔진온도를 항상 적정 온도로 유지시켜 엔진 과열 및 엔진 동파를 방지한다.

13 라디에이터는 단위면적당 방열량이 커야 한다.

14 팬 벨트가 풀리의 밑부분에 접촉되지 않고 공간이 있어야 미끄럼이 생기지 않는다.

15 라디에이터 캡의 압력 밸브는 물의 비등점을 높이고, 진공 밸브는 냉각 상태를 유지할 때 과랭현상이 되는 것을 막아주는 일을 한다.

16 압송식은 오일펌프로 급유하는 윤활방식이다.

17 유압 조절 밸브를 풀어주면 압력이 낮아지고, 조여주면 압력이 높아진다.

18 디젤기관에서 부조 발생의 원인은 연료 계통에 있다. 발전기 고장은 충전과 방전의 원인이 된다.

19 전기장치 회로에 사용하는 퓨즈의 재질은 납과 주석의 합금이다.

20 예고 없이 정전되었을 경우 퓨즈의 단선 여부를 검사하고 스위치를 끈 다음 작업장을 정리한다.

21 터미널에 그리스를 발라두면 부식이 방지된다. 극판상 10mm 정도가 적당하다.

22 브러시는 스프링의 장력에 의해서 2개의 슬립 링에 접촉되어 하나는 축전지의 전류를 로터 코일에 공급하고 다른 하나는 접지시키는 역할을 한다. 따라서 발전기 브러시 스프링은 장력이 약할 때 충전이 잘되지 않는다.

23 ③ 비중계 : 납산 배터리의 전해액을 측정하여 충전상태를 알 수 있는 게이지
① 그로울러 테스터 : 기동전동기 전기자를 시험하는 데 사용되는 시험기

25 시동스위치가 불량하면 스위치를 작동시켜도 솔레노이드 스위치가 작동되지 않는다.

26 축전지 방전 여부는 발전기 소음에 영향을 주지 않는다.

28 클러치가 미끄러지면 속도, 견인력 등이 감소되어 연료 소비가 증가하고 기관은 과열된다.

29 스톨 포인트(Stall Point)
    속도비가 0일 때로 드래그 포인트라고도 하며 토크 비가 가장 크고 회전력이 최대가 되는 때이다.
    $$\frac{터빈의 회전속도(NT)}{펌프의 회전속도(NP)} = 0$$

30 비틀림 코일 스프링은 작동 시 충격을 흡수하고, 쿠션 스프링은 동력전달 시나 차단 시 충격을 흡수한다.

31 캠은 유압식에서의 휠 실린더처럼 공기 브레이크에서 브레이크 슈를 확장시켜 준다.

32 트랙은 핀, 부싱, 링크, 슈로 구성되어 스프로킷으로부터 동력을 받아 회전한다.

34 유압유는 마모를 억제하는 작용을 한다.

35 온도 변화에 따른 점도의 변화 정도를 점도지수라고 하며, 높을수록 점도 변화가 적다.

36 ① 릴리프 밸브 : 유압기기의 과부하 방지를 위한 밸브
    ③ 언로드(무부하) 밸브 : 일정한 설정 유압에 달했을 때 유압펌프를 무부하로 하기 위한 밸브
    ④ 카운터밸런스 밸브 : 유압회로의 한 방향의 흐름에 대해서는 설정된 배압을 생기게 하고, 다른 방향의 흐름은 자유로 흐르도록 한 밸브

37 체크 밸브는 유압회로에서 역류를 방지하고 회로 내의 잔류압력을 유지하는 밸브이다.

38 유압실린더의 종류
    • 단동 실린더 : 표준형(단로드 실린더), 특수형(램형, 텔레스코프, 단동 양로드)
    • 복동 실린더 : 싱글 로드형, 더블 로드형, 쿠션 내장형, 복동 텔레스코프, 차동 실린더
    • 다단 실린더 : 텔레스코프형, 디지털형

39 유압모터의 용량은 입구 압력과 회전력(토크)으로 나타내며 용량에 따라 작동부 압력과 토크가 달라진다.

40 ① 체크 밸브
    ④ 유압탱크

41 ① 리턴 라인 : 되돌림 라인
    ② 배플 : 칸막이 역할
    ③ 어큐뮬레이터 : 축압기

42 건설기계의 사후관리(건설기계관리법 시행규칙 제55조)
    건설기계형식에 관한 승인을 얻거나 그 형식을 신고한 자(제작자 등)는 건설기계를 판매한 날부터 12개월(당사자 간에 12개월을 초과하여 별도 계약하는 경우에는 그 해당 기간) 동안 무상으로 건설기계의 정비 및 정비에 필요한 부품을 공급하여야 한다. 다만, 취급설명서에 따라 관리하지 아니함으로 인하여 발생한 고장 또는 하자와 정기적으로 교체하여야 하는 부품 또는 소모성 부품에 대하여는 유상으로 정비하거나 정비에 필요한 부품을 공급할 수 있다.

43 구조변경검사(건설기계관리법 시행규칙 제25조)
구조변경검사를 받으려는 자는 주요 구조를 변경 또는 개조한 날부터 20일 이내에 별도 서식의 건설기계구조변경 검사신청서에 다음의 서류를 첨부하여 시·도지사에게 제출해야 한다. 다만, 검사대행자를 지정한 경우에는 검사대행자에게 제출해야 한다.
- 변경 전후의 주요 제원대비표
- 변경 전후의 건설기계 외관도(외관의 변경이 있는 경우에 한함)
- 변경한 부분의 도면
- 선급법인 또는 한국해양교통안전공단이 발행한 안전도검사증명서(수상작업용 건설기계에 한함)
- 건설기계를 제작하거나 조립하는 자 또는 건설기계정비업자의 등록을 한 자가 발행하는 구조변경사실을 증명하는 서류

44 유압장치의 탈부착 및 분해·정비는 종합건설기계정비업자, 부분건설기계정비업자, 전문건설기계정비업자(유압) 모두 할 수 있다(건설기계관리법 시행령 별표 2).

45 건설기계를 도로나 타인의 토지에 버려둔 자는 1년 이하의 징역 또는 1천만원 이하의 벌금에 처한다(건설기계관리법 제41조).

46 사고와 부상의 종류
- 중상해 : 부상으로 인하여 2주 이상의 노동손실을 가져온 상해 정도
- 경상해 : 부상으로 인하여 1일 이상 14일 미만의 노동손실을 가져온 상해 정도
- 경미상해 : 부상으로 8시간 이하의 휴무 또는 통원치료를 받는 상해 정도

47 안전보건표지(산업안전보건법 시행규칙 별표 6)

급성독성물질 경고	폭발성물질 경고	낙하물 경고

48 토크 렌치는 볼트, 너트, 작은 나사 등의 조임에 필요한 토크를 주기 위한 체결용 공구이다.

49 토크 렌치의 사용 방법
- 오른손은 렌치 끝을 잡고 돌리고, 왼손은 지지점을 누르고 게이지 눈금을 확인한다.
- 핸들을 잡고 몸 안쪽으로 잡아당긴다.
- 손잡이에 파이프를 끼우고 돌리지 않도록 한다.
- 조임력은 규정값에 정확히 맞도록 한다.
- 볼트나 너트를 조일 때 조임력을 측정한다.

50 화재 시 경보기의 벨을 눌러 다른 사람에게 화재 사실을 알리면서 대피하고, 비상구 등 개구부를 통하여 대피할 때에는 반드시 문을 닫고 대피하여 화재와 연기의 확산을 지연시켜야 한다.

52 유류화재 시 소화기 이외의 소화 재료로는 모래가 적당하고 물을 사용하면 위험하다.

53 드리프터의 구성부품
프런트 헤드의 섕크 로드 연결 부분과 충격완충장치, 타격장치와 회전장치, 피스톤, 대용량 어큐뮬레이터(Accumulator), 회전모터 등

54 확장 붐은 안쪽으로 확실히 접고, 마스트는 단단한 지반에 수직으로 올려놓는다.

55 터널 발파 패턴 명칭
- 컷 홀(Cut Holes, 심발공) : 터널 막장을 1자유면에서 2자유면으로 확대시키는 발파공이다. 자유면을 형성하기 위해 가장 먼저 발파되는 부분으로, 암석을 압축하고 깨어 표면에 퍼내서 자유면을 형성한다.
- 스토핑 홀(Stoping Holes, 확대공) : 터널에 벤치 발파 개념을 도입한 2자유면 발파공이다.
- 루프 월 홀(Roof Wall Holes, 외곽공) : 매끄럽고 평활한 굴착면 확보를 위해 공과 공 사이를 절단하는 발파공이다.
- 플로어 홀(Floor Holes, 바닥공) : 발파암이 쌓여 구속력이 매우 크므로 화약량을 증가시킨 발파공이다.

56 터널 보링머신(TBM ; Tunnel Boring Machine)의 장치
- Advance Cylinder : 커터 헤드의 1행정이 끝나면 본체를 전진시키는 장치
- Deduct System : 갱내의 분진을 제거하는 장치
- Ventilation System : 갱내의 환기를 위한 장치
- Air Compressor : 공기를 생산하는 장치

57 말뚝의 재질별 총 타격수 표준
- 강관 말뚝 : 3,000회 이내
- PSC 말뚝 : 2,000회 이내
- RC 말뚝 : 1,000회 이내
- ※ 약 10mm의 최종 타격 근입량으로 1개를 박을 때의 표준이다.

58 디젤 해머는 설치가 쉽고, 설비비용이 적게 든다.

59 ④는 6개월 주기의 점검사항이다.
※ 일상점검 사항
- 장비 전체 일반 점검, 유지·보수
- 장비 각 부의 누수·누유 여부 확인
- 장비 각 부의 유량 게이지의 유면 확인 및 주유
- 각 부 그리스 주입 및 주유
- 와이어로프 마모 상태 확인
- 크롤러의 장력 확인
- 주행 장치 이상 마모 및 소음, 누설 확인
- 스크루 비트의 체결 및 마모 상태 확인

60 사운딩(Sounding) 방법의 분류
- 동적인 관입시험 : 표준관입시험(KS F 2307에 따라 시행)
- 정적인 관입시험
  - 베인 전단시험(Vane Shear Test)
  - 스웨덴식 사운딩(Sounding) 시험
  - 관입시험기 시험(Pressure Meter Test)
  - 원추 관입시험기(Piezo Cone Penetro Meter)

제 2 회 | 모의고사 정답 및 해설

모의고사 p.115

01	②	02	③	03	④	04	④	05	④	06	③	07	④	08	④	09	②	10	①
11	②	12	②	13	③	14	④	15	①	16	①	17	②	18	④	19	④	20	③
21	④	22	③	23	④	24	③	25	②	26	④	27	④	28	①	29	③	30	①
31	④	32	②	33	④	34	④	35	④	36	②	37	①	38	②	39	①	40	②
41	①	42	①	43	④	44	④	45	④	46	①	47	④	48	④	49	④	50	②
51	③	52	④	53	③	54	②	55	②	56	④	57	②	58	③	59	①	60	②

01 4행정 기관은 크랭크축 2회전에 분사펌프는 1회 전하는 기관이므로 기관 회전수는 4,000 ÷ 2 = 2,000rpm이다.

02 6기통 기관의 우수식 폭발 순서
1 → 5 → 3 → 6 → 2 → 4

03 엔진의 압축압력이 저하되는 이유
엔진 실린더 내부의 피스톤 링 불량, 실린더 헤드 밸브 불량, 실린더 헤드 개스킷 불량 등

04 전자제어유닛(ECU) 또는 전자제어모듈(ECM)은 엔진의 내부적인 동작을 다양하게 제어하는 전자제어장치이다.

06 커넥팅 로드가 부러지면 회전이 멈출 때까지 실린더나 실린더 블록 등을 손상시킨다.

07 부특성 서미스터(한쪽이 증가하면 다른 쪽이 감소하는 역의 성질을 가지므로 부의 온도특성)는 연료 잔량 경고등 센서, 냉각수 온도 센서, 흡기 온도 센서, 온도 미터용 수온 센서, EGR 가스 온도 센서, 배기온도 센서, 증발기 출구온도 센서, 유온 센서 등에 사용한다.

08 엔진 과열의 원인
- 냉각핀의 손상 및 오염
- 냉각수의 부족
- 냉각수 순환 계통의 막힘
- 이상연소(노킹 등)
- 팬 벨트의 이완 또는 절손
- 물펌프의 작동 불량
- 라디에이터의 불량
- 압력식 캡의 불량

09 팬 벨트는 엔진을 정지시키고 엄지손가락으로 눌러서 점검한다.

10 압력식 캡은 비등점(끓는점)을 올려 냉각 효과를 증대시키는 기능을 하고, 진공 밸브는 과랭으로 인한 수축 현상을 방지해 준다.

11 피스톤 링이 마모되면 실린더 벽의 오일을 긁어 내리지 못하여 연소실에서 연소되므로 윤활유 소비가 증가한다.

12 착화성
불꽃이 없어도 온도만 올라가면 불이 붙는 성질로, 경유가 착화성이 좋다.

13 겨울철에는 기온이 내려가면서 연료탱크 안에 있는 습기가 모여 물이 생길 수 있으므로 가능한 한 탱크에 연료를 가득 채우는 것이 좋다.

14 연소실에 누적된 연료가 많아 일시에 연소되면 이상연소가 되어 노킹의 원인이 된다.
   ※ 노킹 : 착화지연 기간 동안 분사된 연료가 급격히 연소되는 것

15 서모스탯(수온 조절기)에는 펠릿형(Pellet Type)과 벨로즈형(Bellows Type)이 있고, 수압의 영향을 덜 받아 온도를 정확히 제어할 수 있는 펠릿형을 벨로즈형보다 많이 사용한다.

16 점도가 높으면 마찰력이 높아지기 때문에 압력이 높아진다.

17 압송식은 4행정 기관에서 일반적으로 사용되는 윤활방식으로 오일펌프로 급유한다.

18 디젤기관에서 연료 라인에 공기가 혼입되면 부조가 발생하거나 시동이 정지된다.

20 퓨즈는 정격용량을 사용해야 하며, 규정품을 사용하지 않으면 전장품의 손상을 초래할 수 있다.

21 축전지의 용량은 암페어시(Ah)로 나타낸다.
   ※ 축전지의 용량(Ah)=일정 방전전류(A)×방전 종지전압에 이를 때까지의 연속 방전시간(h)

22 **방전종지전압(Final Voltage)**
   일반적으로 축전지는 어느 정도 방전하면 그 후의 전압 하강이 매우 급격히 발생하며, 축전지에 악영향을 미친다. 이런 과방전을 방지하기 위해 규정한 전압을 말한다.

24 벤딕스 구동 피니언은 기동전동기에 부착되어 있다.
   ※ 시동장치의 원리
     엔진 스위치를 돌리면, 축전지의 전류에 의하여 시동모터가 회전되고 동시에 시동모터의 피니언기어가 튀어나와 크랭크축 뒤에 부착된 링기어(플라이휠)를 회전시켜 엔진이 기동된다. 엔진이 기동되면 피니언기어는 링기어에서 자동으로 원위치로 돌아간다.

25 현재 사용되고 있는 기동전동기는 직류 직권식 전동기이다.

26 콘덴서는 점화 계통과 관계가 있다.

28 압력판은 클러치 스프링에 의해 플라이휠 쪽으로 작용하여 클러치 디스크를 플라이휠에 압착시키고, 클러치 디스크는 압력판과 플라이휠 사이에서 마찰력에 의해 엔진의 회전을 변속기에 전달하는 일을 한다.

29 토크컨버터는 유체 클러치와 달리 임펠러와 터빈 외에도 스테이터라는 날개가 하나 더 있다. 스테이터는 유체의 방향을 변화시켜 토크 증배 작용을 한다.

30 **변속기에서의 소음 발생 원인**
   - 기어의 엔드 플레이트가 클 때
   - 기어의 마멸이 클 때
   - 기어의 오일이 부족할 때
   - 베어링 및 부싱의 마멸이 클 때

31 배력 장치에 고장이 발생하면 보통의 마스터 실린더와 같은 압력으로 제동장치가 된다.

진공식 배력 장치
- 보통 브레이크 부스터(Brake Booster) 또는 하이드로 마스터라는 상품명이 붙는다.
- 흡기 매니폴드 흡입 부압을 이용하여 페달을 밟을 때 마스터 실린더에 가해지는 힘을 배력시키는 장치이다.
- 운전자가 브레이크를 밟는 힘을 적게 하면서도 제동력을 크게 할 수 있는 장점이 있어 대부분의 승용차에서 사용되고 있다.

32 트랙 슈는 주유하지 않으나 상부 롤러, 아이들러, 하부 롤러에는 그리스를 주유한다.

33 타이어 편평률은 타이어의 폭(W)에 대한 높이(H)의 비율을 나타내는 수치이다.
※ 트레드 패턴은 타이어의 제동력, 구동력 및 견인력을 높이고 조종 안정성을 향상시키며, 타이어에 방열 효과 및 배수 효과를 주기도 한다.

34 작동유의 구비조건
- 동력을 확실하게 전달하기 위해 비압축성일 것
- 내연성, 점도지수, 체적 탄성계수 등이 클 것
- 장시간 사용해도 화학적으로 안정될 것
- 밀도, 독성, 휘발성 등이 적을 것
- 열전도율, 장치와의 결합성, 윤활성 등이 좋을 것

35 오일의 온도에 따른 점도 변화는 점도지수로 나타낸다.

36 ㄴ. 리듀싱 밸브(감압 밸브) : 분기 회로의 압력을 주회로 압력보다 낮은 압력으로 유지하려 할 때 사용한다.
ㄷ. 시퀀스 밸브 : 두 개 이상의 분기 회로에서 실린더나 모터의 작동 순서를 결정하는 자동제어 밸브이다.

38 작동압력이 높을 때는 낙하 현상을 방지할 수 있고, 작동압력이 갑자기 낮아질 때 유압실린더에서 실린더의 과도한 낙하 현상이 생긴다.

39 유압모터는 유체에너지를 연속적인 회전운동으로 하는 기계적 에너지로 바꾸어 주는 기기이다.

40 ② 정용량형 유압펌프(화살표 없음)
③ 가변용량형 유압펌프(화살표 있음)

41 오일탱크의 구성품
주유구, 유면계, 펌프 흡입관, 공기청정기, 분리판, 드레인 콕, 측판, 드레인관, 리턴관, 필터(엘리먼트), 스트레이너 등

42 시·도지사로부터 통지서 또는 명령서를 받은 건설기계소유자는 그 받은 날부터 3일 이내에 등록번호표 제작자에게 그 통지서 또는 명령서를 제출하고 등록번호표 제작 등을 신청하여야 한다(건설기계관리법 시행규칙 제17조).

43 구조변경범위(건설기계관리법 시행규칙 제42조)
- 원동기 및 전동기의 형식변경
- 동력전달장치의 형식변경
- 제동장치의 형식변경
- 주행장치의 형식변경
- 유압장치의 형식변경
- 조종장치의 형식변경
- 조향장치의 형식변경
- 작업장치의 형식변경(가공작업을 수반하지 아니하고 작업장치를 선택 부착하는 경우에는 작업장치의 형식변경으로 보지 않음)
- 건설기계의 길이·너비·높이 등의 변경
- 수상작업용 건설기계의 선체의 형식변경
- 타워크레인 설치기초 및 전기장치의 형식변경

44 변속기 분해 정비는 종합건설기계정비업의 사업 범위이다(건설기계관리법 시행령 별표 2).

45 건설기계조종사면허를 받지 아니하고 건설기계를 조종한 자는 1년 이하의 징역 또는 1천만원 이하의 벌금에 처한다(건설기계관리법 제41조).

47 안전보건표지의 형태 및 설치·부착 장소(산업안전보건법 시행규칙 별표 6, 별표 7)

명칭	방사성물질 경고	고압전기 경고	폭발성물질 경고
형태	▲	▲	◆
설치·부착 장소	방사능 물질이 있는 장소	발전소나 고전압이 흐르는 장소	폭발성 물질이 있는 장소

48 ① 마이크로미터는 1/100mm까지 길이를 잴 수 있는 기계이다.
② 플라이어의 정식명칭은 슬립 조인트 플라이어(Slip Joint Pliers)로 집는 기능에 충실하면서 철선을 꼬거나 굽힐 때 혹은 자를 때 쓴다.
③ 플라스틱 해머와 같은 용도로 쓰이는 것으로 나무 해머, 구리 해머, 고무 해머 등이 있는데 모두 표면에 상처가 나지 않도록 하는 작업에 사용한다.

49 해머 작업에서의 안전수칙
• 장갑을 끼고 해머 작업을 하지 말 것
• 해머 작업 중에는 수시로 해머 상태(자루의 헐거움)를 점검할 것
• 해머로 공동작업을 할 때는 호흡을 맞출 것
• 열처리된 재료는 해머 작업을 하지 말 것
• 해머로 타격할 때 처음과 마지막에는 힘을 많이 가하지 말 것
• 타결 가공하려는 곳에 시선을 고정시킬 것
• 해머의 타격면에 기름을 바르지 말 것
• 해머로 녹슨 것을 때릴 때는 반드시 보안경을 쓸 것
• 대형 해머로 작업할 때에는 자기 역량에 알맞은 것을 사용할 것
• 타격면이 찌그러진 것은 사용하지 말 것
• 손잡이가 튼튼한 것을 사용할 것
• 작업 전에 주위를 살필 것
• 기름 묻은 손으로 작업하지 말 것
• 해머를 사용하여 상향(上向) 작업을 할 때에는 반드시 보호안경을 착용할 것

50 재해 발생 시 조치 순서
운전정지 → 피해자 구조 → 응급처치 → 2차 재해 방지

51 벨트는 회전 부위이면서 노출되어 있어 재해 발생률이 높다. 기어나 커플링은 대부분 케이스 내부에 있다.

52 연료를 기화시키면 화재 위험이 높아진다.

53 천공기의 구성품 중 소모성 부품에는 섕크 어댑터(Shank Adapter), 익스텐션 로드(연결 로드, 테이퍼 로드, 스레드 로드), 연결 슬리브(커플링), 드릴 비트(인서트 비트, 크로스 비트, 버튼 비트) 등이 있다.

54 정상 상태에서 트랙의 처짐은 약 10~15mm를 유지하게 한다.

55 번 컷(Burn-cut) 발파공법의 장단점

장점	단점
• 굴진 방향에 대해 수평 천공하므로 발파당 굴진 길이가 길어질 수 있다. • 터널 단면 크기에 구애 받지 않고 적용이 가능하다. • 장공 발파와 경암 발파에 유리하다. • 발파 진동이 적어 시가지 발파에 유리하다. • 파쇄된 암석과 버력이 작게 발파된다.	• 버력의 비산거리가 길고, 폭음이 발생한다. • 발파 후 막장 단면과 주변 암반이 크게 손상되고 여굴 발생률이 높다. • 숙련된 천공 기술(穿孔技術)과 정밀한 천공장비가 요구된다. • 천공 시간이 길고 점보드릴의 고가부품인 드리프터(Drifter)의 수명이 줄어든다. • 폭약 사용량이 많다.

57 권상장치에 하중을 걸고 붐을 회전시키거나 크레인을 이동시키면 안 된다. 또 항타 작업을 할 때 붐을 60° 이하로 세우면 안 된다.

58 디젤 해머는 단단한 지반에서도 작업이 가능하며 항타비도 저렴하다.

59 설계 설명서는 현장조사를 거쳐 작성해야 한다.
계획 설계 단계
발주자가 제공한 자료와 현장조사를 통해 수집된 내용을 근거로 시추 규모, 예산, 기능, 환경을 고려하여 설계 목표를 정하고 실현할 수 있는 방법을 제시하며, 제시된 단계에 따른 시추를 위해 발주자의 요구조건에 맞춰 설계하는 단계이다.

60 측정이 간편하나 정확한 측정이 미비하다.
※ 표준관입시험의 원형은 1902년 고우(Gow)가 고안하였으며, 1948년 테르자기(Terzaghi)가 표준관입시험(SPT)이라고 하였다.

제3회 | 모의고사 정답 및 해설

🕐 모의고사 p.127

01	④	02	②	03	②	04	④	05	③	06	③	07	①	08	③	09	②	10	③
11	①	12	①	13	③	14	③	15	①	16	②	17	②	18	③	19	④	20	②
21	①	22	②	23	①	24	④	25	①	26	③	27	①	28	①	29	①	30	①
31	③	32	②	33	①	34	①	35	②	36	④	37	③	38	①	39	①	40	④
41	③	42	①	43	①	44	②	45	①	46	②	47	①	48	①	49	③	50	②
51	②	52	④	53	②	54	①	55	③	56	③	57	②	58	④	59	③	60	④

01 4행정 사이클 디젤기관의 작동
- 흡입행정 : 피스톤이 상사점으로부터 하강하면서 실린더 내로 공기만을 흡입한다.
- 압축행정 : 흡기밸브가 닫히고 피스톤이 상승하면서 공기를 압축한다.
- 동력행정 : 압축행정 말 고온이 된 공기 중에 연료를 분사하면 압축열에 의하여 자연착화한다.
- 배기행정 : 연소 가스의 팽창이 끝나면 배기밸브가 열리고, 피스톤의 상승과 더불어 배기행정을 한다.

02 고압 연료 계통은 고압 연료펌프(압력 제어 밸브 부착), 고압 연료 라인, 커먼레일 압력 센서, 압력 제한 밸브, 유량 제한기, 인젝터 및 어큐뮬레이터로서의 커먼레일, 연료 리턴 라인으로 구성되어 있다.

03 공기 유량 센서 방식의 분류
- 펄스 제어 방식 : 칼만 와류 방식
- 전압검출 방식 : 핫 필름(열막) 방식, 맵 센서 방식, 베인 방식, 핫 와이어 방식

04 플라이휠은 주철제로 만들어 크랭크축 뒤쪽의 플랜지에 고정되어 있다.

05 실린더 벽이나 피스톤 링이 마모되면 오일이 실린더 벽을 타고 연소실로 흡입되어 연소되므로 소비가 많아진다.

06 기관에서 압축압력이 저하되는 큰 원인은 피스톤 링과 실린더 벽의 마모이다.

07 피스톤 상부가 열을 제일 많이 받아 팽창이 많이 생기므로 1번 링의 간극을 크게 한다.

08 연료장치의 공기빼기는 공급펌프에서 가까운 쪽부터 한다.

09 **연료 분사의 3대 요소** : 관통력, 분포, 무화 상태

10 기관에서 팬 벨트의 장력이 너무 강할 경우 발전기 베어링이 손상된다.

11 노킹이 발생하면 기관의 회전수가 불규칙해지거나 떨어진다.

12 냉각 계통으로의 배기가스 누출은 기관 내에서 실린더 헤드 개스킷 불량이나 기관의 균열로 발생한다.

13 냉각장치는 작동 중인 기관이 동력행정을 할 때 발생하는 열(1,500~2,000℃)을 냉각시켜 엔진의 정상적인 온도인 75~95℃로 유지한다.

14 냉각수의 순환속도는 펌프의 성능에 따라 달라진다.
 가압식 라디에이터의 장점
 - 방열기 크기를 줄일 수 있다.
 - 냉각수 보충 횟수를 줄일 수 있다.
 - 엔진의 열효율을 높일 수 있다.

15 조속기는 기관의 회전속도와 부하에 따라 연료 공급량(분사량)을 조절한다.

16 전압송식은 오일펌프에 의해 강제적으로 윤활유를 윤활부에 압송하는 방식이다.
 ※ 기관의 윤활방식
   - 2행정 사이클의 윤활방식 : 혼기 혼합식, 분리 윤활식
   - 4행정 사이클의 윤활방식 : 비산식, 압송식, 비산 압송식

17 점도가 너무 높으면 윤활유의 내부마찰과 저항이 커져 동력의 손실이 증가하며, 너무 낮으면 동력의 손실은 적지만 유막이 파괴되어 마모감소작용이 원활하지 못하게 된다.

18 에어클리너가 막히면 흡입량이 줄어들어 충분한 출력이 나오지 못하며 연료에 비해 공기량이 부족해 농후한 혼합비 때문에 배기가스 색은 검은색이 된다.

19 이산화탄소를 제외한 일산화탄소(CO), 질소산화물(NO_x), 탄화수소(HC)는 모두 광학 스모그나 대기 오염의 주범이다.

20 전력(W) = 전압(V) × 전류(I)이므로,
 전류(I) = 30 / 6 = 5A
 퓨즈 앞단 회로는 병렬의 $6V$, $300W$ 회로이므로 전류는 2배, 즉 5A × 2 = 10A 가 된다.

22 12V용 납산 축전지에는 6개의 셀이 있고 각 셀의 방전종지전압은 1.75V이므로 1.75 × 6 = 10.5V 이다.

23 축전지의 충전방법
 - 정전류 충전 : 표준충전전류는 축전지 용량의 10%, 최소충전전류는 5%, 최대충전전류는 20%
 - 정전압 충전 : 일정한 전압으로 충전
 - 단별전류 충전 : 단계적으로 전류를 감소시켜 충전
 - 급속 충전 : 충전전류의 1/2로 긴급 시 충전

24 엔진오일량은 기관이 작동되기 전에 점검한다.

25 **직류전동기의 종류별 장단점**

구분	장점	단점
직권전동기	기동 회전력이 크다.	회전속도의 변화가 크다.
분권전동기	회전속도가 거의 일정하다.	회전력이 비교적 작다.
복권전동기	회전속도가 거의 일정하고, 회전력이 비교적 크다.	직권전동기보다 구조가 복잡하다.

26 교류발전기는 전파 방해의 원인이 되는 불꽃 발생이 없다. 불꽃 발생으로 인한 소음이 발생하는 것은 직류발전기이다.

27 발전기에서 축전지로 충전되고 있을 때는 전류계의 지시침이 (+) 방향을 지시한다.

28 압력판은 클러치 커버에 지지되어 클러치 페달을 놓았을 때 클러치 스프링의 장력에 의해 클러치판을 플라이휠에 압착시키는 작용을 한다.

30 브레이크 장치의 베이퍼 로크(증기 폐쇄 현상)는 열이 오일에 전달될 때 발생하고, 엔진 브레이크 사용과는 관계가 없다.

31 리코일 스프링은 주행 중 프런트 아이들러가 받는 충격을 완화시켜 트랙 장치의 파손을 방지하는 일을 한다.

32 트레드가 마모되면 지면과 접촉면적은 크나 마찰력이 감소되어 제동성능이 나빠진다.

33 유압 작동유의 적정 온도는 약 30~80℃로 80℃ 이상이면 과열된 상태이다.

34 유압유의 점도에 따른 발생 현상

유압유의 점도가 너무 높을 경우	유압유의 점도가 너무 낮을 경우
• 동력손실 증가로 기계효율의 저하 • 소음이나 공동 현상 발생 • 유동 저항의 증가로 인한 압력손실의 증대 • 내부마찰의 증대에 의한 온도의 상승 • 유압기기 작동의 불활발	• 내부 오일 누설의 증대 • 압력 유지의 곤란 • 유압펌프, 모터 등의 용적효율 저하 • 기기마모의 증대 • 압력 발생 저하로 정확한 작동 불가

35 ② 시퀀스 밸브 : 유압회로의 압력에 의해 유압 액추에이터의 작동 순서를 제어하는 밸브
① 체크 밸브 : 유체를 한쪽 방향으로만 흐르게 하는 역류 방지 밸브
④ 서보 밸브 : 입력신호로 사용하기 위하여 유량이나 압력을 조정하는 밸브

36 **방향 제어 밸브 조작 방식** : 수동식, 기계식, 파일럿식, 전자식 등이 있다.

37 **숨돌리기 현상**
공기가 실린더에 혼입되면 피스톤의 작동이 불량해져서 작동시간의 지연을 초래하는 현상으로 오일 공급 부족과 서징을 발생시킨다.

39 ① 정용량형 유압펌프
② 가변용량형 유압펌프
④ 전동기

40 탱크의 크기가 정지할 때 되돌아오는 오일량을 용량보다 크게 해야 한다.

41 **등록번호표의 반납(건설기계관리법 제9조)**
등록된 건설기계의 소유자는 다음의 어느 하나에 해당하는 경우에는 10일 이내에 등록번호표의 봉인을 떼어낸 후 그 등록번호표를 국토교통부령으로 정하는 바에 따라 시·도지사에게 반납하여야 한다.
• 건설기계의 등록이 말소된 경우
• 건설기계의 등록사항 중 대통령령으로 정하는 사항이 변경된 경우
• 등록번호표의 부착 및 봉인을 신청하는 경우

42 ① 신규등록검사 : 건설기계를 신규로 등록할 때 실시하는 검사
② 정기검사 : 건설공사용 건설기계로서 3년의 범위에서 국토교통부령으로 정하는 검사유효기간이 끝난 후에 계속하여 운행하려는 경우에 실시하는 검사와 대기환경보전법 및 소음·진동관리법에 따른 운행차의 정기검사
④ 구조변경검사 : 건설기계의 주요 구조를 변경하거나 개조한 경우 실시하는 검사

43 건설기계를 조종하고자 하는 자는 국가기술자격법에 의한 해당 분야의 기술자격을 취득하고 적성검사에 합격한 후 건설기계조종사 면허를 발급받아야 건설기계를 조종할 수 있다. 국가기술자격증만으로 건설기계를 조종하면 무면허 운전으로 처벌받을 수 있다(건설기계관리법 제26조, 제41조).

44 국토교통부장관이 실시하는 검사에 불합격하여 정비명령을 받았음에도 이를 이행하지 않은 자는 1년 이하의 징역 또는 1천만원 이하의 벌금에 처한다(건설기계관리법 제41조).

45 하인리히의 사고예방 기본원리 5단계
- 1단계 : 안전관리 조직
- 2단계 : 사실의 발견
- 3단계 : 분석·평가
- 4단계 : 시정책의 선정
- 5단계 : 시정책의 적용

46 작업복은 작업의 안전에 중점을 두고 선정해야 한다.

47 제시된 그림은 보안경 착용 표지로 지시표지이다(산업안전보건법 시행규칙 별표 6).

48 드라이버의 치수는 굵기 × 길이로 나타낸다. 굵기는 철 부분의 굵기를 나타내며 길이는 앞의 손잡이 부분을 제외한 철 부분을 나타낸다.

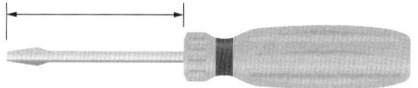

49 연삭숫돌과 받침대의 간격은 3mm 이내로 유지해야 한다.

51 운반 시 중심이 밑으로 오도록 하고, 중심의 이동에 따라 물체가 균형을 잃지 않도록 하여야 한다.

52 전선은 자체 무게가 있어 바람에 흔들린다.

53 드리프터의 구조
천공기의 타격 및 회전에너지를 암반에 전달하기 위하여 드리프터(Drifter), 익스텐션 로드(Extension Rod), 드릴 비트(Drill Bit) 및 암반 순으로 연결된다.

54 그리스는 70~95%의 기유(베이스 오일), 3~30%의 증조제, 0~10%의 첨가제 등으로 구성된다.

55 그리스 보관장소는 난방과 통풍이 잘되는 곳이어야 한다. 또 청결한 상태의 공구, 펌핑 장비 및 기타 윤활에 필요한 소품이 구비되어야 한다.

56 브이컷(V-cut, 경사 천공) 발파공법의 특징
- 심발공은 각도(60°) 천공을 하므로 심빼기 용적이 크다.
- V-각도 천공으로 단면에 대한 약실의 투사 면적이 커서 발파 효과가 좋다.
- 심발(심빼기) 발파에서 대괴(大塊)의 암석이 발생한다.
- 장점
  - 드릴 천공 작업이 쉽고, 한 종류의 비트만 사용하므로 드리프터 고장이 적다.
  - 버력(硏石) 암석이 커서 버력의 비산거리가 짧다.
  - 다양한 암질에 적용하기 쉽다.
  - 터널 발파에 효과적이고 실패율이 낮아 가장 선호된다.
- 단점
  - 2개 이상의 각도 공을 발파하므로 지발뇌관의 장약량이 많다.
  - 폭음이 발생하고 발파 진동이 크다.
  - 각도 천공이어서 실제 천공 길이 대비 굴진장과 발파 효율성이 낮다.

57 ① Gripper Cylinder : 작업 중 본체를 갱내에 유압으로 고정시키는 장치이다.
④ 유압장치 : 커터 헤드를 돌려주기 위하여 외부 전원에 의해 전기 모터를 구동하여 유압을 작동시키는 장치이다.

58 실드 머신은 연약 지반의 굴착 등에 우수하다.

59 비트는 일반적인 토사층에 사용된다. DTH(Down The Hole) 해머는 전석층이나 암반이 있을 때 사용한다.

60 디젤 해머는 설비가 크고 무겁다. 또 작업 시 큰 소음과 디젤유의 비산이 발생한다.

제4회 | 모의고사 정답 및 해설

🔎 모의고사 p.139

01	③	02	②	03	①	04	①	05	③	06	④	07	④	08	③	09	②	10	④
11	①	12	②	13	③	14	②	15	①	16	②	17	①	18	④	19	①	20	②
21	①	22	①	23	④	24	③	25	④	26	①	27	①	28	②	29	③	30	④
31	②	32	①	33	①	34	①	35	④	36	③	37	①	38	②	39	④	40	③
41	②	42	①	43	②	44	④	45	②	46	③	47	②	48	③	49	②	50	④
51	④	52	③	53	①	54	④	55	③	56	②	57	①	58	④	59	④	60	②

01 4행정 사이클 디젤기관의 작동
- 흡입행정 : 피스톤이 상사점으로부터 하강하면서 실린더 내로 공기만을 흡입한다.
- 압축행정 : 흡기밸브가 닫히고 피스톤이 상승하면서 공기를 압축한다.
- 동력행정 : 압축행정 말 고온이 된 공기 중에 연료를 분사하면 압축열로 자연착화한다.
- 배기행정 : 연소 가스의 팽창이 끝나면 배기밸브가 열리고, 피스톤의 상승과 더불어 배기행정을 한다.

02 커먼레일 디젤기관의 입·출력 요소

입력요소	출력요소
• 연료 압력 센서(RPS) • 에어 플로 센서(AFS) • 냉각수 온도 센서(WTS) • 가속페달 센서(APS) 1, 2 • 연료 온도 센서(FTS) • 크랭크포지션 센서(CKP) • TDC 센서 • 부스터 압력 센서	• 인젝터(Injector) • 레일압력 조절밸브(IMV) • 예열장치 • EGR 제어장치 • 냉각장치 • 보조 히터장치 • 스로틀 플랩 장치

03 연료 압력 센서(RPS)
연료 압력을 측정하여 ECU에 보내며 ECU는 이 신호를 바탕으로 연산하여 연료량이나 분사시기를 조정한다. 피에조 압전 소자 방식 구조로 되어 있다.

※ 엔진이 시동 상태이거나 크랭킹 중에 레일 압력 조절 밸브가 고장 나거나 커넥터가 분리되면 시동이 꺼지거나 시동이 되지 않는다.

04 크랭크축은 피스톤의 왕복운동(직선운동)을 커넥팅 로드를 통하여 회전운동으로 바꾸어 주는 역할을 한다.

05 ① 피스톤 슬랩 : 실린더와 피스톤 간극이 클 때나 피스톤이 운동 방향을 바꿀 때 축압에 의하여 실린더 벽을 때리는 현상
② 블로 바이 : 배기가스가 배기 밸브를 통하지 않고 피스톤과 실린더 사이로 배출되는 현상
④ 피스톤 행정 : 상사점과 하사점 사이의 길이

06 타이밍 체인(Timing Chain)이 헐거우면 밸브의 개폐 시기가 달라진다.
※ 기관 과열의 원인
- 윤활유 부족
- 냉각수 부족
- 물펌프 고장
- 팬 벨트 이완·절손
- 온도조절기의 닫힘
- 물 재킷 스케일 누적
- 라디에이터 막힘

07 오일펌프는 기관의 캠축 기어나 타이밍 기어에 의해 작동한다.

08 워터펌프는 냉각수를 순환시키는 펌프이다.

09 수온 조절기는 65℃ 정도에서 열리기 시작하여 85℃에서 완전히 열린다.

10 피스톤 링 또는 실린더 벽의 마모, 밸브의 밀착 불량, 헤드 개스킷의 파손은 기관의 압축압력을 저하시킨다.

11 피스톤과 실린더 간격이 크면 압축행정 시 블로 바이 가스가 생겨 출력이 저하되고 오일의 희석 등이 생긴다.

12 디젤기관에서는 연료가 윤활 작용을 겸하고 있다(분사펌프, 캠축 제외).

14 디젤기관에서 흡입공기 압축 시 압축온도는 약 500~550℃이다.

15 ② 부동액은 냉각수와 1:1로 혼합하여 사용하는 것이 바람직하다.
③ 냉각수 중 부동액의 혼합 비율에 따라 어는점과 비등점이 달라진다.
④ 부동액에는 금속들의 부식을 막기 위해 부식 방지제 등의 첨가제가 들어 있다.

16 점도(Viscosity)
윤활유의 물리·화학적 성질 중 가장 기본이 되는 성질로서, 액체가 유동할 때 나타나는 내부저항(마찰저항)이다.

17 윤활유의 여과 방식
- 전류식 : 모두 여과기로 공급
- 분류식 : 일부 여과하여 오일팬으로, 일부는 그대로 윤활부에 공급
- 션트식 : 일부 여과하여 윤활부로, 일부 오일은 그대로 윤활부에 공급

18 ④는 습식 공기청정기의 장점이다. 건식 공기청정기는 먼지나 불순물 제거에는 탁월한 효과를 발휘하지만, 필터를 주기적으로 교체해줘야 하므로 지속적인 유지비용이 든다는 단점이 있다.

20 전류계는 회로의 중간에 직렬로 접속해야 한다.

21 전해액이 자연 감소된 축전지에는 증류수를 보충한다.

22 급속 충전은 통풍이 잘되는 곳에서 한다.

23 축전지 전해액은 방전 상태가 될수록 황산이 분해되어 극판이 황산납으로 변화되고 전해액은 물에 가깝게 된다.

24 배터리가 방전되면 기동 모터와 크랭크축이 회전되지 않아 시동이 어렵다.
※ 디젤엔진의 시동을 방해하는 요인
- 엔진의 회전속도가 느리다.
- 연료 공급이 불량하다.
- 기동전압이 낮다.
- 분사시기가 불량하다.
- 연료의 착화점이 높다.

26 전류 조정기와 컷아웃 릴레이는 직류(DC)발전기에만 있는 부품이다.

27 에어컨 장치에 사용하는 냉매 가스
- 구냉매 : R-12
- 신냉매 : HFC-134a(R-134a)

28 쿠션 스프링
파도 모양으로 된 판 스프링으로, 라이닝과 라이닝 사이에 설치한다. 클러치를 급격히 접속시켰을 때에 변형되어 동력의 전달을 원활히 하고 클러치판의 변형, 편마멸, 파손을 방지한다.

29 가이드 링은 유체 클러치에서 와류를 줄여 전달 효율을 향상시키는 장치이다.

30 수동 변속기식에서 클러치 유격이 너무 크면 동력차단이 잘되지 않아 기어가 끌리는 소음이 발생한다.

32 트랙이 이완되거나 트랙의 정렬이 맞지 않으면 스프로킷이 이상 마모된다.

33 ② 브레이커(Breaker) : 트레드와 카커스 사이 코드 층
③ 카커스(Carcass) : 튜브가 접촉되는 내면 부분
④ 비드(Bead) : 림과 접촉하게 되는 타이어의 내면 부분

34 플러싱은 유압 계통 내를 깨끗이 청소하는 것으로 노화를 방지한다.

35 유압회로에서 유압유의 점도가 높으면 유압이 높아진다.

36 ① 체크 밸브 : 유압회로에서 역류를 방지하고 회로 내의 잔류압력을 유지하는 밸브
② 시퀀스 밸브 : 두 개 이상의 분기 회로에서 실린더나 모터의 작동 순서를 결정하는 자동 제어 밸브
④ 카운터밸런스 밸브 : 실린더가 중력으로 인하여 제어속도 이상으로 낙하하는 것을 방지하는 밸브

37 밸브의 종류
- 압력 제어 밸브 : 릴리프 밸브, 시퀀스 밸브, 감압 밸브, 언로드 밸브, 카운터밸런스 밸브 등
- 방향 제어 밸브 : 체크 밸브, 셔틀 밸브, 감소 밸브, 스풀 밸브, 전환밸브 등
- 유량 제어 밸브 : 스로틀 밸브, 바이패스 유량 제어 밸브, 스톱 밸브 등

38 체크 밸브는 방향 제어 밸브이고, 유압기기의 움직임은 압력과 유량에 의해 변화된다.

39 조속기는 실린더 마모와 관련이 없다.

40 회로에 탱크가 연결되었으면 릴리프 밸브이고, 연결되어 있지 않으면 시퀀스 밸브이다.

41 오일탱크의 기능
- 계통 내에 필요한 유량 확보
- 차폐장치에 의해 기포 발생 방지 및 소멸
- 탱크 외벽의 방열에 의해 적정온도 유지
- 작동유의 열 발산 및 부족한 기름 보충
- 복귀유의 먼지나 녹, 찌꺼기 침전 역할

42 등록번호표의 반납(건설기계관리법 제9조)
등록된 건설기계의 소유자는 다음의 어느 하나에 해당하는 경우에는 10일 이내에 등록번호표의 봉인을 떼어낸 후 그 등록번호표를 국토교통부령으로 정하는 바에 따라 시·도지사에게 반납하여야 한다.
- 건설기계의 등록이 말소된 경우
- 건설기계의 등록사항 중 대통령령으로 정하는 사항이 변경된 경우
  - 등록된 건설기계소유자의 주소지 또는 사용본거지의 변경(시·도 간의 변경이 있는 경우에 한함)
  - 등록번호의 변경
- 등록번호표의 부착 및 봉인을 신청하는 경우

43 수시검사 명령(건설기계관리법 시행규칙 제30조의2)
시·도지사는 수시검사를 명령하려는 때에는 수시검사 명령의 이행을 위한 검사의 신청기간을 31일 이내로 정하여 건설기계소유자에게 별도 서식의 건설기계 수시검사명령서를 서면으로 통지해야 한다. 다만, 건설기계소유자의 주소 등을 통상적인 방법으로 확인할 수 없거나 통지가 불가능한 경우에는 해당 시·도의 공보 및 인터넷 홈페이지에 공고해야 한다.

44 적성검사의 기준(건설기계관리법 시행규칙 제76조)
- 두 눈을 동시에 뜨고 잰 시력(교정시력을 포함)이 0.7 이상이고 두 눈의 시력이 각각 0.3 이상일 것
- 55dB(보청기를 사용하는 사람은 40dB)의 소리를 들을 수 있고, 언어분별력이 80% 이상일 것
- 시각은 150° 이상일 것
- 다음에 해당하지 않을 것
  - 건설기계 조종상의 위험과 장해를 일으킬 수 있는 정신질환자 또는 뇌전증환자로서 국토교통부령으로 정하는 사람
  - 앞을 보지 못하는 사람, 듣지 못하는 사람, 그 밖에 국토교통부령으로 정하는 장애인
  - 건설기계 조종상의 위험과 장해를 일으킬 수 있는 마약·대마·향정신성의약품 또는 알코올중독자로서 국토교통부령으로 정하는 사람

45 1백만원 이하의 과태료 부과 기준(건설기계관리법 제44조)
- 수출의 이행 여부를 신고하지 아니하거나 폐기 또는 등록을 하지 아니한 자
- 등록번호표를 부착·봉인하지 아니하거나 등록번호를 새기지 아니한 자
- 등록번호표를 가리거나 훼손하여 알아보기 곤란하게 한 자 또는 그러한 건설기계를 운행한 자
- 등록번호의 새김명령을 위반한 자
- 건설기계안전기준에 적합하지 아니한 건설기계를 사용하거나 운행한 자 또는 사용하게 하거나 운행하게 한 자
- 조사 또는 자료제출 요구를 거부·방해·기피한 자
- 검사유효기간이 끝난 날부터 31일이 지난 건설기계를 사용하게 하거나 운행하게 한 자 또는 사용하거나 운행한 자
- 특별한 사정 없이 건설기계임대차 등에 관한 계약과 관련된 자료를 제출하지 아니한 자
- 건설기계사업자의 의무를 위반한 자
- 안전교육 등을 받지 아니하고 건설기계를 조종한 자

46 회전 부분(기어, 벨트, 체인) 등은 위험하므로 반드시 커버를 씌워 신체 접촉을 막는다.

47 안전보건표지(산업안전보건법 시행규칙 별표 6)

안전복 착용	보안면 착용	출입금지

48 작은 공작물이라도 한 손으로 잡지 않고 바이스 등으로 고정시킨다.

49 가연성 재료의 사용을 금지하고 불연성 재료를 사용해야 한다.

50 응급처치로는 식염수와 얼음찜질이 도움이 된다.

51 중량물은 체인블록이나 호이스트를 사용하여 이동시킨다.

52 가공전선로의 위험 정도는 애자의 개수에 따라 판별한다.

53 드리프터의 압력 세팅을 잘못하면 천공 홀의 직진성이 나빠진다.

54 스페스컷(Supex-cut, 경사+평행 천공법)의 장단점

장점	단점
• 진동, 비산, 소음, 폭음이 적다. • 발파 효율이 높다. • 막장면과 주변 암반 손상이 덜해 여굴률이 낮고 터널의 안전성이 확보된다. • 연암부터 극경암까지 적용이 가능하다. • 작은 단면에서 대단면까지 적용이 가능하다.	• 숙련된 천공 작업 능력을 요한다. • 심빼기 단면에 각도공과 수평공을 혼합 천공하므로 장약할 때 혼동되기 쉽다. • 천공수(穿孔數)가 많아서 천공 시간이 길다.

55 로드 헤더 전방에 부착된 커팅 헤드에는 탄화텅스텐(Tungsten Carbide) 재료로 구성된 픽 커터(Pick Cutter)가 사용되고, TBM에는 디스크 커터가 사용된다.
  ※ 로드 헤더(Road Header)의 커팅 헤드 회전방향에 따라 종방향과 횡방향 커팅 헤드가 있다.
    • 종방향 커팅 헤드 : 붐의 방향과 커팅 헤드의 중심축 방향이 일치한다.
    • 횡방향 커팅 헤드 : 붐 방향과 커팅 헤드의 중심축 방향이 수직을 이룬다.

56 파일 삽입 시 가능하면 보조 크레인의 도움을 받아 삽입하는 것을 원칙으로 하고 부득이한 경우가 아니면 파일을 들어 삽입하지 말아야 한다. 부득이 파일을 들어 삽입 작업을 해야 할 때는 현장 관계자와 협의를 하고 현장 책임자와 신호수, 운전자 등이 회의를 거쳐 안전하다고 판단했을 때만 항타 · 항발기의 파일 삽입 작업을 할 수 있다.

57 유압 해머는 디젤 해머에 비해 타격력이 크다.
※ 유압 해머는 해머 본체의 유압실린더에 고압의 유압을 공급하여 램을 일정 높이까지 끌어올린 뒤, 유압을 순간적으로 해제하여 램을 자유 낙하시켜 파일을 타격한다.

58 시추 형식에 의한 회전식 시추기의 분류
변위형 시추, 수세식형 시추, 충격형 시추, 회전형 시추, 오거형 시추 등

59 표준화되지 않은 표준관입시험이 현장에서 일반적으로 사용되며 보편적인 방식으로 받아들여지는 것이 현실이다.

60 니수의 구비조건
- 벤토나이트 등의 점토류, 실트 등의 저비중 고형물이 적당량 함유되며 사분이 작을 것
- 염수, 시멘트, 그 외 오염물질에 의해서 잘 변화되지 않을 것
- 온도, 압력에 대한 안정성이 높을 것 등

제5회 | 모의고사 정답 및 해설

ⓘ 모의고사 p.151

01	②	02	②	03	④	04	②	05	①	06	①	07	③	08	①	09	③	10	③
11	③	12	④	13	①	14	①	15	④	16	②	17	③	18	②	19	③	20	③
21	④	22	①	23	②	24	②	25	②	26	③	27	①	28	②	29	④	30	①
31	③	32	④	33	①	34	③	35	②	36	④	37	②	38	①	39	②	40	④
41	①	42	③	43	②	44	④	45	④	46	①	47	①	48	④	49	②	50	①
51	④	52	④	53	③	54	②	55	③	56	①	57	④	58	④	59	④	60	③

01 4행정 기관 작동순서 : 흡입행정 → 압축행정 → 폭발행정 → 배기행정

02 연소 가스가 자체의 압력으로 배출되기 시작하는 것은 블로 다운(Blow Down)이다.

03 6기통 기관이 4기통 기관보다 구조가 복잡하여 제작비가 비싸다.

04 크랭크 포지션 센서는 실린더 블록에 설치되어 크랭크축과 일체로 된 센서 휠의 돌기를 감지하여 크랭크축의 각도 및 피스톤의 위치, 기관 회전 속도 등을 감지한다.

05 기관의 실린더 벽과 피스톤 벽이 마멸되면 틈새가 넓어져서 압축 시 압력이 떨어진다.

06 피스톤과 실린더 사이의 간극이 너무 크면 압축 압력 저하로 출력이 떨어지며, 엔진오일에 거품이 발생하여 수명이 단축된다.

07 타이머는 분사시기를 조절하고, 거버너(조속기)는 분사량을 조절한다.

08 크랭크축 풀리는 구동 벨트를 통하여 물펌프, 발전기, 동력조향장치의 오일펌프, 에어컨 압축기, 공기압축기 등을 구동한다.

10 기화기는 가솔린기관의 부품이다.
   ※ 디젤기관의 연료분사장치 부품
   연료탱크, 연료공급펌프, 연료분사펌프, 연료여과기, 연료분사밸브(노즐) 등

11 워터 재킷(Water Jacket)은 엔진 외부를 둘러싼 냉각수의 통로이다.

12 압력식 캡은 비등점(끓는점)을 올려 냉각 효과를 증대시키는 기능을 한다.

13 인젝션 펌프
   각 실린더 수에 해당하는 독립적인 펌프 엘리먼트가 설치되어 연료공급펌프에서 송출된 저압의 연료를 고압으로 바꾸어 분사 순서에 따라 각 실린더의 분사노즐에 연료를 분배하는 펌프를 말한다.

14 부동액의 종류로는 메탄올, 에틸렌글리콜, 글리세린 등이 있다.

16 윤활유의 구비조건
- 적당한 점성을 가지고 있어야 한다.
- 청정력이 커야 한다.
- 열과 산에 대하여 안정성이 있어야 한다.
- 비중이 적당하여야 한다.
- 카본 생성이 적어야 한다.
- 인화점과 발화점이 높아야 한다.
- 응고점이 낮아야 한다.
- 강인한 유막을 형성하여야 한다.

17 오일 여과기는 오일 속에 포함된 미세한 불순물을 제거하는 기구이다.

18 배기관의 배압이 높으면 배출되지 못한 가스 열에 의해 과열되므로 냉각수의 온도가 상승된다.

19 에어클리너(공기청정기)
연소에 필요한 공기를 실린더로 흡입할 때 먼지 등을 여과하여 피스톤 등의 마모를 방지하는 장치이다.

20 퓨즈의 접촉이 나쁘면 전류의 흐름이 나빠지고 퓨즈가 끊어질 수 있다.

21 납산 축전지의 양극판에는 과산화납, 음극판에는 해면상납, 전해액으로는 묽은 황산을 사용한다.

22 급속 충전 시 주의사항
- 충전 중 전해액의 온도가 45℃ 이상이 되지 않게 한다.
- 축전지를 건설기계에서 탈착하지 않고 급속 충전할 때에는 발전기 다이오드 파손을 방지하기 위해 양쪽 케이블을 분리해야 한다.
- 충전하는 장소는 환기가 잘되어야 한다.
- 각 셀의 벤트 플러그를 모두 열고, 직렬 접속하여 충전해야 한다.
- 양극판 격자의 산화가 촉진되므로 과충전시키지 말아야 한다.
- 정전류 충전을 할 때 표준충전전류는 축전지 용량의 10%로 해야 한다.

23 천연중화제인 베이킹소다는 산성을 잘 중화한다.

24 시동 시 회전속도를 높여야 시동이 용이하다.

25 충전 회로에 부하가 클 때 발전기 출력과 축전지 전압이 낮아진다.

26 직류발전기에서는 정류자와 브러시가, 교류발전기에서는 다이오드가 교류를 직류로 바꾸어 준다.

27 응축기(콘덴서)
컴프레서에서 전달된 고온·고압의 기체 상태인 냉매 가스의 열을 대기로 방출시켜 액체 상태의 냉매로 변화시킨다.

28 디스크식 클러치판에 있는 토션 스프링은 클러치 작용 시의 충격을 흡수하는 역할을 한다.

29 스테이터는 토크컨버터의 부품으로 유체의 방향을 변화시켜 토크 증배 작용을 한다.

31 유압장치의 밸브 부품 세척유로 석유, 경유, 솔벤트 등이 좋다.

32 트랙의 유격이 크면 트랙이 벗겨지기 쉽고 롤러 및 트랙 링크의 마멸이 촉진된다. 반대로 유격이 너무 작으면 암석지 작업을 할 때 트랙이 절단되기 쉬우며 각종 롤러, 트랙 구성 부품의 마멸이 촉진된다.

33 ② 트레드(Tread)부 : 직접 노면과 접촉되어 마모에 견디고 적은 슬립으로 견인력을 증대시키는 부분
   ③ 숄더(Shoulder)부 : 트레드 끝의 각(角) 부분
   ④ 비드(Bead)부 : 림과 접촉하게 되는 타이어의 내면 부분

34 작동유 온도 상승 시에는 열화 촉진과 점도 저하 등의 원인으로 펌프 효율이 저하된다.

35 유압유에 점도가 서로 다른 두 종류의 오일을 혼합하면 열화현상이 발생한다.

36 카운터밸런스 밸브
   한 방향의 흐름에 대하여는 규제된 저항에 의해 배압(背壓)으로서 작동하는 제어유동을 하고 그 반대 방향의 유동에 대하여는 자동유동을 하는 밸브로 추의 낙하를 방지하기 위해서 배압을 유지시켜 주는 압력 제어 밸브이다.

37 액추에이터의 속도를 제어하는 것은 유량 제어 밸브이다.

38 유압장치의 부품 교환을 하면 공기가 들어가므로 공기빼기를 먼저 실시해야 정상운전이 가능하다.

39 실린더 마모의 원인
   • 실린더 벽과 피스톤 및 피스톤 링의 접촉
   • 연소 생성물의 영향
   • 농후한 혼합기 유입으로 인한 실린더 벽의 오일 막의 끊어짐
   • 흡입 공기 중 먼지와 이물질 등 혼입의 영향
   • 연료나 수분이 실린더 벽에 응결되어 일으키는 부식 작용

   • 실린더와 피스톤 간극의 불량
   • 피스톤 링 이음 간극 불량
   • 피스톤 링의 장력 과대
   • 커넥팅 로드의 휨

40 유압기호

릴리프 밸브	순차 밸브	감압 밸브

42 등록번호표제작을 통지 · 명령해야 하는 경우(건설기계관리법 시행규칙 제17조)
   • 건설기계소유자가 건설기계를 등록한 경우
   • 건설기계소유자가 등록번호표를 다시 부착하거나 봉인을 하기 위해 신청한 경우
   • 건설기계의 등록번호를 식별하기 곤란한 경우
   • 건설기계소유자 또는 점유자가 등록사항의 변경신고를 하여 등록번호표의 용도 구분을 변경한 경우
   • 등록번호표가 무단복제되어 범죄행위에 이용되는 등 건설기계소유자를 범죄행위로부터 보호할 필요가 있다고 인정되는 경우로서 건설기계소유자가 등록번호표의 변경을 신청하는 경우
   • 건설기계 등록번호표를 분실하거나 도난당한 경우로서 경찰관서의 장의 확인을 받아 건설기계소유자가 등록번호표의 변경을 신청하는 경우

43 검사 또는 명령이행 기간의 연장(건설기계관리법 시행규칙 제31조의2)

건설기계의 소유자는 천재지변, 건설기계의 도난, 사고 발생, 압류, 31일 이상에 걸친 정비 또는 그 밖의 부득이한 사유로 검사의 신청기간 또는 정기검사 명령, 수시검사 명령 또는 정비 명령의 이행을 위한 검사의 신청기간(정기검사 등 신청기간) 내에 검사를 신청할 수 없는 경우에는 정기검사 등 신청기간 만료일까지 별도 서식의 검사·명령이행 기간 연장신청서에 연장사유를 증명할 수 있는 서류를 첨부하여 시·도지사(검사대행자가 지정된 경우에는 검사대행자)에게 제출해야 한다.

44 국토교통부령으로 정하는 소형건설기계(건설기계관리법 시행규칙 제73조)
- 5ton 미만의 불도저
- 5ton 미만의 로더
- 5ton 미만의 천공기(트럭적재식은 제외)
- 3ton 미만의 지게차
- 3ton 미만의 굴착기
- 3ton 미만의 타워크레인
- 공기압축기
- 콘크리트펌프(이동식에 한정)
- 쇄석기
- 준설선

45 50만원 이하의 과태료 부과기준(건설기계관리법 제44조)
- 일시적으로 운행하는 미등록 건설기계에 임시번호표를 붙이지 아니하고 운행한 자
- 등록사항의 변경사항이 있을 때 신고를 하지 아니하거나 거짓으로 신고한 자
- 등록의 말소를 신청하지 아니한 자
- 등록번호표 제작자가 지정받은 사항을 변경하려는 경우 변경신고를 하지 아니하거나 거짓으로 변경 신고한 자
- 등록번호표를 반납해야 하는 경우 등록번호표를 반납하지 아니한 자
- 국토교통부령으로 정하는 범위를 위반하여 건설기계를 정비한 자
- 건설기계를 제작·조립 또는 수입한 경우 해당 건설기계의 형식에 관한 신고, 형식신고를 한 사항의 변경신고, 이미 형식신고를 한 건설기계와 같은 형식의 건설기계를 수입하려는 경우 그 형식에 관하여 신고를 하지 아니한 자
- 건설기계사업자가 등록한 사항이 변경되거나 사업을 개업·휴업 또는 폐업하거나 휴업한 사업을 재개한 경우 신고를 하지 아니하거나 거짓으로 신고한 자
- 건설기계사업의 양도·양수 등에 따른 신고를 하지 아니하거나 거짓으로 신고한 자
- 매매용 건설기계를 사업장에 제시하거나 판 때 신고를 하지 아니하거나 거짓으로 신고한 자
- 등록말소사유 변경신고를 하지 아니하거나 거짓으로 신고한 자
- 건설기계의 소유자 또는 점유자의 금지행위를 위반하여 건설기계를 세워 둔 자

46 동력 기계의 표준 방호 덮개의 구분
- 위험 부위에 인체의 접촉 또는 접근을 방지하기 위한 것
- 집진, 방음 등을 목적으로 하기 위한 것
- 가공물, 공구 등의 낙하 비래에 의한 위험을 방지하기 위한 것

47 안전보건표지(산업안전보건법 시행규칙 별표 6)

출입금지	보안경 착용	인화성물질 경고

48 드라이버 사용 시 안전수칙
- 일자 드라이버 날 끝은 평평한 것이어야 한다.
- 이가 빠지거나 둥글게 된 것은 사용하지 않는다.
- 크기가 작은 공작물은 바이스로 고정 후 사용한다.
- 드라이버 날 끝이 홈의 폭과 길이가 같은 것을 사용한다.
- 드라이버 날 끝이 나사 홈의 너비와 길이에 맞는 것을 사용한다.
- 드라이버 날 끝이 수평이어야 하며, 둥글거나 빠진 것을 사용하지 않는다.
- 전기 작업 시 금속 부분이 자루 밖으로 나와 있지 않은 절연된 자루를 사용한다.

49 타이어식 건설기계의 조명장치 설치기준(건설기계 안전기준에 관한 규칙 제155조)

1. 최고주행속도가 15km/h 미만인 건설기계	• 전조등 • 제동등(유량제어로 속도를 감속하거나 가속하는 건설기계는 제외) • 후부반사기 • 후부반사판 또는 후부반사지
2. 최고주행속도가 15km/h 이상 50km/h 미만인 건설기계	• 1.에 해당하는 조명장치 • 방향지시등 • 번호등 • 후미등 • 차폭등
3. 건설기계관리법에 따라 도로교통법에 따른 운전면허를 받아 조종하는 건설기계 또는 50km/h 이상 운전이 가능한 타이어식 건설기계	• 1. 및 2.에 따른 조명장치 • 후퇴등 • 비상점멸표시등

51 흔들리기 쉬운 인양물은 가이드로프를 이용해 유도한다.

52 가스누설 검사는 비눗물에 의한 기포 발생 여부 검사로 한다.

53 집진장치는 유압펌프에서 공급된 유량으로 집진 모터를 구동하여 작동시킨다.
   ※ 집진기 : 공기 속에 부유하고 있는 분진이나 유해성분을 모아서 제거하는 장치

54 차량식에 드리프터를 장착하면 무한궤도식보다 기동성은 좋지만 안전성이 떨어진다.

55 점보 드릴의 종류
- 드리프터 점보 드릴 : 주로 경암 천공에 사용되는 대형으로 드리프터가 다수 장착되어 있다.
- 레그(Leg) 점보 드릴 : 주행 차대에 소형, 경량의 레그 드릴을 여러 대 장착한 것이다.
- 래더(Ladder) 점보 드릴 : 래더에 레그 드릴을 장착하여 천공을 정확하고 길게 할 수 있다.
- 샤프트(Shaft) 점보 드릴 : 점보 드릴의 최상부에 와이어로프를 달아 올리는 구조로 세로 방향 천공에 사용된다.

56 리버스 서큘레이션 공법
굴착 구멍 속에 물을 넣어 드릴 파이프를 통하여 토사를 흙탕물처럼 보이는 벤토나이트 안정액(이수)과 함께 상승 배출시키는 것으로 이수를 역으로 순환시키는 역순환 공법이다.

57 항타기에는 낙하식 드롭 해머, 증기 또는 압축공기 해머, 유압 해머, 디젤 해머, 바이브로(진동) 해머 등이 있다.

58 유압 해머의 하부에는 파일이 해머에 잘 끼워질 수 있게 나팔 모양의 파일 캡이 부착되고, 후방에는 리더에 해머를 장착할 수 있는 가이드가 부착된다.

59 변위형 시추방법은 개략적인 조사 및 정밀조사 시에 사용한다.

60 항타기 또는 항발기의 권상장치에 하중을 건 채 정차할 때는 쐐기장치나 브레이크를 이용하여 확실하게 정지시켜 두며, 하중을 건 상태에서 운전자가 운전 위치를 벗어나서는 안 된다.

제6회 | 모의고사 정답 및 해설

◎ 모의고사 p.163

01	③	02	②	03	②	04	②	05	①	06	④	07	②	08	①	09	③	10	③
11	③	12	④	13	②	14	④	15	③	16	④	17	④	18	①	19	③	20	②
21	③	22	④	23	②	24	③	25	④	26	②	27	④	28	③	29	③	30	②
31	④	32	④	33	④	34	④	35	④	36	④	37	④	38	④	39	④	40	④
41	②	42	③	43	④	44	④	45	②	46	①	47	②	48	②	49	③	50	④
51	①	52	④	53	②	54	④	55	④	56	④	57	①	58	④	59	③	60	④

01 디젤기관과 가솔린기관의 장단점

구분	디젤기관	가솔린기관
장점	• 연료비가 저렴하고, 열효율이 높으며, 운전 경비가 적게 든다. • 이상연소가 일어나지 않고 고장이 적다. • 토크 변동이 적고 운전이 용이하다. • 대기오염 성분이 적다. • 인화점이 높아서 화재의 위험성이 적다.	• 배기량당 출력의 차이가 없고 제작이 쉽다. • 제작비가 적게 든다. • 가속성이 좋고 운전이 정숙하다.
단점	• 마력당 중량이 크다. • 소음 및 진동이 크다. • 연료분사장치 등이 고급 재료이고 정밀 가공해야 한다. • 배기 중의 SO_2, 유리 탄소가 포함되고 매연으로 인하여 대기 중 스모그 현상이 크다. • 시동전동기 출력이 커야 한다.	• 전기 점화장치의 고장이 많다. • 기화기식은 회로가 복잡하고 조정이 곤란하다. • 연료 소비율이 높아서 연료비가 많이 든다. • 배기 중에 CO, HC, NO_x 등 유해 성분이 많이 포함되어 있다. • 연료의 인화점이 낮아서 화재의 위험성이 크다.

02
rpm(revolution per minute) : 엔진 1분당 회전수

03
실화는 공기·연료 혼합물이 하나 또는 그 이상의 실린더에서 점화되지 못할 때 발생하며, 기관 회전을 불량하게 한다. 즉, 거친 공회전 또는 엔진 소음 레벨에서의 간헐적인 간격은 실화가 있음을 나타낸다.

04 커먼레일 디젤엔진의 연료장치 구성부품
연료저장 축압기(커먼레일), 인젝터, 고압 펌프, 고압 파이프, 레일 압력 센서, 연료 압력 조절 밸브

05
압축압력 측정 시 건식시험을 먼저 하고 습식시험을 나중에 한다.

06
오일이 많을 때는 피스톤이 고착되지 않는다.

07
비틀림 진동은 각 실린더의 크랭크 회전력이 클수록, 크랭크축이 길수록, 강성이 작을수록 크다.

08
연료 주입은 정지 상태에서 해야 한다.

09
연료의 분사 끝에서 후적이 일어나면 노킹의 원인이 된다.

10 워터펌프가 불량하면 교환한다.

11 냉각장치의 수온 조절기가 완전히 열리는 온도가 낮을 경우 기관의 온도가 상승하기 전에 냉각수가 순환되므로 워밍업 시간이 길어지기 쉽다. ①, ②, ④는 수온 조절기의 열림 온도가 높을 때 나타나는 현상이다.

12 엔진 과열 시 일어나는 현상
- 부품의 변형
- 유막의 파괴
- 윤활유 손실 과대
- 엔진의 출력 저하
- 마찰 및 마멸 증대로 심하면 소결

13 릴리프 밸브는 대부분 유압 계통에 사용된다.

14 부동액의 비등점이 물보다 높아야 과열로 인한 피해를 방지할 수 있다.

15 윤활유의 기능
마찰 방지 및 윤활 작용, 냉각 작용, 응력분산 작용, 밀봉 작용, 방청 작용, 청정분산 작용

16 장비 운전·작업 시 기관 회전수를 낮추어 운전하면 효율이 낮아 작업능률이 저하한다.

17 유압계의 지침이 움직이지 않는 것은 유압 라인의 원인이므로 연료와는 관계가 없다.

18 공기청정기가 막히면 실린더에 유입되는 공기량이 적기 때문에 진한 혼합비가 형성되고, 불완전 연소로 배출 가스 색은 검고 출력은 저하된다.

19 흡·배기밸브의 구비조건
- 고온에서 견딜 것
- 밸브 헤드 부분의 열전도율이 클 것
- 고온에서의 장력과 충격에 대한 저항력이 클 것
- 고온 가스에 부식되지 않을 것
- 가열이 반복되어도 물리적 성질이 변화하지 않을 것
- 관성력이 커지는 것을 방지하기 위하여 무게가 가볍고 내구성이 클 것
- 흡·배기가스 통과에 대한 저항이 적은 통로를 만들 것

20 정전기
서로 다른 두 물체를 마찰시키면 발생하여 움직이지 않고 한군데 머물러 정지해 있는 전기로, 이때 한쪽에는 양의 전기(+), 다른 쪽은 음의 전기(-)가 생긴다.
※ 동전기 : 전류에 의해 생기는 현상으로 정전기의 이동

21 축전지의 충전 상태별 성분
- 충전 상태 : 양극판이 과산화납(PbO_2)이고 음극판은 해면상납(Pb), 전해액은 묽은 황산($2H_2SO_4$)이다.
- 방전 상태 : 양극판과 음극판이 황산납($PbSO_4$)으로 변하고 전해액은 물로 변한다.
- 과방전 상태 : 양극판과 음극판은 영구황산납으로 변하고, 전해액은 물이다.

22 정전류 충전 범위
- 표준전류 : 축전지 용량의 10%
- 최소전류 : 축전지 용량의 5%
- 최대전류 : 축전지 용량의 20%

23 축전지 커버와 케이스 청소는 소다(탄산나트륨)와 물 또는 암모니아수로 한다.

24 연료펌프의 기능이 불량하면 연료가 잘 펌프되지 못하고 시동 유지가 잘 안 될 수 있다.

26 건설기계의 발전기는 저속에서도 발생 전압이 높고 고속에서도 안정된 성능을 발휘해야 하므로 3상 교류발전기를 사용한다.

27 압축기
증발기에서 증발한 기체 냉매를 흡입하여 응축기에서 액화할 수 있도록 압력을 증대시켜 주는 장치이다.

28 토션 스프링의 약화 시 클러치를 연결할 때 떨림 현상이 발생한다.

29 공기스프링의 특징
- 압축공기의 탄성을 이용한다.
- 유연한 탄성을 얻을 수 있고, 노면으로부터의 아주 작은 진동도 흡수할 수 있어 승차감이 우수하여 장거리 대형버스 등에 사용된다.
- 고유진동을 낮출 수 있고, 작은 진동을 흡수하는 효과가 크다.
- 무게 증감에 관계없이 언제나 차체의 높이를 항상 일정하게 유지할 수 있다.

30 클러치 페달의 유격이 너무 적으면 클러치의 미끄럼이 발생하고, 너무 크면 제동 성능이 감소된다.

31 세척할 때 와이어 브러시 등을 사용하면 정밀한 부속품을 손상할 우려가 있으므로 에어건을 사용한다.

32 동력 조향장치의 장단점

장점	• 작은 조작력으로 큰 조향 조작을 할 수 있다. • 조향 기어비를 조작력에 관계없이 선정할 수 있다. • 굴곡이 있는 노면에서의 충격을 도중에 흡수하므로 조향휠에 전달되는 것을 방지할 수 있다. • 전륜이 펑크 시 조향휠이 갑자기 꺾이지 않아 위험도가 낮다.
단점	• 기계식에 비하여 구조가 복잡하다. • 경제적으로 불리하다.

33 튜브리스 타이어는 공기압의 유지가 우수하며 뽀족한 물체에 찔린 손상에도 급속한 공기 누출이 없다.

34 유압유의 첨가제
산화방지제, 방청제, 점도지수 향상제, 소포제, 유성 향상제, 유동점 강하제

35 점도는 오일의 끈적거리는 정도를 나타내며 온도가 높아지면 점도는 낮아지고, 온도가 낮아지면 점도는 높아진다.

36 무부하 밸브는 일정한 설정 유압에 달했을 때 유압펌프를 무부하로 한다.

37 체크 밸브는 유압회로에서 역류를 방지하고 회로 내의 잔류압력을 유지한다.

38 GPM(Gallons Per Minute)
계통 내에서 이동되는 유체의 양을 표시할 때 사용하는 분당 유량 단위이다.

39 조속기는 로터 회전수를 일정하게 유지하기 위한 안전장치로 실린더 마모와 관련이 없다.

40 공유압 기호

명칭	기호	비고
유압(동력)원	▶──	일반기호
공기압(동력)원	▷──	일반기호
전동기	Ⓜ──	
원동기	Ⓜ──	전동기를 제외

41 더스트 실
외부로부터 먼지, 흙 등의 이물질이 실린더에 침입되는 것을 방지함과 동시에 오일의 누출을 방지

42 등록의 말소(건설기계관리법 제6조)
시·도지사는 등록된 건설기계가 다음의 어느 하나에 해당하는 경우에는 그 소유자의 신청이나 시·도지사의 직권으로 등록을 말소할 수 있다. 다만, ①, ⑤, ⑧(건설기계의 강제처리 등에 따라 폐기한 경우로 한정) 또는 ⑫에 해당하는 경우에는 직권으로 등록을 말소하여야 한다.
① 거짓이나 그 밖의 부정한 방법으로 등록을 한 경우
② 건설기계가 천재지변 또는 이에 준하는 사고 등으로 사용할 수 없게 되거나 멸실된 경우
③ 건설기계의 차대(車臺)가 등록 시의 차대와 다른 경우
④ 건설기계가 건설기계안전기준에 적합하지 아니하게 된 경우
⑤ 정기검사 명령, 수시검사 명령 또는 정비 명령에 따르지 아니한 경우
⑥ 건설기계를 수출하는 경우
⑦ 건설기계를 도난당한 경우
⑧ 건설기계를 폐기한 경우
⑨ 건설기계해체재활용업을 등록한 자에게 폐기를 요청한 경우
⑩ 구조적 제작 결함 등으로 건설기계를 제작자 또는 판매자에게 반품한 경우
⑪ 건설기계를 교육·연구 목적으로 사용하는 경우
⑫ 대통령령으로 정하는 내구연한을 초과한 건설기계(정밀진단을 받아 연장된 경우는 그 연장기간을 초과한 건설기계)

43 건설기계등록번호표의 색칠 및 등록번호(건설기계관리법 시행규칙 별표 2)

구분	색칠	등록번호
관용	흰색 바탕에 검은색 문자	0001~0999
자가용	흰색 바탕에 검은색 문자	1000~5999
대여사업용	주황색 바탕에 검은색 문자	6000~9999

44 건설기계조종사면허의 결격사유(건설기계관리법 제27조)
- 18세 미만인 사람
- 건설기계 조종상의 위험과 장해를 일으킬 수 있는 정신질환자 또는 뇌전증환자로서 국토교통부령으로 정하는 사람
- 앞을 보지 못하는 사람, 듣지 못하는 사람, 그 밖에 국토교통부령으로 정하는 장애인
- 건설기계 조종상의 위험과 장해를 일으킬 수 있는 마약·대마·향정신성의약품 또는 알코올중독자로서 국토교통부령으로 정하는 사람
- 법 제28조제1호부터 제7호까지의 어느 하나에 해당하는 사유로 건설기계조종사면허가 취소된 날부터 1년(법 제28조제1호 및 제2호의 사유로 취소된 경우에는 2년)이 지나지 아니하였거나 건설기계조종사면허의 효력정지처분 기간 중에 있는 사람

45 정기검사를 받지 아니한 때의 과태료(건설기계관리법 시행령 별표 3)

위반행위	과태료 금액		
	1차 위반	2차 위반	3차 위반 이상
정기검사를 받지 않은 경우	10만원 (신청기간 만료일로부터 30일을 초과하는 경우 3일 초과 시마다 10만원을 가산한다)		

46 보호구는 착용이 편리하고 손쉬워야 효과적이다.

47 안전보건표지(산업안전보건법 시행규칙 별표 6)

산화성물질 경고	폭발성물질 경고	급성독성물질 경고

49 대형건설기계의 범위(건설기계 안전기준에 관한 규칙 제2조)
- 길이가 16.7m를 초과하는 건설기계
- 너비가 2.5m를 초과하는 건설기계
- 높이가 4.0m를 초과하는 건설기계
- 최소회전반경이 12m를 초과하는 건설기계
- 총중량이 40ton을 초과하는 건설기계(굴착기, 로더 및 지게차는 운전중량이 40ton을 초과하는 경우)
- 총중량 상태에서 축하중이 10ton을 초과하는 건설기계(굴착기, 로더 및 지게차는 운전중량 상태에서 축하중이 10ton을 초과하는 경우)

51 ①은 정비사항에 해당된다.

52 감전으로 의식불명인 환자는 발견한 사람이 즉시 환자에게 인공호흡을 시행하여 우선 의식을 되찾게 한다. 그 후 환자가 의식을 회복하면 즉시 가까운 병원으로 후송한다.

53 유압식 크롤러 드릴의 주행은 무한궤도에 유압 모터를 좌우 각각 1개씩 장착하여 전진·후진으로 한다.

54 드리프터는 기복장치를 유압으로 조절하며 장궤로 구동하고 선회가 자유롭다. 또 부정지(不整地)에서의 주행과 천공을 안정적으로 할 수 있다.

55 비탈면의 암깎기 작업 시 비탈면 주변은 비탈면의 계획선보다 깊게 천공하지 않으며, 비탈면 부위의 천공 각도는 비탈면의 경사와 같은 방향으로 한다.

56 리버스 서큘레이션 드릴은 본체(스위블 조인트, 켈리 바, 로터리 테이블, 드릴 비트)와 펌프유닛 및 유압유닛으로 구성된다.

57 건설기계의 범위(건설기계관리법 시행령 별표 1) 참고

58 진동 해머의 크기는 모터의 출력 또는 기진력(ton)으로 표시한다(건설기계관리업무처리규정 별표 1).

59 시추장비의 부품
케이싱(Casing), 로드(Rod), 리밍 셸(Reaming Shell), 코어 배럴(Core Barrel), 비트(Bit) 등

60 코어 튜브는 되도록 긴 것을 사용해야 한다.
※ 보어홀 : 시추 작업 시 드릴 비트를 사용하여 굴착한 시추공

제7회 | 모의고사 정답 및 해설

○ 모의고사 p.175

01	②	02	①	03	①	04	④	05	④	06	③	07	③	08	③	09	③	10	①
11	④	12	②	13	④	14	③	15	①	16	①	17	③	18	①	19	①	20	①
21	④	22	③	23	③	24	④	25	②	26	①	27	④	28	③	29	④	30	①
31	①	32	①	33	④	34	①	35	④	36	②	37	①	38	④	39	②	40	③
41	④	42	③	43	③	44	④	45	①	46	②	47	②	48	②	49	②	50	④
51	①	52	②	53	③	54	①	55	③	56	①	57	②	58	②	59	②	60	①

01 실화는 공기·연료 혼합물이 하나 또는 그 이상의 실린더에서 점화되지 못할 때 발생하며, 기관 회전이 불량해진다. 즉, 거친 공회전 또는 엔진 소음 레벨에서의 간헐적인 간격은 실화의 문제가 있음을 나타낸다.

02 예열플러그는 시동보조장치이다.

03 엔진 과열의 원인
- 냉각핀의 손상 및 오염
- 냉각수의 부족
- 냉각수 순환 계통의 막힘
- 이상 연소(노킹 등)
- 팬 벨트의 이완 또는 절손
- 물펌프의 작동 불량
- 라디에이터의 불량
- 압력식 캡의 불량

04 **윤활유의 기능** : 마멸방지, 냉각 작용, 세척 작용, 기밀 작용, 방청 작용 및 완충 작용

05 **흑색의 원인** : 실린더가 과열했을 때, 과부하 시, 소기압력이 너무 낮아 불완전 연소할 때

06 **전류의 3대 작용** : 발열작용, 자기작용, 화학작용

07 전구가 자주 소손되는 것은 전압 강하에 의한 경우가 많다.

08 ③ 퓨즈 대용으로 철선을 사용할 시 화재의 위험이 있다.

09 발전기 전압은 로터 회전수에 따라 비례하며 변화된다. 회전수가 높아지면 로터 전류를 일정한 값까지 줄이고 회전수가 낮아지면 로터 전류를 증가시켜서 발전기의 발생 전압을 일정하게 유지시켜 주는 역할을 한다.

10 ① 조도의 단위는 lx(럭스)이다.

11 **에어컨 장치 사용 신냉매가스** : HFC - 134a(R - 134a)
※ 과거 구냉매는 R-12이다.

12 ② 장비에 부하가 걸릴 때 터빈 측에 하중이 작용하므로 토크컨버터의 터빈속도는 펌프 측 속도보다 느려진다.

13 ④ 마스터 실린더의 리턴 구멍이 막히면 브레이크 라이닝 슈가 벌어진 상태에서 되돌아오지 못하여 제동상태가 풀리지 않는다.

14 ③ 타이어 트레드 모양은 핸들의 조작력과 무관하다.

15 ② 트레드가 마모되면 마찰력이 적어진다.

16 **쇼크 옵소버** : 진동 감쇠 장치로 쾌적한 승차감과 타이어의 접지력을 높여 안전 운전에도 대단히 중요한 역할을 한다.

17 ③ 플런저펌프의 발생 압력이 가장 높다.

18 ① 압력 제어 밸브 : 일의 크기 제어
    ② 유량 제어 밸브 : 일의 속도 제어
    ③ 방향 제어 밸브 : 일의 방향 제어

19 ③ 크랭킹 압력 : 릴리프 밸브가 열리기 시작하는 압력을 말한다.

20 **유압실린더의 기본 구성 부품** : 실린더, 실린더 튜브, 피스톤, 피스톤 로드, 실린더 패킹 등

21 **모터** : 회전운동
    실린더 : 왕복운동

22 ③ 유압장치 기호에도 회전표시를 할 수 있다.

23 오일쿨러(오일 냉각기)가 고장 나면 유압오일이 과열된다.

24 ④ 탱크의 크기가 정지할 때 되돌아오는 오일량의 용량보다 크게 한다.

25 **O-링(가장 많이 사용하는 패킹)의 구비조건**
    • 오일 누설을 방지할 수 있을 것
    • 운동체의 마모를 적게 할 것
    • 체결력(죄는 힘)이 클 것
    • 누설을 방지하는 기구에서 탄성이 양호하고, 압축변형이 작을 것
    • 사용 온도 범위가 넓을 것
    • 내노화성이 좋을 것
    • 상대 금속을 부식시키지 말 것

26 **콘크리트펌프** : 콘크리트 배송능력이 매시간당 $5m^3$ 이상으로 원동기를 가진 이동식과 트럭적재식인 것

27 **건설기계 등록의 신청 시 제출서류(건설기계관리법 시행령 제3조)**
    건설기계를 등록하려는 건설기계의 소유자는 건설기계등록신청서(전자문서로 된 신청서를 포함)를 건설기계소유자의 주소지 또는 건설기계의 사용본거지를 관할하는 특별시장·광역시장·도지사 또는 특별자치도지사(시·도지사)에게 제출하여야 한다.

28 **구조변경검사(건설기계관리법 시행규칙 제25조)**
    구조변경검사를 받고자 하는 자는 주요 구조를 변경 또는 개조한 날부터 20일 이내에 건설기계 구조변경 검사신청서에 서류를 첨부하여 시·도지사에게 제출하여야 한다. 다만, 검사대행을 하게 한 경우에는 검사대행자에게 제출하여야 한다.

29 수시검사(건설기계관리법 시행규칙 제30조의2)
시·도지사는 수시검사를 명령하려는 때에는 수시검사 명령의 이행을 위한 검사의 신청기간을 31일 이내로 정하여 건설기계소유자에게 수시검사명령서를 서면으로 통지해야 한다. 다만, 건설기계소유자의 주소 등을 통상적인 방법으로 확인할 수 없거나 통지가 불가능한 경우에는 해당 시·도의 공보 및 인터넷 홈페이지에 공고해야 한다.

30 제1종 대형 운전면허로 조종 가능한 건설기계
- 덤프트럭, 아스팔트살포기, 노상안정기
- 콘크리트믹서트럭, 콘크리트펌프, 천공기(트럭적재식)
- 콘크리트믹서트레일러, 아스팔트콘크리트재생기
- 도로보수트럭, 3ton 미만의 지게차, 트럭지게차

31 건설기계를 조종하고자 하는 자는 국가기술자격법에 의한 해당 분야의 기술자격을 취득하고 적성검사에 합격한 후 당해 관청에서 건설기계조종사면허를 발급받아야 건설기계를 조종할 수 있으므로, 국가기술자격증만으로 건설기계를 조종할 수 없다.

32 건설기계사업을 하려는 자(지방자치단체는 제외)는 대통령령으로 정하는 바에 따라 사업의 종류별로 특별자치시장·특별자치도지사·시장·군수 또는 자치구의 구청장에게 등록하여야 한다(건설기계관리법 제21조).

33 ④ 건설기계 조종사 면허를 받지 아니하고 건설기계를 조종한 자에 대한 벌칙은 1년 이하의 징역 또는 1천만원 이하의 벌금이다.

34 2년 이하의 징역 또는 2천만원 이하의 벌금(건설기계관리법 제40조)
- 등록되지 아니한 건설기계를 사용하거나 운행한 자
- 등록이 말소된 건설기계를 사용하거나 운행한 자
- 시·도지사의 지정을 받지 아니하고 등록번호표를 제작하거나 등록번호를 새긴 자
- 검사대행자 또는 그 소속 직원에게 재물이나 그 밖의 이익을 제공하거나 제공 의사를 표시하고 부정한 검사를 받은 자
- 건설기계의 주요 구조나 원동기, 동력전달장치, 제동장치 등 주요 장치를 변경 또는 개조한 자
- 무단 해체한 건설기계를 사용·운행하거나 타인에게 유상·무상으로 양도한 자
- 시정명령을 이행하지 아니한 자
- 등록을 하지 아니하고 건설기계사업을 하거나 거짓으로 등록을 한 자
- 등록이 취소되거나 사업의 전부 또는 일부가 정지된 건설기계사업자로서 계속하여 건설기계사업을 한 자

35 ④ 안전수칙을 준수하면 산업재해가 줄어든다.

36 전기누전(감전) 재해방지 조치사항
- (보호)접지
- 이중절연구조의 전동기계, 기구의 사용
- 비접지식 전로의 채용
- 감전 방지용 누전차단기 설치

38 안전보건표지

방사능 물질이 있는 장소	발전소나 고전압이 흐르는 장소	폭발성 물질이 있는 장소

39 ② 렌치는 자기 쪽으로 당기면서 볼트나 너트를 풀고 조이는 작업을 한다.

40 ③ 알맞은 공구를 사용하여야 안전하며 작업능률도 오른다.

41 ④ 충전 중에는 가스 발생으로 인화폭발의 위험이 있으므로 절대로 화기를 가까이 하거나 스파크를 일으키지 않아야 한다.

42 오픈 렌치 : 연료 파이프 피팅을 조이고 풀 때 가장 알맞은 렌치이다.

43 ③ 해머로 타격할 때에는 처음과 마지막에는 힘을 많이 가하지 말아야 한다.

44 작업장에서는 기름 또는 인쇄용 잉크류 등이 묻은 천조각이나 휴지 등은 뚜껑이 있는 불연성 용기에 담아두는 등 화재예방을 위한 조치를 하여야 한다.

45 감전재해 발생 시 취해야 할 행동순서
- 감전된 상황을 신속히 판단한다.
- 접촉이 되었는가를 확인한다.
- 전기공급원의 스위치를 내린다.
- 고무장갑, 고무장화를 착용하고 피해자를 구출한다.
- 인공호흡 등 응급조치를 한다.
- 병원으로 이송한다.

46 특별표지판을 부착하는 대형건설기계의 범위(건설기계 안전기준에 관한 규칙 2조, 168조)
- 길이가 16.7m를 초과하는 건설기계
- 너비가 2.5m를 초과하는 건설기계
- 높이가 4.0m를 초과하는 건설기계
- 최소회전반경이 12m를 초과하는 건설기계
- 총중량이 40ton을 초과하는 건설기계(굴착기, 로더 및 지게차는 운전중량이 40ton을 초과하는 경우)
- 총중량 상태에서 축하중이 10ton을 초과하는 건설기계(굴착기, 로더 및 지게차는 운전중량 상태에서 축하중이 10ton을 초과하는 경우)

47 타이어식 건설기계의 조명장치 설치(건설기계 안전기준에 관한 규칙 제155조제1항)

1. 최고주행속도가 15km/h 미만인 건설기계	가. 전조등 나. 제동등(단, 유량 제어로 속도를 감속하거나 가속하는 건설기계는 제외) 다. 후부반사기 라. 후부반사판 또는 후부반사지
2. 최고주행속도가 15km/h 이상 50km/h 미만인 건설기계	가. 1.에 해당하는 조명장치 나. 방향지시등 다. 번호등 라. 후미등 마. 차폭등
3. 「도로교통법」에 따른 운전면허를 받아 조종하는 건설기계 또는 50km/h 이상 운전이 가능한 타이어식 건설기계	가. 1. 및 2.에 따른 조명장치 나. 후퇴등 다. 비상점멸 표시등

48 ② 취급물이 중량물인 작업에 적합

50 ④ 장비가 심하게 흔들릴 정도의 장애물 또는 슬로프를 넘는 것은 위험하므로 좌우로 10°, 앞뒤로 30° 이상의 장애물 및 슬로프는 피해서 이동하고, 최대한 장비의 균형을 잡을 수 있도록 해야 한다.

51 천공 방향에 따른 천공기의 분류
- 드리프터(Drifter) : 수평 천공용 착암기
- 싱커(Sinker) : 하향 천공용, 잭 해머(Jack Hammer)라고도 한다.
- 스토퍼(Stopper) : 상향 천공용, 락 볼트(Rock Bolt)용의 천공 등에 이용된다.

52 ② 천공의 치수 : 연암은 지름이 크고 깊이는 얕게, 경암은 지름이 작고 깊이는 깊게 천공한다.

53 파악한 작업 방법과 현장이 작업지시서와 상이할 경우 현장 책임자와 상의 후 협의하여 작업을 진행한다.

54 어스 앵커링(Earth Anchoring) 작업 : 흙 속에 구멍을 뚫고 그 속에 PC 강선을 매입한 후, 모르타르로 굳혀 인발 저항을 크게 한 것으로 흙 막이의 토압 지지 등에 사용된다.

55 토질의 종류는 조립토, 세립토, 유기질토 등으로 나누며, 조립토에는 자갈, 모래가, 세립토는 실트, 점토, 유기질의 실트 및 점토 등이, 유기질토는 이탄이 해당된다.

56 ① 안전관리자를 선임 배치한다.

57 ② 연약 지반에 주로 사용하며 지열 시추 시 사용된다. 굳은 지반이나 암반지역 시추 시 사용하는 것은 충격식 시추기이다.

58 ② 토사층은 매립층, 퇴적층, 풍화토, 풍화암, 기반암으로 구분한다.

59 ② 그라우팅 재료의 물성표(팽윤량, 열전도도), 그라우팅 재료의 전체 소요량 등을 감리자와 발주자에게 제출하여야 한다.

60 ① 항타기는 부득이한 경우를 제외하고 가스배관과의 수평거리를 최소한 2m 이상 이격하여야 한다.

참 / 고 / 문 / 헌

- 고용노동부(2016), 건설장비 점검 체크리스트, 고용노동부
- 교육부(2017), 건설기계운전・정비[LM1407020101_(1-10v1)], 교육부
- 국토교통부(2012), 암발파 공법 설계 기준, 국토교통부
- 권기범 외(2013), 암반 천공장비의 시장 및 기술 동향, 유공압건설기계학회지 제10권 제3호
- 김재연(2014), 천공기, 점보드릴 실무, 경기과학기술대학교 평생교육원
- 박성인(2006), 시추조사 현장실무, 사단법인 시추조사학회
- 수산중공업(2015), CRAWLER DRILL STD11SER 취급설명서, 수산중공업
- 신의페트라(1994), 파일드라이버 취급지침서, 신의페트라 백제무역
- 안민홍 외(2012), 건설기계공학 실무. 도서출판 골든벨
- 에버다임(2015), 유압천공기 취급설명서 ECD시리즈, 에버다임
- 이재실(2006), 건설기계(토공・적하), 한국산업인력공단
- 전진중공업(2016), CRAWLER DRILL OPERATION MANUAL, 전진중공업
- 정일문(2011), 시추조사 현장실무, 사단법인 시추조사협회
- 한국건설기술연구원(2016), 2016년 표준품셈, 한국건설기술연구원
- 한신 컴프레서(2015), 피스톤식 매뉴얼, 한신컴프레서
- (사)시추조사협회(2016), 현장실무 자료 제공, 사단법인 시추조사협회
- (주)승일지질(2015), 선진수평시추 노반건설공사 제출문, 승일지질
- SANDVIK(2016), DX700 Technical Manua, SANDVIK

참 / 고 / 사 / 이 / 트

- 국가기술표준원, 한국산업표준 분류체계
  - http://www.kats.go.kr

답만 외우는 천공기운전기능사 필기 CBT기출문제 + 모의고사 14회

개정2판1쇄 발행	2026년 01월 05일 (인쇄 2025년 10월 16일)
초 판 발 행	2023년 01월 05일 (인쇄 2022년 09월 30일)
발 행 인	박영일
책 임 편 집	이해욱
편 저	최진호
편 집 진 행	윤진영 · 천명근
표지디자인	권은경 · 길전홍선
편집디자인	정경일 · 조준영
발 행 처	(주)시대고시기획
출 판 등 록	제10-1521호
주 소	서울시 마포구 큰우물로 75 [도화동 538 성지 B/D] 9F
전 화	1600-3600
팩 스	02-701-8823
홈 페 이 지	www.sdedu.co.kr
I S B N	979-11-434-0186-1(13550)
정 가	16,000원

※ 저자와의 협의에 의해 인지를 생략합니다.
※ 이 책은 저작권법의 보호를 받는 저작물이므로 동영상 제작 및 무단전재와 배포를 금합니다.
※ 잘못된 책은 구입하신 서점에서 바꾸어 드립니다.

60점만 맞으면 합격!

'답'만 외우고 한 번에 합격하는

2026 답만 외우는 SERIES

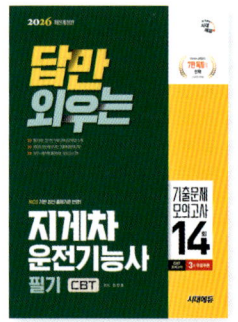

답만 외우는
지게차운전기능사 필기

답만 외우는
로더운전기능사 필기

답만 외우는
롤러운전기능사 필기

답만 외우는
굴착기운전기능사 필기

답만 외우는
기중기운전기능사 필기

답만 외우는
천공기운전기능사 필기

답만 외우는
천장크레인운전기능사 필기

답만 외우는
화물운송종사자격 필기

CBT 기출문제 + 모의고사 14회

- ✓ 합격 키워드만 정리한 핵심요약집 빨간키
- ✓ 문제를 보면 답이 보이는 기출복원문제
- ✓ 해설 없이 풀어보는 모의고사
- ✓ CBT 모의고사 무료 쿠폰

답만 외우는
한식조리기능사 필기

답만 외우는
양식조리기능사 필기

답만 외우는
제과기능사 필기

답만 외우는
제빵기능사 필기

답만 외우는
미용사 일반 필기

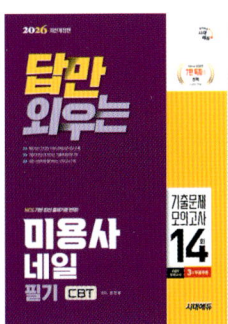
답만 외우는
미용사 네일 필기

답만 외우는
미용사 피부 필기

답만 외우는
미용사 메이크업 필기

※ 도서의 이미지 및 구성은 변경될 수 있습니다.

시대에듀가 준비한 자동차 관련 시리즈
더 이상의 자동차 관련 취업수험서는 없다!

교통 / 건설기계 / 운전자격 시리즈

건설기계운전기능사

지게차운전기능사 필기 가장 빠른 합격	별판	14,000원
유튜브 무료 특강이 있는 Win-Q 지게차운전기능사 필기	별판	14,000원
답만 외우는 지게차운전기능사 필기 CBT기출문제+모의고사 14회	4×6배판	14,000원
답만 외우는 굴착기운전기능사 필기 CBT기출문제+모의고사 14회	4×6배판	14,000원
답만 외우는 기중기운전기능사 필기 CBT기출문제+모의고사 14회	4×6배판	15,000원
답만 외우는 로더운전기능사 필기 CBT기출문제+모의고사 14회	4×6배판	14,000원
답만 외우는 롤러운전기능사 필기 CBT기출문제+모의고사 14회	4×6배판	15,000원
답만 외우는 천공기운전기능사 필기 CBT기출문제+모의고사 14회	4×6배판	16,000원

도로자격 / 교통안전관리자

Final 총정리 기능강사·기능검정원 기출예상문제	8절	21,000원
버스운전자격시험 문제지	8절	13,000원
5일 완성 화물운송종사자격	8절	13,000원
답만 외우는 화물운송종사자격 필기 CBT기출문제+모의고사 14회	4×6배판	15,000원
도로교통사고감정사 한권으로 끝내기	4×6배판	37,000원
도로교통안전관리자 한권으로 끝내기	4×6배판	36,000원
철도교통안전관리자 한권으로 끝내기	4×6배판	35,000원

운전면허

답만 외우면 무조건 합격 운전면허 3일 합격! 1종·2종 공통(8절)	8절	12,000원
답만 외우면 무조건 합격 운전면허 3일 합격! 1종·2종 공통	별판	12,000원

※ 도서의 구성 및 가격은 변경될 수 있습니다.